高职高专“十三五”规划教材
卓越系列·21世纪高职高专精品规划系列教材

电路分析及应用学习指导

主　编　杨书华　吕文珍
副主编　冯　华　刘振泉

内容简介

本书是作者与行业专家共同开发、合作编写的教学指导书。本书以生产实际为主线，理论与实践相结合，突出职业能力和操作技能的训练，注重培养学生分析问题和解决实际问题的能力以及工程实践的能力。

本书共分为三大部分。首先介绍各种常用仪表及实验用教学实验板的功能及使用。其次与主教材呼应，分为内容摘要、难题解析、自我检测和综合应用，强化理论知识点。第三部分为技能训练，帮助理解定理、定义和相关结论，锻炼学生的动手能力和分析能力。书后配有模拟测试题，学生可用它自行检测学习效果。

图书在版编目(CIP)数据

电路分析及应用学习指导/杨书华，吕文珍主编．—天津：天津大学出版社，2009.8(2016.8重印)

ISBN 978-7-5618-3111-3

Ⅰ．电…　Ⅱ．①杨…②吕…　Ⅲ．电路分析-高等学校：技术学校-教学参考资料　Ⅳ．TM133

中国版本图书馆CIP数据核字(2009)第147444号

出版发行　天津大学出版社
地　　址　天津市卫津路92号天津大学内(邮编：300072)
电　　话　发行部：022-27403647
网　　址　publish.tju.edu.cn
印　　刷　天津泰宇印务有限公司
经　　销　全国各地新华书店
开　　本　185mm×260mm
印　　张　11
字　　数　275千
版　　次　2009年8月第1版
印　　次　2016年8月第2次
定　　价　25.00元

前　　言

为了更好地配合《电路分析及应用》一书的学习，适应高职高专教育教学改革和发展的需要，有效地提高教育教学质量，实现高技能人才的培养目标，作者根据深入生产第一线调查了解到的企业、工厂及冶金行业对从业人员的专业知识和技术水平的要求以及本人长期从事电气自动化、应用电子、机电一体化等技术领域的实践工作经验和相关专业课程的教学经验，参照相关的职业资格标准，在行业专家的指导下编写了这本《电路分析及应用学习指导》。

本书具有以下一些特点。

1. 为配合主教材的出版，风格和体例基本与主教材一致，内容紧扣主教材。全书共分三个学习领域，每个学习领域下的子学习领域都包括“内容提要”、“难题解析”、“自我检测”和“综合应用”等部分。“内容提要”简述该单元的基本内容及重点，“难题解析”重点通过解题示例分析解题方法及思路，“自我检测”用以巩固所学知识，“综合应用”测验检查学习效果。

2. 本书以职业能力培养为重点，以行业企业发展需要和完成职业岗位实际工作任务所需要的知识、能力、素质为要求，用工程观点删繁就简，把职业岗位所必需的知识编入教材，满足了特定职业岗位或岗位群对专业知识的需求，充分地体现出高职高专教材的职业性和实践性。

3. 本书开篇加入电气测量仪表的基本结构与使用方法，各种不同原理、不同用途的仪表及本课程技能训练中使用到的DGJ—3型实验装置板的相关介绍。

4. 本书参照了教育部颁布的高等职业学校电工基础类教学大纲中对知识点的要求，结合行业企业发展需要和完成职业岗位实际工作任务所需要的知识、能力和素质的要求，对教材中的主要知识点和难点加以分析，放在各单元的“内容摘要”和“难题解析”部分。

5. 本书的主教材是一门专业基础课，对学生掌握电路的基本概念、基本理论和基本分析方法的训练非常重要。这就要求在课堂教学后不断加以训练，本书中的自测题和大量的综合应用题，由浅入深地强化学生对所学知识的掌握及解决问题的能力，体现在本书的各单元“自我检测”和“综合应用”部分。

6. 本书将课堂讲授、技能训练有机结合并融为一体，书中以图文并茂的形式增加了很多应用实例，在各单元的“技能训练”部分加以体现。

本书可作为高等职业学校电类专业学生的教学辅导书，或作为岗位培训及职业技能鉴定考试的学习辅导用书。

本书由天津冶金职业技术学院教师共同编写，由天津冶金职业技术学院李玉香副院长主审，原天钢集团有限公司设计院院长徐美生总工程师进行行业指导。他们对本书提出了很多宝贵的意见和建议，天津大学出版社的同志们给予了大力支持，在此一并向他们表示衷心的感谢。书中难免有疏漏和不妥之处，恳请读者批评指正。

编　者

2009年5月

目　录

常用仪表的使用

一、万用表

万用表是一种多功能、多量程的便携式电测量仪表，是电工中使用最频繁的仪表。常用的万用表有模拟式(指针式)和数字式两种。一般万用表的测量种类有交直流电压、直流电流和直流电阻等；有的万用表还能测量交流电流、电容、电感以及三极管的电流放大系数等。

(一)模拟式万用表

模拟式万用表的型号繁多，图 0.1 所示为常用的 MF－47 型万用表的外形。

1. 使用前的检查与调整

在使用万用表进行测量前，应进行下列检查、调整过程。

(1)外观应完好无破损，当轻轻摇晃时，指针应摆动自如。

(2)旋动转换开关，应切换灵活无卡阻，挡位应准确。

(3)水平放置万用表，转动表盘指针下面的机械调零螺钉，使指针对准标度尺左边的 0 位线。

(4)测量电阻前应进行电调零(每换挡一次，都应重新进行电调零)，即：将转换开关置于欧姆挡的适当位置，两支表笔短接，旋动欧姆调零旋钮，使指针对准欧姆标度尺右边的 0 位线。如指针始终不能指向 0 位线，则应更换电池。

图 0.1

(5)检查表笔插接是否正确。黑表笔应接“—”极或“＊”插孔，红表笔应接“＋”极。

(6)检查测量机构是否有效，即：应用欧姆挡，短接碰触两表笔，指针应偏转灵敏。

2. 直流电阻的测量

(1)首先应断开被测电路的电源及连接导线。若带电测量，将损坏仪表；若在路测量，将影响测量结果。

(2)合理选择量程挡位，以指针居中或偏右为最佳。测量半导体器件时，不应选用 $R\times1\ \Omega$ 挡和 $R\times10\ \mathrm{k\Omega}$ 挡。

(3)测量时表笔与被测电路应接触良好，双手不得同时接触表笔的金属部分，以防将人体电阻并入被测电路产生测量误差。

(4)正确读数并计算出实测值。

(5)切不可用欧姆挡直接测量微安表头、检流计、电池内阻。

3. 电压的测量

(1)测量电压时,表笔应与被测电路并联。

(2)测量直流电压时,应注意极性。若无法区分正、负极,则先将量程选在较高挡位,用表笔轻触电路,若指针反偏,则调换表笔。

(3)合理选择量程。若被测电压无法估计,首先应选择最大量程,然后视指针偏摆情况再作调整。

(4)测量时应与带电体保持安全间距,手不得接触表笔的金属部分。测量高电压时(500～2 500 V),应戴绝缘手套且站在绝缘垫上使用高压测试笔进行。

4. 电流的测量

(1)测量电流时,应与被测电路串联,不可并联。

(2)测量直流电流时,应注意极性。

(3)合理选择量程。

(4)测量较大电流时,应先断开电源然后再插表笔。

5. 注意事项

(1)测量过程中不得换挡。

(2)读数时,应三点(眼睛、指针及指针在刻度中的影子)成一线。

(3)根据被测对象,正确读取标度尺上的数据。

(4)测量完毕应将转换开关置空挡、OFF 挡或电压最高挡。若长时间不用,应取出内部电池。

(二)数字式万用表

数字式万用表以数字的方式显示测量结果,可以自动显示数值单位等。

1. 用途

能精确地测量电流、电压、电阻等参量。

2. 性能

以 DT—830 数字式万用表为例,其主要性能指标见表 0.1。

表 0.1

测量功能	量程设置	测量准确度	分辨力
直流电压 DCV	200 mV,2 V,20 V,200 V,1 000 V	±(0.5%+1 字)～±(0.8%+2 字)	0.1 mV
交流电压 ACV	200 mV,2 V,20 V,200 V,750 V	±(1.0%+5 字)	0.1 mV
直流电流 DCA	200 μA,2 mA,20 mA,200 mA	±(1.0%+2 字)～±(2.0%+2 字)	0.1 μA
交流电流 ACA	200 μA,2 mA,20 mA,200 mA	±(1.2%+5 字)～±(2.0%+5 字)	0.1 μA
电阻(Ω)	200 Ω,2 kΩ,20 kΩ,200 kΩ,2 MΩ,20 MΩ	±(1.0%+2 字)～±(2.0%+3 字)	0.1 Ω
晶体管放大系数 h_{FE}	NPN、PNP		
二极管	鉴别二极管好坏		
线路通断	蜂鸣器提示线路的通断		
附加挡	1. DCA:10 A 2. ACA:10 A		

3. 面板图

数字万用表面板结构如图 0.2 所示。

面板中各部分功能如下。

(1)电源开关 POWER。开关置于“ON”时,电源接通;置于“OFF”时,电源断开。

(2)功能量程选择开关。完成测量功能和量程的选择。

(3)输入插孔。仪表共有四个输入插孔,分别标有“10 A”、“mA”、“COM”和“V·Ω”。其中,“V·Ω”和“COM”两插孔间标有“MAX750 V～1 000 V”的字样,表示从这两个插孔输入的交流电压不能超过 750 V(有效值),直流电压不能超过 1 000 V。此外,“mA”和“COM”两插孔之间标有“MAX 200 mA”,“10 A”和“COM”两插孔之间标有“MAX 10 A”,分别表示由插孔输入的交直流电流的最大允许值。测试过程中,黑表笔固定于“COM”不变,测电压、电阻时,红表笔置于“V·Ω”,测电流时置于“mA”或“10 A”中。

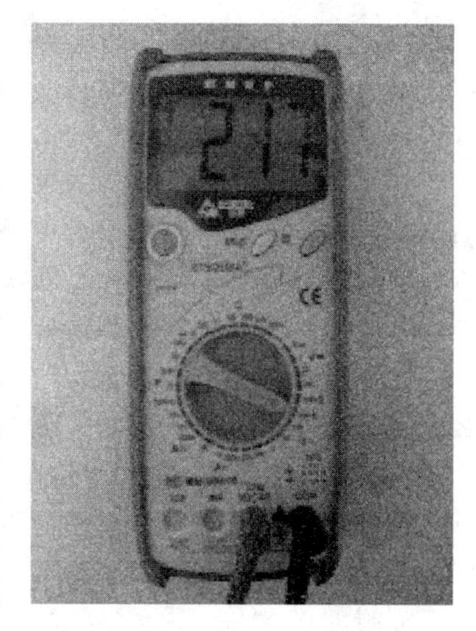

图 0.2

(4)h_{FE}插座。为四芯插座,标有 B、C、E 字样,其中 E 孔有两个,它们在内部是连通的,该插座用于测量晶体三极管的 h_{FE}参数。

(5)液晶显示器。最大显示值为 1 999 或－1 999,该仪器可自动调零和自动显示极性。当仪表所用的 9 V 叠层电池的电压低于 7 V 时,低压指示符号被点亮。极性指示是被测电压或电流为负时,符号“－”点亮,为正时,极性符号不显示。最高位数字兼作超量程指示。

4. 数字式万用表的使用

(1)测量电压。将功能量程开关拨到“DCV”或“ACV”区域内适当的量程挡,将电源开关拨至“ON”位置,这时即可进行直流或交流电压的测量。使用时将万用表与被测电路并联。注意由“V·Ω” 及“COM”两插孔输入的直流电压最大值不得超过允许值。另外应注意选择适当量程,所测交流电压的频率在 45～500 Hz 范围内。

(2)测量电流。将功能量程开关拨到“DCA” 区域内适当的量程挡,红表笔接“mA” 插孔(被测电流小于 200 mA)或接“10 A”插孔(被测电流大于 200 mA),黑表笔接“COM”插孔,接通电源,即可进行直流电流的测量。使用时应注意由“mA”、“COM”两插孔输入的直流电流不得超过 200 mA。将功能量程开关拨到“ACA” 区域内适当的量程挡,即可进行交流电流的测量,其余操作与测量直流电流时相同。

(3)测量电阻。将功能量程开关拨到“Ω”区域内适当的量程挡,红表笔接“V·Ω” 插孔,黑表笔接于“COM”插孔,接通电源,即可进行直流电阻的测量,精确测量电阻时应使用低阻挡(如 20 Ω),可将两表笔短接,测出两表笔的引线电阻,并据此值修正测量结果。

(4)检查线路通断。将功能量程选择开关拨到蜂鸣器位置,红表笔接入“V·Ω” 插孔,黑表笔接于“COM”插孔,接通电源,测量电阻,若被测线路电阻低,规定值 20±10 Ω 时,蜂鸣器发出声音,表示线路是通的。

(5)测量二极管。将功能量程选择开关拨到二极管挡,红表笔接入“V·Ω” 插孔,黑表笔接入“COM”插孔，接通电源，即可进行测量。测量时，红表笔接二极管正极，黑表笔接二极管负极，为正偏，两表笔的开路电压为2.8 V(典型值)，测试电流为1±0.5 mA。当二极管正向接入时，锗管应显示0.150～0.300 V，硅管应显示0.550～0.700 V。若显示超量程符号，表示二极管内部断路，显示全零表示二极管内部短路(红表笔接内部电源的正极、黑表笔接内部电源的负极，与指针式表相反)。

(6)测量三极管。根据三级管的类型，将功能量程选择开关拨到“NPN”或“PNP”位置，接通电源，测量时将三极管的三个管脚分别插入“h_{FE}”插座对应的插孔内即可。由于被测三极管工作于低压电流状态，因而测出的“h_{FE}”参数仅供参考。

5. 数字式万用表使用注意事项

本仪器不宜在高温(大于40 ℃)、强光、寒冷(小于0 ℃)和有强烈振动的环境下使用或存放，工作频率范围为40～500 Hz(规定值)，实测为20 Hz～1 kHz。当频率为2 kHz时，误差为±4%，被测交流(正弦波)电压频率越高，测量误差越大。由于DT－830数字式万用表测试开关的挡数多，测量时应注意开关的位置，防止误操作。为延长电池的使用寿命，在每次测量结束后，应立即关闭电源。若欠压符号灯亮，应及时更换电池。

6. 使用举例——利用数字式万用电表检测三极管

利用数字式万用表，可判定三极管的各个电极、测量h_{FE}等参数。同模拟式万用表相比，这种办法还具有操作简便、迅速、显示直观等优点。

数字式万用表电阻挡的测试电流很小，不适于检测二极管，而应该使用二极管挡和“h_{FE}”插孔进行检测。

(1)判定基极。将万用表拨至二极管挡，红表笔接某个电极，用黑表笔依次接触另外两个电极，若两次显示值基本相等(都在1 V以下或都显示溢出)，证明红表笔所接的就是基极；如果两次显示值中，一次在1 V以下，另一次溢出，说明红表笔接的不是基极，应改变接法重新测量。

(2)鉴别NPN型管与PNP型管。确定基极之后，用红表笔接基极，用黑表笔依次接触其他两个电极。如果显示0.550～0.700 V，则该管为NPN型三极管；如果两次显示都溢出，则该管为PNP型三极管。

(3)测量三极管的参数。根据被测管管型，选择“PNP”或“NPN”挡，将三极管的管脚插入对应的h_{FE}插孔内即可进行测量。

二、钳形电流表

钳形电流表的结构如图0.3所示。

1. 钳形电流表使用方法

使用时，将量程开关转到合适位置，手持胶木手柄，用食指勾紧铁芯开关，便可打开铁芯，将被测导线从铁芯缺口引入到铁芯中央，然后松开钳住铁芯开关的食指，铁芯就自动闭合，被测导线的电流就在铁芯中产生交变磁力线，表上就感应出电流，可直接读数。

2. 钳形电流表使用注意事项

(1) 钳形电流表不得测高压线路的电流，被测线路的电压不能超过钳形电流表所规定的使用电压，以防绝缘击穿，人身触电。

(2) 测量前应估计被测电流的大小，选择适当的量程，不可用小量程挡去测量大电流。

(3)每次测量只能钳入一根导线，测量时应将被测导线置于钳口中央部位，以提高测量准确度，测量结束应将量程调节开关扳到最大量程挡位置，以便下次安全使用。

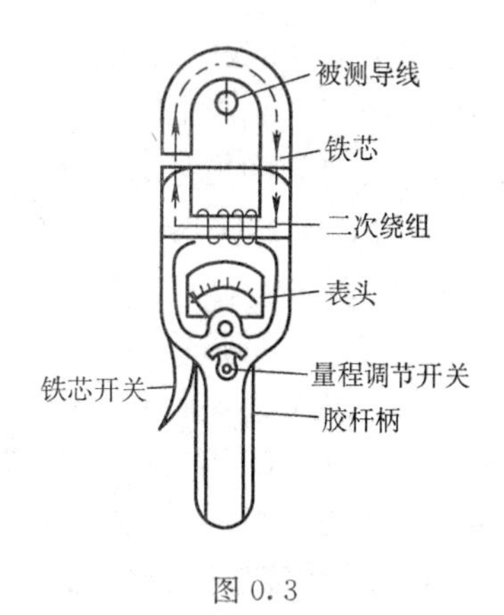

图 0.3

三、兆欧表(摇表、绝缘电阻测量仪)

兆欧表的结构如图 0.4 所示。兆欧表是电工常用的一种测量仪表。兆欧表主要用来检查电气设备、家用电器或电气线路对地及相间的绝缘电阻，以保证这些设备、电器和线路工作在正常状态，避免发生触电伤亡及设备损坏等事故。兆欧表大多采用手摇发电机供电，故又称摇表。它的刻度是以兆欧(MΩ)为单位的。

1. 兆欧表的工作原理

与兆欧表表针相连的有两个线圈，一个同表内的附加电阻 R 串联，另一个和被测电阻 R_X 串联，然后一起接到手摇发电机上。当用手摇动发电机时，两个线圈中同时有电流通过，在两个线圈上产生方向相反的转矩，表针就随着两个转矩的合成转矩的大小而偏转某一角度，这个偏转角度取决于两个电流的比值，附加电阻是不变的，所以电流值仅取决于待测电阻的大小。

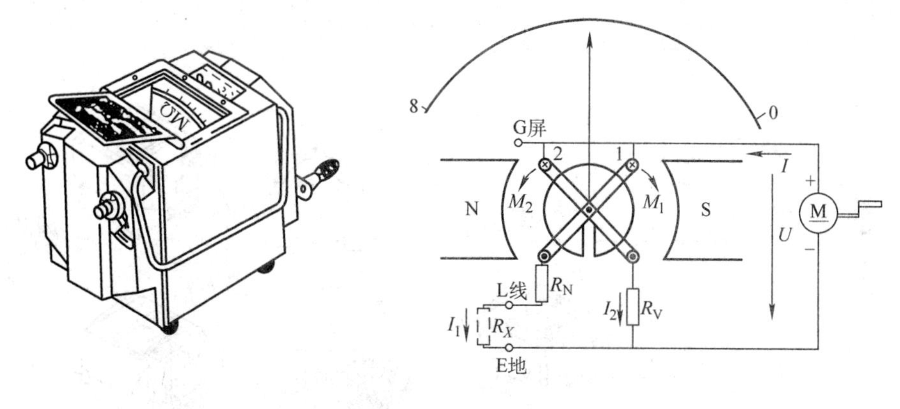

图 0.4

2. 使用前的准备工作

(1)测量前必须将被测设备电源切断，并对地短路放电，决不允许设备带电进行测量，以保证人身和设备的安全。

(2)可能感应出高压电的设备，必须消除这种可能性后，才能进行测量。

(3)被测物表面要清洁，减少接触电阻，确保测量结果的正确性。

(4)测量前要检查兆欧表是否处于正常工作状态，主要检查其“0”和“∞”两点，即：摇动手柄，使电机达到额定转速，兆欧表在短路时应指在“0”位置，开路时应指在“∞”位置。

(5)兆欧表使用时应放在平稳、牢固的地方，且远离大的外电流导体和外磁场。

3. 正确使用

(1)兆欧表必须水平放置于平稳、牢固的地方，以免在摇动时因抖动和倾斜产生测量误差。

(2)接线必须正确无误，兆欧表有三个接线桩，“E”(接地)、“L”(线路)和“G”(保护环或屏蔽端子)。保护环的作用是消除表壳表面“L”与“E”接线桩间的漏电和被测绝缘物表面漏电的影响。在测量电气设备对地绝缘电阻时，“L”用单根导线接设备的待测部位，“E”用单根导线接设备外壳；如测电气设备内两绕组之间的绝缘电阻时，将“L”和“E”分别接两绕组的接线端；当测量电缆的绝缘电阻时，为消除因表面漏电产生的误差，“L”接线芯，“E”接外壳，“G”接线芯与外壳之间的绝缘层。

“L”、“E”、“G”与被测物的连接线必须用单根线，绝缘良好，不得绞合，表面不得与被测物体接触。

(3)摇动手柄的转速要均匀，一般规定为 120 r/min，允许有±20%的变化，最多不应超过±25%。通常都要摇动 1 min 后，待指针稳定下来再读数。如被测电路中有电容时，先持续摇动一段时间，让兆欧表对电容充电，指针稳定后再读数，测完后先拆去接线，再停止摇动。若测量中发现指针指零，应立即停止摇动手柄。

(4)测量完毕，应对设备充分放电，否则容易引起触电事故。

(5)禁止在雷电时或附近有高压导体的设备上测量绝缘电阻。只有在设备不带电又不可能受其他电源感应而带电的情况下才可测量。

(6)兆欧表未停止转动以前，切勿用手去触及设备的测量部分或兆欧表接线桩。拆线时也不可直接去触及引线的裸露部分。

(7)兆欧表应定期校验。校验方法是直接测量有确定值的标准电阻，检查其测量误差是否在允许范围以内。

(8)兆欧表测量绝缘电阻的方法如图 0.5 所示。

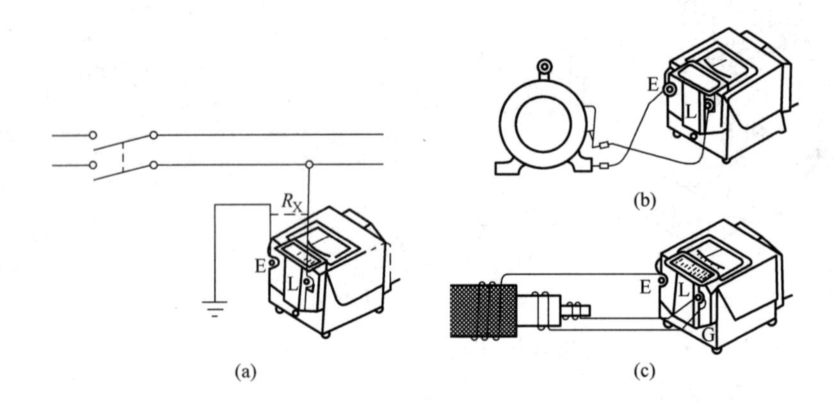

图 0.5

(a)测线路绝缘电阻；(b)测电机绝缘电阻；(c)测电缆绝缘电阻

4. 注意事项

(1)兆欧表接线应用绝缘良好的单根线，并尽可能短些。

(2)摇测过程中不得用手触及被试设备，还要防止外人触及。

(3)禁止在雷电时或可能有其他感应源产生时摇测绝缘。

(4)在测电容器、电缆等大电容设备时，读数后一定要先断开接线后方能停止摇动，否则电容电流将通过表的线圈放电而烧损仪表。

(5)以均匀速度摇动手柄，使转速尽量接近 120 r/min，由于被测设备有电容等充电现象，因此要摇动 1 min 后再读数。如果摇动手柄后指针即甩到零值，则表示绝缘已损坏，不能再继续摇，否则将使表内线圈烧坏。

四、功率表

功率表又叫瓦特表、电力表，用于测量直流电路和交流电路的功率。主要由固定的电流线圈和可动的电压线圈组成，电流线圈与负载串联，电压线圈与负载并联。其测量原理如图 0.6 所示。

1. 直流电路功率的测量

用功率表测量直流电路的功率时，指针偏转角 α 正比于负载电压和电流的乘积，即

$$\alpha \propto UI = P$$

可见，功率表指针偏转角与直流电路负载的功率成正比。

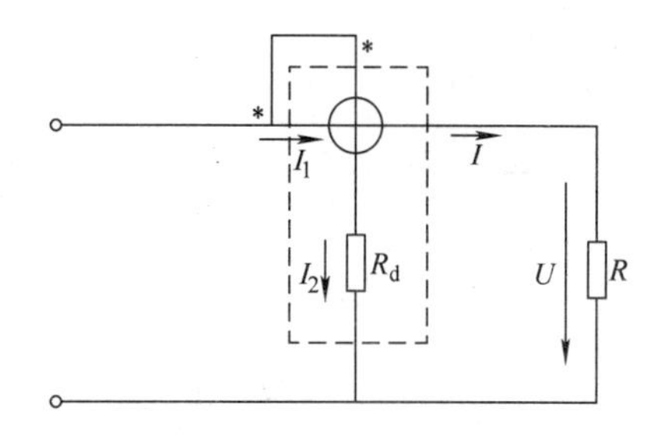

图 0.6

2. 交流电路功率的测量

在交流电路中，电动式功率表指针的偏转角 α 与所测量的电压、电流以及该电压、电流之间的相位差 Φ 的余弦成正比，即

$$\alpha \propto UI\cos\Phi$$

可见，所测量的交流电路的功率为所测量电路的有功功率。

1)测量单相交流电路功率的接法

功率表的电流线圈、电压线圈各有一个端子标有“ * ”号，称为同名端。测量时，电流线圈标有“ * ”号的端子应接电源，另一端接负载；电压线圈标有“ * ”号的端子一定要接在电流线圈所接的那条电线上，但有前接和后接之分，如图 0.7 所示。

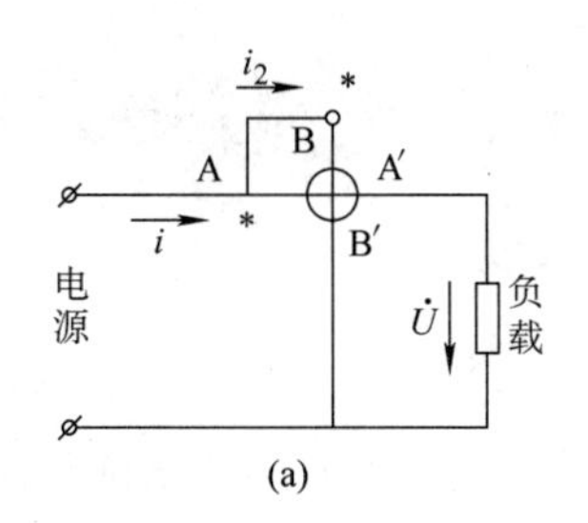

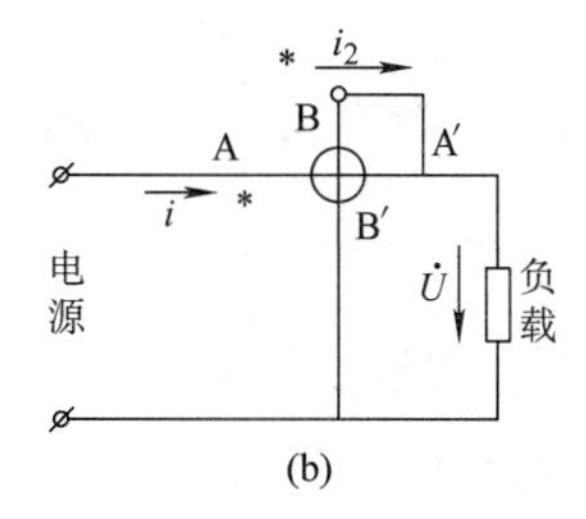

图 0.7

(a)电压线圈前接；(b)电压线圈后接

2)三相电路功率的测量

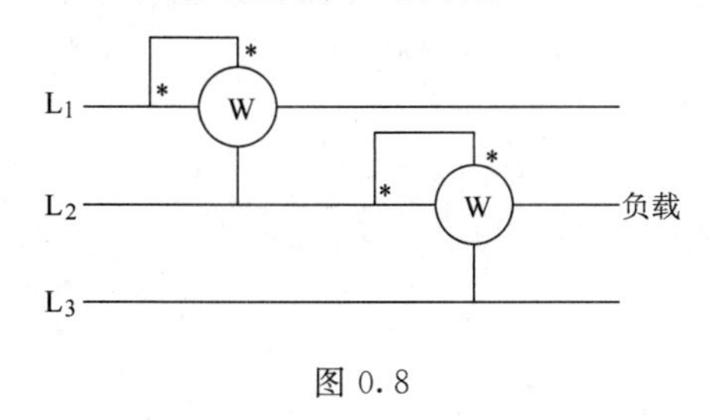

图 0.8

(1)用两只单相功率表测三相三线制电路的功率。接线如图 0.8 所示。电路总功率为两只单相功率表读数之和。即

$$P = P_1 + P_2$$

此电路也可用于测量完全对称的三相四线制电路的功率。

(2)用三相功率表测三相电路的功率。相当两只单相功率表的组合，直接用于测量三相三线制和对称三相四线制电路。测量接线如图 0.9 所示。

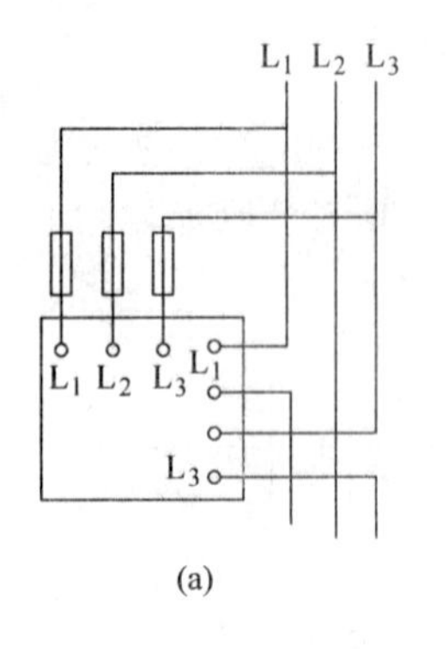

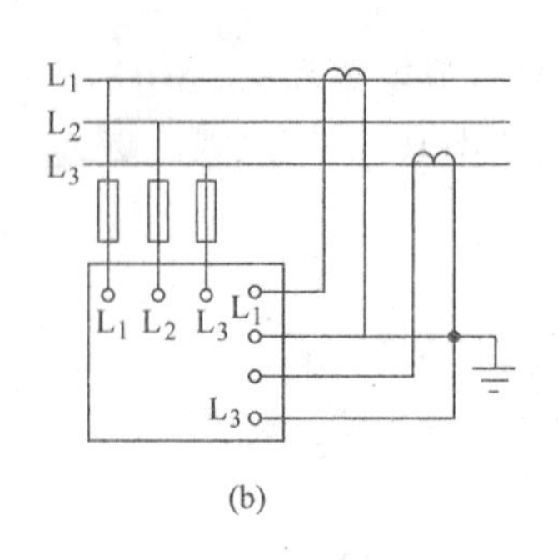

图 0.9
(a)直接式;(b)互感器式

五、示波器

示波器是一种用途十分广泛的电子测量仪器如图 0.10 所示。它能把肉眼看不见的电信号变换成看得见的图像,便于人们研究各种电现象的变化过程。示波器利用狭窄的、由高速电子组成的电子束,打在涂有荧光物质的屏面上,就可产生细小的光点。在被测信号的作用下,电子束就好像一支笔的笔尖,可以在屏面上描绘出被测信号的瞬时值的变化曲线。利用示波器能观察各种不同信号幅度随时间变化的波形曲线,还可以用它测试各种不同的电量,如电压、电流、频率、相位差、调幅度等等。

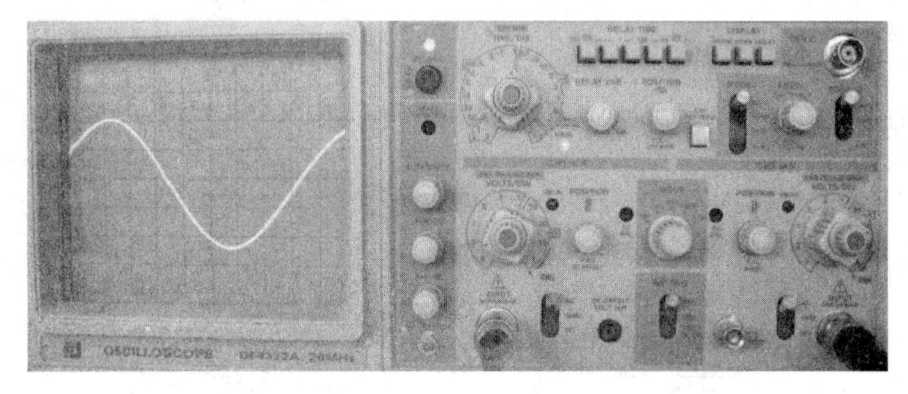

图 0.10

(一)示波器的使用方法

示波器虽然分成好几类,各类又有许多种型号,但是一般的示波器除频带宽度、输入灵敏度等不完全相同外,在使用方法等基本方面都是相同的。下面以 SR－8 型双踪示波器为例作介绍。

1. 面板装置

SR－8 型双踪示波器的面板图如图 0.11 所示。其面板装置按其位置和功能通常可划分为显示、垂直(Y 轴)、水平(X 轴)3 大部分。现分别介绍这 3 个部分控制装置的作用。

1)显示部分

主要控制件如下。

(1)电源开关。

(2)电源指示灯。

(3)辉度:调整光点亮度。

(4)聚焦:调整光点或波形清晰度。

(5)辅助聚焦:配合“聚焦”旋钮调节清晰度。

(6)标尺亮度:调节坐标片上刻度线亮度。

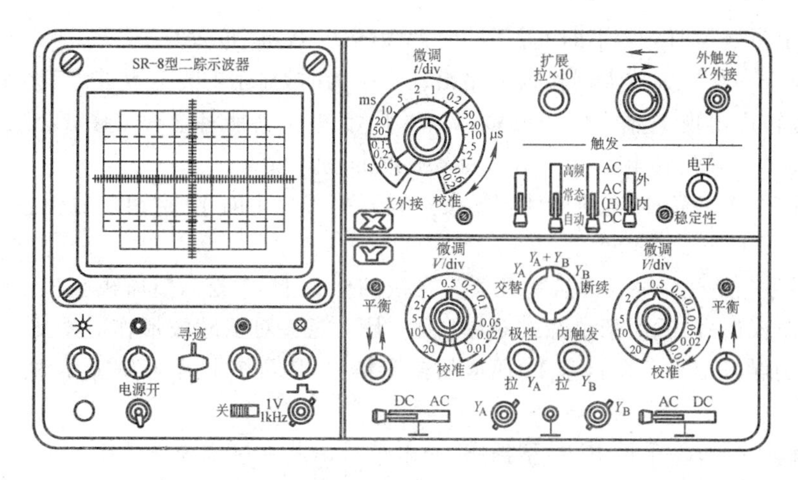

图 0.11

(7)寻迹:当按键向下按时,使偏离荧光屏的光点回到显示区域,而寻到光点位置。

(8)标准信号输出:1 kHz、1 V 方波校准信号由此引出,加到 Y 轴输入端,用以校准 Y 轴输入灵敏度和 X 轴扫描速度。

2)Y 轴插件部分

(1)显示方式选择开关。用以转换两个 Y 轴前置放大器 Y_A 与 Y_B 工作状态的控制件,具有以下不同作用的显示方式。

"交替":当显示方式开关置于"交替"时,电子开关受扫描信号控制转换,每次扫描都轮流接通 Y_A 或 Y_B 信号。当被测信号的频率越高,扫描信号频率也越高,电子开关转换速率也越快,不会有闪烁现象。这种工作状态适用于观察两个工作频率较高的信号。

"断续":当显示方式开关置于"断续"时,电子开关不受扫描信号控制,产生频率固定为 200 kHz 方波信号,使电子开关快速交替接通 Y_A 和 Y_B。由于开关动作频率高于被测信号频率,因此屏幕上显示的两个通道信号波形是断续的。当被测信号频率较高时,断续现象十分明显,甚至无法观测;当被测信号频率较低时,断续现象被掩盖。因此,这种工作状态适于观察两个工作频率较低的信号。

"Y_A"、"Y_B":当显示方式开关置于"Y_A"或者"Y_B"时,表示示波器处于单通道工作,此时示波器的工作方式相当于单踪示波器,即只能单独显示"Y_A"或"Y_B"通道的信号波形。

"Y_A+Y_B":当显示方式开关置于"Y_A+Y_B"时,电子开关不工作,Y_A 与 Y_B 两路信号均通过放大器和门电路,示波器将显示出两路信号叠加的波形。

(2)"DC-⊥-AC" Y 轴输入选择开关。用以选择被测信号接至输入端的耦合方式。置于"DC"是直接耦合,能输入含有直流分量的交流信号;置于"AC"位置,实现交流耦合,只能输入交流分量;置于"⊥"位置时,Y 轴输入端接地,这时显示的时基线一般用来作为测试直流电压零电平的参考基准线。

(3)"微调 V/div" 灵敏度选择开关及微调装置。灵敏度选择开关为套轴结构,黑色旋钮是 Y 轴灵敏度粗调装置,自 10 mV/div～20 V/div 分 11 挡。红色旋钮为细调装置,顺时针方向增加到满度时为校准位置,可按粗调旋钮所指示的数值,读取被测信号的幅度。当此旋钮反时针转到满度时,其变化范围应大于 2.5 倍,连续调节"微调"电位器,可实现各挡级之间的灵敏度覆盖，在作定量测量时，此旋钮应置于顺时针满度的“校准”位置。

(4)“平衡”。当 Y 轴放大器输入电路出现不平衡时，显示的光点或波形就会随“V/div”开关的“微调”旋转而出现 Y 轴方向的位移，调节“平衡”电位器能将这种位移减至最小。

(5)“↑↓”Y 轴位移电位器。用以调节波形的垂直位置。

(6)“极性、拉 Y_A”Y_A通道的极性转换按拉式开关。拉出时 Y_A通道信号倒相显示，即显示方式(Y_A+Y_B)时，显示图像为 Y_B-Y_A。

(7)“内触发、拉 Y_B”触发源选择开关。在按的位置上(常态)扫描触发信号分别取自 Y_A及 Y_B通道的输入信号，适应于单踪或双踪显示，但不能够对双踪波形作时间比较。当把开关拉出时，扫描的触发信号只取自于 Y_B通道的输入信号，因而它适于双踪显示时对比两个波形的时间和相位差。

(8)Y 轴输入插座。采用 BNC 型插座，被测信号由此直接或经探头输入。

3)X 轴插件部分

(1)“t/div”扫描速度选择开关及微调旋钮。X 轴的光点移动速度由其决定，从 0.2 μs～1 s 共分 21 挡级。当该开关“微调”电位器顺时针方向旋转到底并接上开关后，即为“校准”位置，此时“t/div”的指示值即为扫描速度的实际值。

(2)“扩展、拉×10”扫描速度扩展装置。是按拉式开关，在按的状态作正常使用，拉的位置扫描速度增加 10 倍。“t/div”的指示值，也应相应计取。采用“扩展、拉×10”适于观察波形细节。

(3)“⇄”X 轴位置调节旋钮。系 X 轴光迹的水平位置调节电位器，是套轴结构。外圈旋钮为粗调装置，顺时针方向旋转基线右移，反时针方向旋转则基线左移。置于套轴上的小旋钮为细调装置，适用于经扩展后信号的调节。

(4)“外触发、X 外接”插座。采用 BNC 型插座。在使用外触发时，作为连接外触发信号的插座。也可以作为 X 轴放大器外接时信号输入插座。其输入阻抗约为 1 MΩ。外接使用时，输入信号的峰值应小于 12 V。

(5)“电平”调节电位器旋钮。用于选择输入信号波形的触发点。具体地说，就是调节开始扫描的时间，决定扫描在触发信号波形的哪一点上被触发。顺时针方向旋动时，触发点趋向信号波形的正向部分；逆时针方向旋动时，触发点趋向信号波形的负向部分。

(6)“稳定性”触发稳定性微调旋钮。用以改变扫描电路的工作状态，一般应处于待触发状态。调整方法是将 Y 轴输入耦合方式选择(AC－地－DC)开关置于地档，将 V/div 开关置于最高灵敏度的挡级，在电平旋钮调离自激状态的情况下，用小螺丝刀将稳定度电位器顺时针方向旋到底，则扫描电路产生自激扫描，此时屏幕上出现扫描线；然后逆时针方向慢慢旋动，直到扫描线刚消失。此时扫描电路即处于待触发状态。在这种状态下，用示波器进行测量时，只要调节电平旋钮，即能在屏幕上获得稳定的波形，并能随意调节选择屏幕上波形的起始点位置。对于少数示波器，当稳定度电位器逆时针方向旋到底时，屏幕上出现扫描线；然后顺时针方向慢慢旋动，直到屏幕上扫描线刚消失，此时扫描电路即处于待触发状态。

(7)“外、内”触发源选择开关。置于“内”位置时，扫描触发信号取自 Y 轴通道的被测信号；置于“外”位置时，触发信号取自“外触发、X 外接”输入端引入的外触发信号。

(8)“AC”“AC(H)”“DC”触发耦合方式开关。“DC”挡，是直流藕合状态，适于变化缓慢或频率甚低(如低于 100Hz)的触发信号。“AC”挡，是交流耦合状态，由于隔断了触发中的直流分量，因此触发性能不受直流分量影响。“AC(H)”挡，是低频抑制的交流耦合状态，在观察包含低频分量的高频复合波时，触发信号通过高通滤波器进行耦合，抑制了低频噪声和低频触发信号（2 MHz 以下的低频分量），免除因误触发而造成的波形晃动。

(9)“高频、常态、自动” 触发方式开关。用以选择不同的触发方式，以适应不同的被测信号与测试目的。“高频”挡，频率较高（如高于 5 MHz），且无足够的幅度使触发稳定时，选择该挡。此时扫描处于高频触发状态，由示波器自身产生的高频信号（200 kHz 信号），对被测信号进行同步。不必经常调整电平旋钮，屏幕上即能显示稳定的波形，操作方便，有利于观察高频信号波形。“常态”挡，采用来自 Y 轴或外接触发源的输入信号进行触发扫描，是常用的触发扫描方式。“自动”挡，扫描处于自动状态（与高频触发方式相仿），但不必调整电平旋钮，也能观察到稳定的波形，操作方便，有利于观察较低频率的信号。

(10)“＋、－” 触发极性开关。在“＋”位置时选用触发信号的上升部分、在“－”位置时选用触发信号的下降部分对扫描电路进行触发。

2. 使用前的检查、调整和校准

示波器初次使用前或久藏复用时，有必要进行一次能否工作的简单检查和进行扫描电路稳定度、垂直放大电路直流平衡的调整。示波器在进行电压和时间的定量测试时，还必须进行垂直放大电路增益和水平扫描速度的校准。示波器能否正常工作的检查方法、垂直放大电路增益和水平扫描速度的校准方法，由于各种型号示波器的校准信号的幅度、频率等参数不一样，因而检查、校准方法略有差异。

3. 使用步骤

用示波器能观察各种不同电信号幅度随时间变化的波形曲线，在这个基础上示波器可以应用于测量电压、时间、频率、相位差和调幅度等电参数。下面介绍用示波器观察电信号波形的使用步骤。

(1)选择 Y 轴耦合方式。根据被测信号频率的高低，将 Y 轴输入耦合方式选择“AC－⊥－DC”开关置于 AC 或 DC。

(2)选择 Y 轴灵敏度。根据被测信号的大约峰－峰值（如果采用衰减探头，应除以衰减倍数；在耦合方式取 DC 挡时，还要考虑叠加的直流电压值），将 Y 轴灵敏度选择 V/div 开关（或 Y 轴衰减开关）置于适当挡级。实际使用中如不需读测电压值，则可适当调节 Y 轴灵敏度微调（或 Y 轴增益）旋钮，使屏幕上显现所需要高度的波形。

(3)选择触发（或同步）信号来源与极性。通常将触发（或同步）信号极性开关置于“＋”或“－”挡。

(4)选择扫描速度。根据被测信号周期（或频率）的大约值，将 X 轴扫描速度 t/div（或扫描范围）开关置于适当挡级。实际使用中如不需读测时间值，则可适当调节扫描速度 t/div 微调（或扫描微调）旋钮，使屏幕上显示测试所需周期数的波形。如果需要观察的是信号的边沿部分，则扫描速度 t/div 开关应置于最快扫速挡。

(5)输入被测信号。被测信号由探头衰减后（或由同轴电缆不衰减直接输入，但此时的输入阻抗降低、输入电容增大），通过 Y 轴输入端输入示波器。

(6)触发（或同步）扫描。缓缓调节触发电平（或同步）旋钮，屏幕上显现稳定的波形，根据观察需要，适当调节电平旋钮，以显示相应起始位置的波形。

如果用双踪示波器观察波形，作单踪显示时，显示方式开关置于 Y_A 或 Y_B。被测信号通

过 Y_A 或 Y_B 输入端输入示波器。Y 轴的触发源选择“内触发、拉 Y_B”开关置于按(常态)位置。若示波器作两踪显示时，显示方式开关置于交替挡(适用于观察频率不太低的信号)，或断续挡(适用于观察频率不太高的信号)，此时 Y 轴的触发源选择“内触发、拉 Y_B”开关置“拉 Y_B”挡。

示波器使用不当造成的异常现象及原因可参见表 0.2。

表 0.2

现　象	原　因
没有光点或波形	(1)电源未接通 (2)辉度旋钮未调节好 (3)X、Y 轴移位旋钮位置调偏 (4)Y 轴平衡电位器调整不当，造成直流放大电路严重失衡
水平方向展不开	(1) 触发源选择开关置于外挡，且无外触发信号输入，则无锯齿波产生 (2)电平旋钮调节不当 (3)稳定度电位器没有调整在使扫描电路处于待触发的临界状态 (4) X 轴选择误置于 X 外接位置，且外接插座上又无信号输入 (5)两踪示波器如果只使用 A 通道(B 通道无输入信号)，而内触发开关置于拉 Y_B 位置，则无锯齿波产生
垂直方向无展示	(1) 输入耦合方式 DC－⊥－AC 开关误置于接地位置 (2) 输入端的高、低电位端与被测电路的高、低电位端接反 (3) 输入信号较小，而 V/div 误置于低灵敏度挡
波形不稳定	(1) 稳定度电位器顺时针旋转过度，致使扫描电路处于自激扫描状态(未处于待触发的临界状态) (2) 触发耦合方式 AC、AC(H)、DC 开关未能按照不同触发信号频率正确选择相应挡级 (3) 选择高频触发状态时，触发源选择开关误置于外挡(应置于内挡) (4) 部分示波器扫描处于自动挡(连续扫描)时，波形不稳定
垂直线条密集或呈现一矩形	t/div 开关选择不当，致使 $f_{扫描} \ll f_{信号}$
水平线条密集或呈一条倾斜水平线	t/div 开关选择不当，致使 $f_{扫描} \gg f_{信号}$
垂直方向的电压读数不准	(1) 未进行垂直方向的偏转灵敏度(V/div)校准 (2) 进行 V/div 校准时，V/div 微调旋钮未置于校正位置(即顺时针方向未旋足) (3)进行测试时，V/div 微调旋钮调离了校正位置(即调离了顺时针方向旋足的位置) (4) 使用 10：1 衰减探头，计算电压时未乘以 10 倍 (5)被测信号频率超过示波器的最高使用频率，示波器读数比实际值偏小 (6)测得的是峰－峰值，正弦有效值需换算求得

续表

现　　象	原　　因
水平方向的读数不准	(1) 未进行水平方向的偏转灵敏度(t/div)校准 (2)进行 t/div 校准时,t/div 微调旋钮未置于校准位置(即顺时针方向未旋足) (3)进行测试时,t/div 微调旋钮调离了校正位置(即调离了顺时针方向旋足的位置) (4)扫速扩展开关置于拉(×10)位置时,测试未按 t/div 开关,指示值提高灵敏度10倍计算
交直流叠加信号的直流电压值分辨不清	(1)Y 轴输入耦合选择 DC－⊥－AC 开关误置于 AC 挡(应置于 DC 挡) (2)测试前未将 DC－⊥－AC 开关置于接地挡进行直流电平参考点校正 (3)Y 轴平衡电位器未调整好
测不出两个信号间的相位差(波形显示法)	(1)双踪示波器误把内触发(拉 Y_B)开关置于按(常态)位置,应把该开关置于拉 Y_B 位置 (2)双踪示波器没有正确选择显示方式开关的交替和断续挡 (3)单线示波器触发选择开关误置于内挡 (4)单线示波器触发选择开关虽置于外挡,但两次外触发未采用同一信号
调幅波形失常	t/div 开关选择不当,扫描频率误按调幅波载波频率选择(应按音频调幅信号频率选择)。
波形调不到要求的起始时间和部位	(1) 稳定度电位器未调整在待触发的临界触发点上 (2) 触发极性(＋、－)与触发电平(＋、－)配合不当 (3) 触发方式开关误置于自动挡(应置于常态挡)

(二)示波器的测试应用

1. 电压的测量

利用示波器所作的任何测量,都是归结为对电压的测量。示波器可以测量各种波形的电压幅度,既可以测量直流电压和正弦电压,又可以测量脉冲或非正弦电压的幅度。更有用的是它可以测量一个脉冲电压波形各部分的电压幅值,如上冲量或顶部下降量等。这是其他任何电压测量仪器都不能比拟的。

1)直接测量法

所谓直接测量法,就是直接从屏幕上量出被测电压波形的高度,然后换算成电压值。定量测试电压时,一般把 Y 轴灵敏度开关的微调旋钮转至“校准”位置上,这样,就可以从“V/div”的指示值和被测信号占取的纵轴坐标值直接计算被测电压值。所以,直接测量法又称为标尺法。

(1)交流电压的测量。将 Y 轴输入耦合开关置于“AC”位置,显示出输入波形的交流成分。如交流信号的频率很低时,则应将 Y 轴输入耦合开关置于“DC”位置。

将被测波形移至示波管屏幕的中心位置,用“V/div”开关将被测波形控制在屏幕有效工作面积的范围内,按坐标刻度片的分度读取整个波形所占 Y 轴方向的度数 H,则被测电压的峰一峰值 V_{P-P} 可等于“V/div”开关指示值与 H 的乘积。如果使用探头测量时,应把探头的衰减量计算在内,即把上述计算数值乘 10。

例如，示波器的Y轴灵敏度开关"V/div"位于0.2挡级，被测波形占Y轴的坐标幅度H为5 div，则此信号电压的峰一峰值为1 V。如果经探头测量，仍指示上述数值，则被测信号电压的峰一峰值就为10 V。

(2)直流电压的测量。将Y轴输入耦合开关置于接地位置，触发方式开关置"AC"位置，使屏幕显示一水平扫描线，此扫描线便为零电平线。

将Y轴输入耦合开关置"DC"位置，加入被测电压，此时，扫描线在Y轴方向产生跳变位移H，被测电压即为"V/div"开关指示值与H的乘积。

直接测量法简单易行，但误差较大。产生误差的因素有读数误差、视差和示波器的系统误差(衰减器、偏转系统、示波管边缘效应)等。

2)比较测量法

比较测量法就是用一已知的标准电压波形与被测电压波形进行比较求得被测电压值。

将被测电压V_x输入示波器的Y轴通道，调节Y轴灵敏度选择开关"V/div"及其微调旋钮，使荧光屏显示出便于测量的高度H_x并作好记录，且"V/div"开关及微调旋钮位置保持不变。去掉被测电压，把一个已知的可调标准电压V_s输入Y轴，调节标准电压的输出幅度，使它显示与被测电压相同的幅度。此时，标准电压的输出幅度等于被测电压的幅度。比较法测量电压可避免垂直系统引起的和误差，因而提高了测量精度。

2. 时间的测量

示波器时基能产生与时间呈线性关系的扫描线，因而可以用荧光屏的水平刻度来测量波形的时间参数，如周期性信号的重复周期、脉冲信号的宽度、时间间隔、上升时间(前沿)和下降时间(后沿)、两个信号的时间差等等。

将示波器的扫描速度开关"t/div"的"微调"装置转至校准位置时，显示的波形在水平方向刻度所代表的时间可按"t/div"开关的指示值直读计算，从而较准确地求出被测信号的时间参数。

3. 相位的测量

利用示波器测量两个正弦电压之间的相位差具有实用意义，用计数器可以测量频率和时间，但不能直接测量正弦电压之间的相位关系。利用示波器测量相位的方法很多，下面仅介绍双踪法。

双踪法是用双踪示波器在荧光屏上直接比较两个被测电压的波形来测量其相位关系。测量时，将相位超前的信号接入Y_B通道，另一个信号接入Y_A通道。选用Y_B触发。调节"t/div"开关，使被测波形的一个周期在水平标尺上准确地占满8 div，这样，一个周期的相角360°被8等分，每1 div相当于45°。读出超前波与滞后波在水平轴的差距T，按下式计算相位差：

$$\varphi=45^\circ/\text{div}\times T\text{div}$$

如$T=1.5$ div，则$\varphi=45^\circ/\text{div}\times1.5\ \text{div}=67.5^\circ$。

4. 频率的测量

用示波器测量信号频率的方法很多，下面介绍常用的周期法。

对于任何周期信号，可用前述的时间间隔的测量方法，先测定其每个周期的时间T，再用下式求出频率f：

$$f=1/T$$

例如，示波器上显示的被测波形，一周期为 8 div，“t/div”开关置“1 μs”位置，其“微调”置“校准”位置。则其周期和频率计算如下：

$$T = 1\ \mu\text{s/div} \times 8\ \text{div} = 8\ \mu\text{s}$$

$$f = 1/8\ \mu\text{s} = 125\ \text{kHz}$$

所以，被测波形的频率为 125 kHz。

六、DGJ－3 型电工电子实验装置的使用

DGJ－3 型电工电子实验装置前面板如图 0.12 所示。

1. 交流电源的启动

(1)在实验装置显示屏的左后侧有一根三相四芯电源线（并已接好三相四芯接头），接好机壳的接地线，然后将三相四芯插头接通三相 380 V 交流市电。

(2)将置于装置左侧的三相自耦调压器的旋转手柄，按逆时针方向旋至零位。

(3)将三相电压表指示切换开关置于左侧（三相电源输入电压）。

(4)开启钥匙式三相电源总开关，此时停止按钮灯亮（红色），三相电压表（0～450 V）指示出输入的三相电源线电压的值。

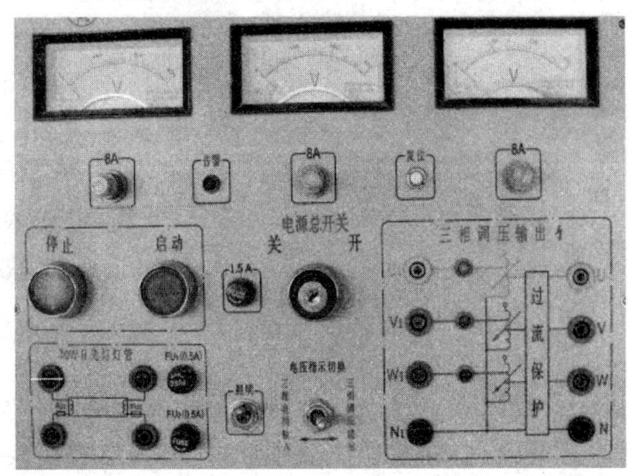

图 0.12

(5)按下启动按钮（绿色），红色按钮灯灭，绿色按钮灯亮。同时可听到交流接触器的瞬间吸合声，面板按 U_1、V_1 和 W_1 上的黄、绿、红三个 LED 指示灯亮。至此，实验屏启动完毕，此时，实验屏左侧的单相二芯 220 V 电源插座和三相四芯 380 V 电源插座处以及右侧的单相三芯 220 V 电源插座外均有相应的交流电压输出。

2. 低压直流稳压、恒流电源输出与调节

开启直流稳压电源带灯开关，两路输出插孔均有电压输出，如图 0.13 所示。

(1)将“电压指示切换”开关拨至左侧，直流指针式电压表（量程为 30 V）指示出 U_A 的电压值（取决于“输出选择”开关的位置）；将此开关拨至右侧，则电压表指示出 U_B。

(2)调节“输出粗调”波段开关和“输出粗调”多圈电位器旋钮，可平滑地调节输出电压，调节范围为 0～30 V（分三挡量程切换），额定电流为 I_A。

(3)两路输出均设有软截止保护功能。

(4)恒流源的输出与调节。将负载接至“恒流输出”两端，开启恒流源开关，指针式毫安表即指示输出恒流电流值，调节“输出粗调”波段开关和“输出细调”多圈电位器旋钮，可在三个量程段（满度为 2 mA、20 mA 和 200 mA）连续调节输出的恒流电流值。

本恒流源虽有开路保护功能，但不应长期处于输出开路状态。

3. 定时器兼报警记录仪

定时器兼报警记录仪面板如图 0.14 所示。

(1)定时器兼报警记录仪是专门为学生实验考核而设置。可以调整考核时间，当到达定时

时间后，可自动断开电源，保证考核时间的准确性。可累计操作过程中的报警次数，以考察学生的实验质量。

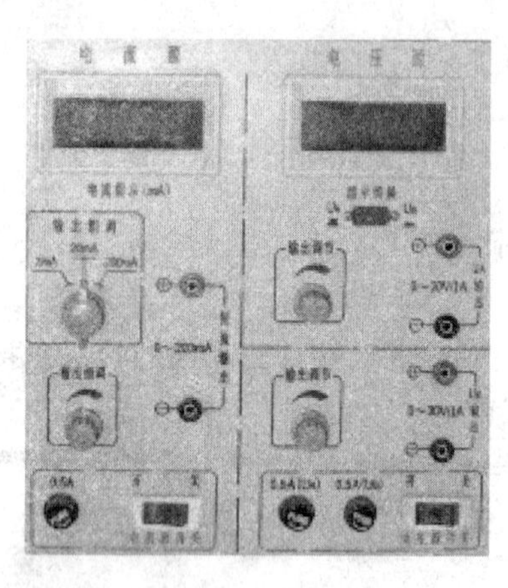

图 0.13

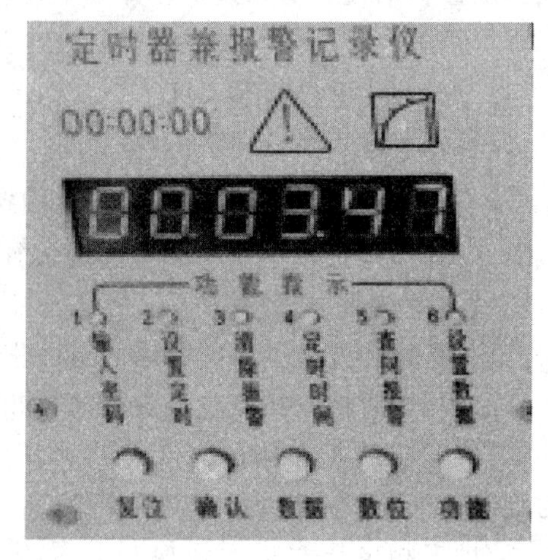

图 0.14

(2)报警器的报警功能分三部分：电流、电压表的超量程报警；内电路漏电报警；高压电源的过流、过压、报警。显示的报警次数即三项报警次数的累加。

(3)操作步骤如下所述。

①打开钥匙开关，报警器开始计时 00、00、01(2、3)。

②设置数据：按功能键，数码显示器最后一位显示 6 时，按住数位键一段时间，使小数点连续闪烁，放开后，间断地按数位键，使小数点在所要的后三位输入 129，设好后，按确认键，显示板最前面位显示 6。

③输入密码：按功能键，使显示板最后一位显示 1，按住数位键不动，使小数点连续闪烁后，断开，间断地按数位键，在数显板的最后三位数上输入前面所设置的数据，按确认键后显示 1。

④设置定时：按功能键，使显示板最后一位显示 2，按同样的操作方法在前四位数输入所需要的时间，在最后一位数写 1，确认后，将显示当前输入的时间并在最后一位显示 c，此即为设置的时间。按同样的操作方法在设置的时间上加上考核时间，在最后一位数写 9，确认后显示报警时间。注意报警时间不能设置在所设时间的前面，否则无效！

⑤清除报警：按功能键，使显示板最后一位显示 3，按确认键，即清除以前所有的报警次数。

⑥定时时间：按功能键使最后一位显示 4，按确认键后显示定时时刻。

⑦询问报警：按功能键，使显示板最后一位显示 5，按确认键，查询报警次数。

⑧显示当前时间：按功能键，使数显最后一位显示 7，按确认键，显示当前时钟的时刻，此时所有操作结束。

(4)到定时时间后，蜂鸣器会鸣叫 1 min，再过 4 min 后，断开电源、暗屏，若重新操作必须按复位键，同时蜂鸣器再响，报警时间会在原来所设置的时间上再加上 5 min。

4. 多功能数控智能函数信号发生器

1)概述

多功能数控智能函数信号发生器面板如图 0.15 所示。

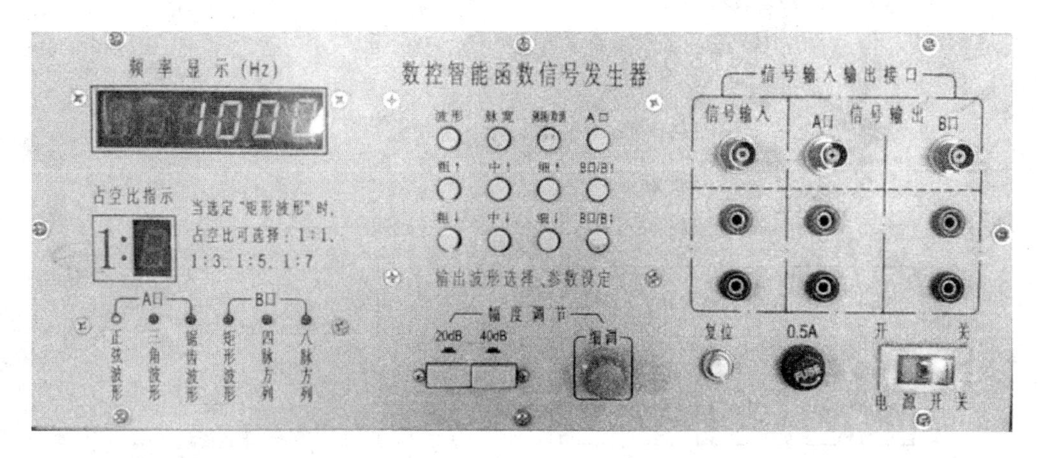

图 0.15

该信号源是一种新型的以单片机为核心的数控式函数信号发生器。它可输出正弦波、三角波、锯齿波、矩形波、四脉方列和八脉方列 6 种信号波形。通过面板上键盘的简单操作,就可以很方便地连续调节输出信号的频率,并用绿色 LED 数码管直接显示出输出信号的频率值、矩形波的占空比及内部基准幅值。输出信号波形的各项技术指标都能满足大专院校电工、电路、模拟和数字电路实验的需求。该仪器还兼有频率计的功能,可精确测定各种周期信号的频率。该仪器采用先进技术,智能化程度高,因而具有输出波形失真小、精度高、输出稳定、工作可靠、功率低、线路简洁、使用调节灵活简便、结构轻巧等突出的优点。

2)主要技术指标

输出频率范围:正弦波为 1 Hz～150 kHz;矩形波为 1Hz～150 kHz;三角波和锯齿波为 1 Hz～10 kHz;四脉方列和八脉方列固定为 1 kHz。

频率调整步幅:1 Hz～l kHz 为 1 Hz;1 Hz～10 kHz 为 10 kHz;10 kHz～150 kHz 为 100 kHz。

输出脉宽调节:占空比固定为 1∶1、1∶3、1∶5 和 1∶7 四挡,输出脉冲前后沿时间小于 50 ns。

输出幅度调节范围:A 口的峰－峰值为 15 mV～17.0 V,B 口的峰－峰值为 0～4.0 V。

输出阻抗:大于 50 Ω。

频率测量范围:1 Hz～200 kHz。

3)使用操作说明

操作键盘和显示屏如图 0.16 所示。

输入、输出接口:模拟信号(包括正弦波、三角波和锯齿波)从 A 口输出;脉冲信号(包括矩形波、四脉方列和八脉方列)从 B 口输出。

开机后的初始状态:选定为正弦波形,对应的红色 LED 指示灯亮;输出频率显示为 1 kHz;内部基准幅度显示为 5 V。

按键操作:包括输出信号选择频率的调节、脉冲宽度的调节、测频功能的切换等操作(如图 0.6(a)所示)。

按"A 口"、"B 口/B ↑(或 B 口/B↓)",选择输出端口。

操作"波形"、"A 口"及"B 口/B ↑(或 B 口/B↓)"键,选择波形输出,6 个 LED 发光二极管将分别指示当前输出信号的类型。

在选定矩形波后,按"脉宽"键,可改变矩形波的占空比。此时,如图 0.16(b)所示中的用

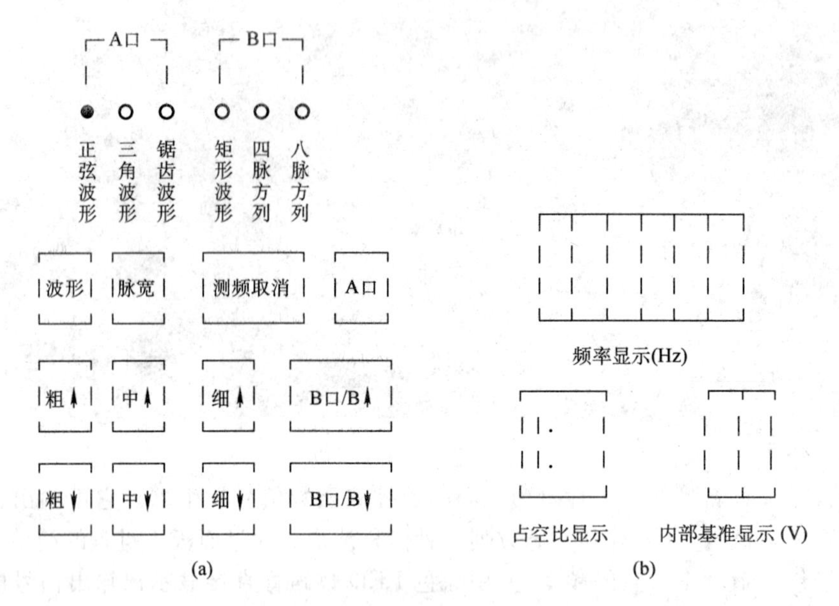

图 0.16

(a)键盘;(b)显示屏

以显示占空比的数码管将依次显示 1∶1、1∶3、1∶5 和 1∶7。

按"测频取消"键,仪器的频率显示窗便转换为频率计的功能。即图 0.16(b)中的 6 只频率显示数码管将显示接在面板"信号输入口"处的被测信号的频率值("信号输出口"仍保持原来信号的正常输出)。此时除"测频取消"键外,按其他键均无效;只有再按"测频取消"键,撤销测频功能后,整个键盘才可恢复对输出信号的控制操作。

按"粗↑"键或"粗↓"键,可单步改变(调高或调低)输出信号频率值的最高位。

按"中↑"键或"中↓"键,可连续改变(调高或调低)输出信号频率值的第一次高位。

按"细↑"键或"细↓"键,可连续改变(调低)输出信号频率值的第二次高位。

输出幅度调节如下。

①A 口幅度调节顺时针旋转面板上二幅度调节旋钮,将连续增大输出幅度;逆时针旋转面板上幅度调节旋钮,将连续减小输出幅度。幅度调节精度为 1 mV。

②B 口幅度调节按"B 口/B↑ "键将连续增大输出口幅度;按"B 口/B ↓"键将连续减小输出幅度。

5. 直流数显毫安表的使用

直流数显毫安表面板如图 0.17 所示。

电流测量范围为 0～2 000 mA,分 4 个量程挡:2 mA、20 mA、200 mA 和 2 000 mA,用琴键切换,三位半数码管显示,测量精度为 0.5 级,在与该装置配套使用的过程中,所用量程挡均有量程保护和警告,并有使控制屏上按触器跳闸的功能,此时,本单元的红色警告灯亮,实验屏上的蜂鸣器同时警告。在按过该单元的"复位"键后,蜂鸣警告停止,该单元的警告指示灯熄灭,毫安表即可恢复测量功能。如要继续实验,则需再次启动控制屏。

6. 直流数显安培表的使用

电流测量范围为 0～5 A,三位半数码显示,测量精度为 0.5 级,有过电流保护功能。

在与该装置配套使用过程中,所有量程挡均有超量程保护和警告,并使控制屏上有跳闸的功能，此时，该单元的红色警告灯亮，实验屏上的蜂鸣器同时警告，在按过该单元的“复位”键后，蜂鸣警告停止，该单元的警告指示灯熄灭。安培表即可恢复测量功能。如要继续实验，则需再次启动控制屏。

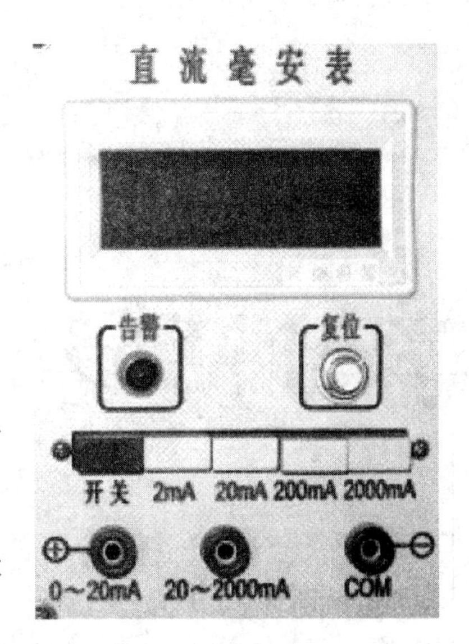

图 0.17

7. 受控源 CCVS 和 VCCS 的使用

开启带灯电源开关，两个 CCVS、VCCS 受控源即可工作，通过适当的连接，可获得 VCVS 和 CCCS 受控源的功能。

此外，还输出±12 V 两路直流稳定电压，并有发光二极管指示。

8. 装置的保养与维护

(1)装置应放置平稳，平时注意清洁，长时间不用时最好加盖保护布或塑料布。

(2)使用前应检查输入电源线是否完好，屏上开关是否置于“关”的位置，调压器是否回到零位。

(3)使用中，对各旋钮开关进行调节时，动作要轻，用力切忌过度，以防旋钮开关等损坏。

(4)如遇电源、仪器及仪表不工作时，应关闭控制屏电源，并检查各熔断器是否完好。

(5)更换挂箱时，动作要轻，防止强烈碰撞，以免损坏部件及影响外表。

学习领域一

电路初级应用

子学习领域1　电路入门

内容摘要

1. 几个基本概念

电路理论分析的对象是实际电路及电路模型；电流和电压是电路中的基本物理量，在分析计算电路时，必须首先设定电流与电压的参考方向，这样计算出的结果才有实际意义；电路中某点到参考点之间的电压就是该点电位，两点之间的电压就是两点电位差，某点电位是相对的，而两点之间电压是绝对的；任一支路的功率为 $p=ui$，选择电压与电流关联参考方向时，所得功率 p 看成是支路接受的功率，选择电压与电流非关联参考方向时，所得功率 p 看成是支路发出的功率。

2. 电路元件

电路常见元件有电阻、电容和电感。

3. 两种电源

电源分为独立电源和受控电源。

独立电源分为独立电压源和独立电流源。独立电压源的电压是确定的时间函数，电流由其外电路决定；独立电流源的电流是确定的时间函数，电压由其外电路决定。电压源和电流源都是分析实际电源非常有用的工具。

受控电源提供的电压或电流由电路中其他元件（或支路）的电压或电流控制。受控电源按控制量和被控制量的关系分为四种类型：电压控制电压源（VCVS）、电流控制电压源（CCVS）、电压控制电流源（VCCS）、电流控制电流源（CCCS）。

4. 电路的工作状态

电路的三种工作状态为电路有载工作、开路与短路。

5. 两个定律：欧姆定律和基尔霍夫定律

这两个定律都是电路理论的重要定律，是分析电路的基础。在选择关联参考方向下，线性电阻元件的元件约束(欧姆定律)为 $u=iR$。欧姆定律确定了电阻元件上电压和电流之间的约束关系。

KCL(基尔霍夫电流定律)确定了电路中各支路电流之间的约束关系,即 $\sum i=0$;KVL(基尔霍夫电压定律)确定了回路中各电压之间的约束关系,即 $\sum u=0$。

难题解析

1. 试求如图 1.1 所示电路中 A 点的电位。

解:$\because I=\dfrac{3}{1+2}=1\ \text{A}$

又 $\because V_B=6\ \text{V}$

$\therefore V_A=V_B-I\cdot 1=5\ \text{V}$

2. 试求图 1.2 所示电路中 A 点和 B 点的电位。如将 A、B 两点直接连接或在两点之间连一电阻,对电路工作有无影响?

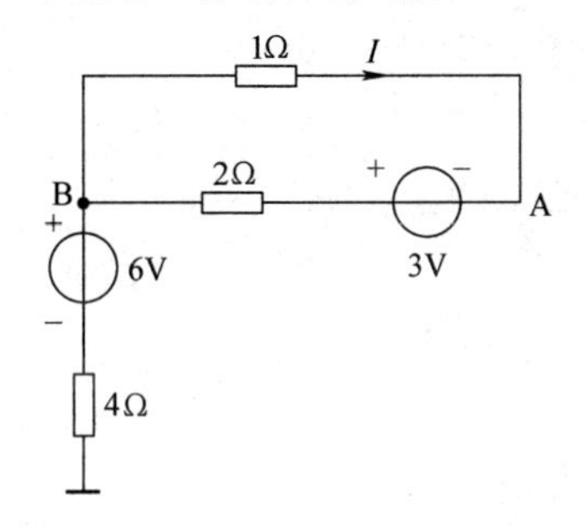

图 1.1

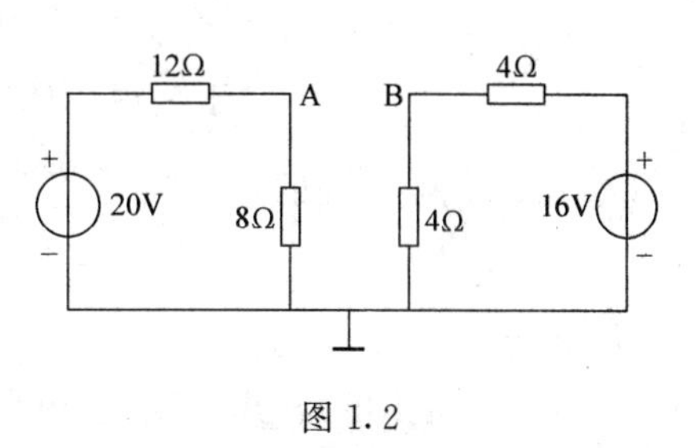

图 1.2

解:$V_A=\dfrac{8}{12+8}\times 20=8\ \text{V}$

$V_B=\dfrac{4}{4+4}\times 16=8\ \text{V}$

A、B 点直接连接或在两点之间接一电阻,对电路工作无影响。因为 A、B 等电位,所以不管是连接导线或是电阻,其中均无电流流过。

3. 把额定电压 110 V、额定功率分别为 100 W 和 60 W 的两只灯泡,串联在端电压为 220 V的电源上使用,这种接法会有什么后果?它们实际消耗的功率各是多少?如果是两个 110 V、60 W 的灯泡,是否可以这样使用?为什么?

解:两只灯泡的电阻分别为

$$R_1=\frac{U_N^2}{P_{1N}}=\frac{110^2}{100}=121\ \Omega$$

$$R_2=\frac{U_N^2}{P_{2N}}=\frac{110^2}{60}=202\ \Omega$$

每只灯泡两端的实际电压值为

$$U_1=\frac{R_1}{R_1+R_2}U=\frac{121}{121+202}\times 220=82.4\ \text{V}$$

$$U_2=\frac{R_2}{R_1+R_2}U=\frac{202}{121+202}\times 220=137.6\ \text{V}$$

因为 $U_1<U_N$,所以 100 W 灯泡达不到额定电压;$U_2>U_N$,60 W 灯泡超过额定电压,会被烧坏。

两个灯泡实际消耗的功率为

$$P_1=\frac{U_1^2}{R_1}=\frac{82.4^2}{121}=56\ \text{W}<100\ \text{W}$$

$$P_2=\frac{U_2^2}{R_2}=\frac{137.6^2}{202}=93.7\ \text{W}>60\ \text{W}$$

两个 110 V、60 W 的灯泡是可以串联使用的，因为它们的电阻相同，每个灯泡两端的电压也相同，都能达到额定值。这样接法的缺点是，若有一只灯泡坏了，另一只也不能发光。

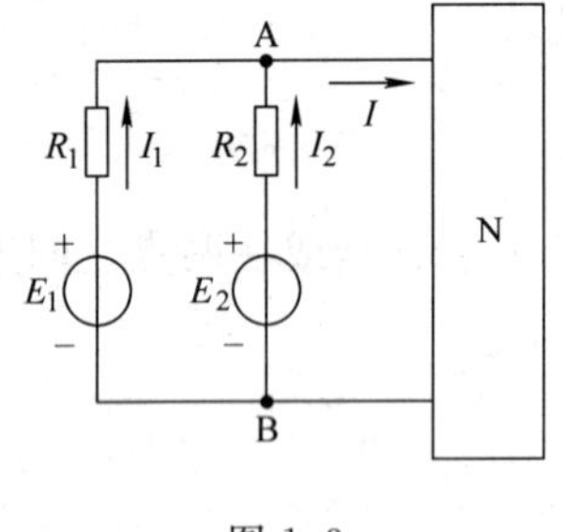

图 1.3

4. 电路如图 1.3 所示，N 为二端网络，已知 $E_1=100$ V，$E_2=80$ V，$R_2=2\ \Omega$，$I_2=2$ A。若流入二端网络的电流 $I=4$ A，求电阻 R_1 及输入二端网络 N 的功率。

解 (1)根据图中所示电流的正方向，可得

$$I_1=I-I_2=4-2=2\ \text{A}$$

$$U_{AB}=E_2-I_2R_2=80-2\times2=76\ \text{V}$$

而 $$U_{AB}=E_1-I_1R_1$$

于是得 $$R_1=\frac{E_1-U_{AB}}{I_1}=\frac{100-76}{2}=12\ \Omega$$

(2)输入二端网络 N 的功率为

$$P=U_{AB}I=76\times4=304\ \text{W}$$

自我检测

1. 如图 1.4 所示电路，指出电流、电压的实际方向。

2. 已知某电路图中 $U_{ab}=-5$ V，说明 a、b 两点中哪点电位高。

3. 如图 1.5 所示，已知 $V_a=8$ V，$V_c=-3$ V，求 U_{ab}、U_{bc}、U_{ca}。若改 c 点为参考点，求 V_a、V_b、U_{ab}、U_{bc}、U_{ca}。由计算结果可以说明什么道理？

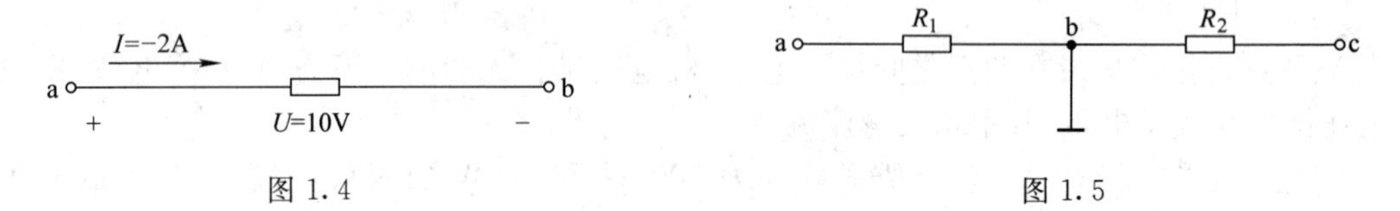

图 1.4　　　　图 1.5

4. 如图 1.6 所示电路，计算该元件的功率，并说明功率性质。

5. 一实验室有 200 W、220 V 电烙铁 50 把，每天使用 4 h，问一月(按 30 天计)用电多少度？

6. 有时欧姆定律可写成 $U=-IR$，说明此时电阻值是负的，对吗？

7. 如图 1.7 所示电路，求各电源的功率，并说明是吸收还是发出功率。

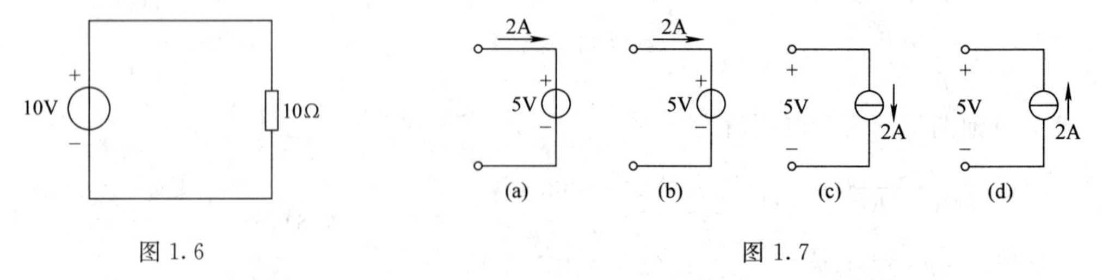

图 1.6　　　　图 1.7

8. 根据图 1.8 给出的伏安特性曲线，画出电源模型图。

9. 受控源、独立电源及电阻元件有何不同？

10. 如图 1.9 所示电路，试求电流 I_1、I_2、I_3。

11. 如图 1.10 所示电路，已知 $I_a=6$ A，$I_b=2$ A，$U_{ab}=3$ V，试求 I_1、I_2、I_3 及 U_{bc}、U_{ca}。

12. 如图 1.11 所示电路，试求电压 U_{ab}。

13. 什么是电路的开路状态、短路状态、空载状态、过载状态、满载状态？

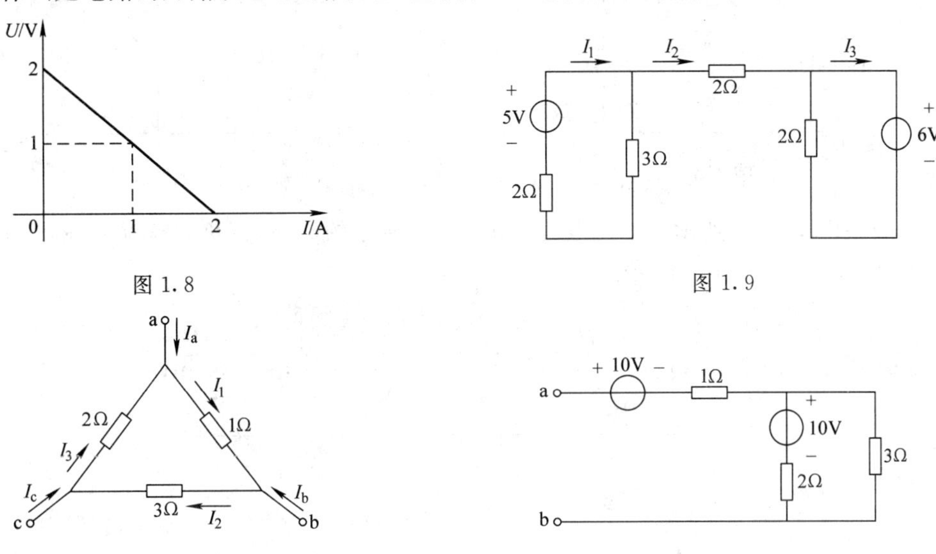

图 1.8　　图 1.9

图 1.10　　图 1.11

14. 电器设备额定值的含义是什么？

15. 有一只额定值为 10 W、500 Ω 的线绕式电阻，求其额定电流 I_N 和额定电压 U_N。如果将它接到 100 V 电源上，求其实际消耗的功率。

16. 图 1.12 所示电路图中，已知 $U_S=10$ V，$R_S=10$ Ω，问开关 S 处于 1、2、3 位置时电压表和电流表读数分别是多少？

17. 如图 1.13 所示电路，试求 b 点电位 V_b。

18. 如图 1.14 所示电路中，计算开关断开和闭合两种状态下 a、b、c 三点的电位。

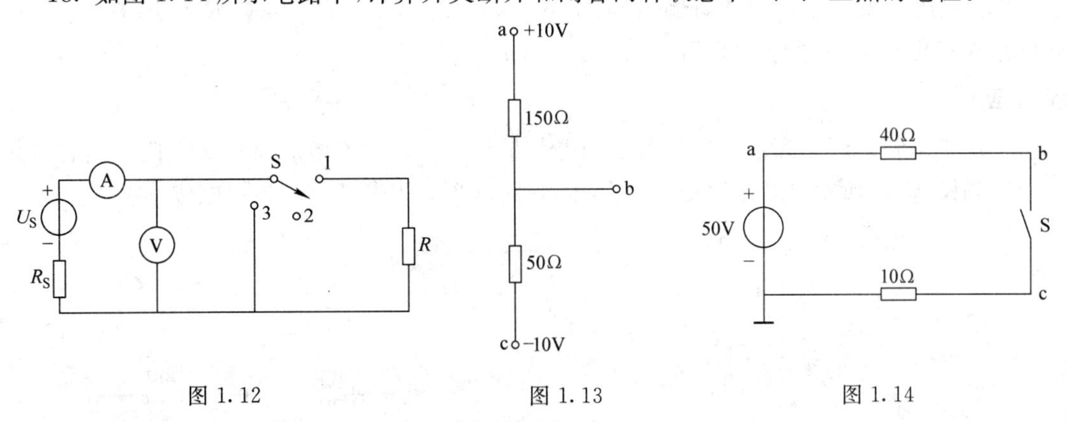

图 1.12　　图 1.13　　图 1.14

19. 理想电流源的外接电阻越大，则它的端电压(　　)。

A. 越高　　B. 越低　　C. 不能确定

20. 理想电压源的外接电阻越大，则流过理想电压源的电流(　　)。

A. 越大　　B. 越小　　C. 不能确定

21. 如图 1.15 所示电路中，当 R_1 增加时，电压 U_2 将(　　)。

A. 变大　　　　B. 变小　　　　C. 不变

22. 如图 1.16 所示电路中，当 R_1 增加时，电流 I_2 将(　　)。

A. 变大　　　　B. 变小　　　　C. 不变

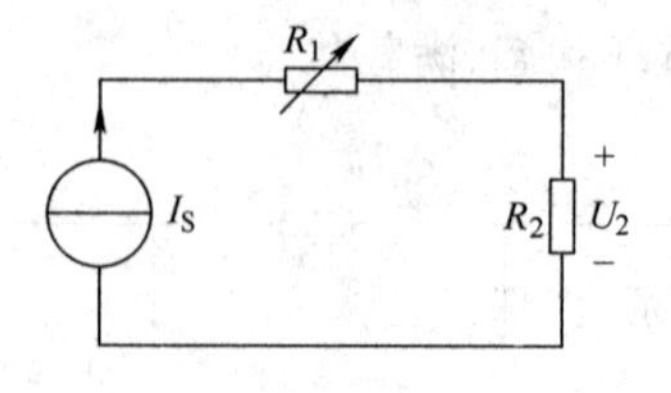

图 1.15

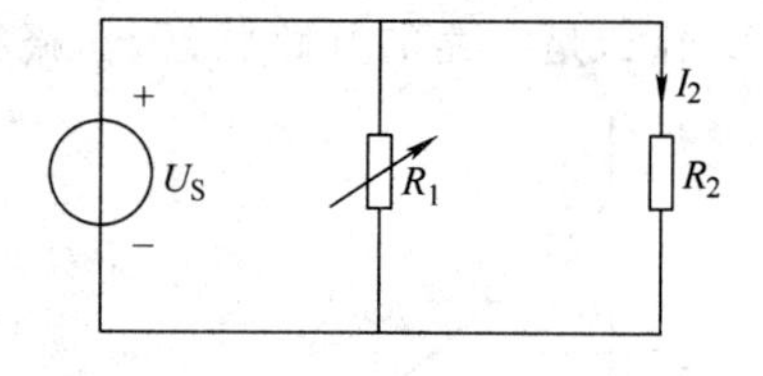

图 1.16

23. 把图 1.17(a)所示的电路改为图 1.17(b)所示的电路，其负载电流 I_1 和 I_2 将(　　)。

A. 增大　　　　B. 不变　　　　C. 减小

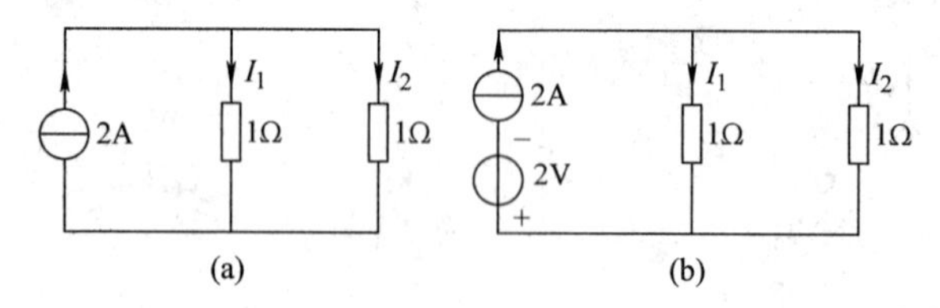

图 1.17

24. 把图 1.18(a)所示的电路改为图 1.18(b)所示的电路，其负载电流 I_1 和 I_2 将(　　)。

A. 增大　　　　B. 不变　　　　C. 减小

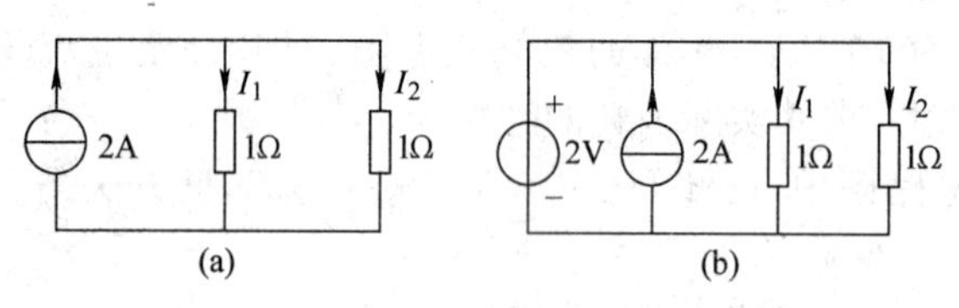

图 1.18

25. 如图 1.19 所示电路中，已知：$I_S=2$ A，$U_S=12$ V，$R_1=R_2=4$ Ω，$R_3=16$ Ω。求：(1)S 断开后 A 点电位 V_A；(2)S 闭合后 A 点电位 V_A。

综合应用

1. 从 1 s 至 3 s 间，通过导体横截面的电荷量从 100 C 均匀增加到 600 C，问电流有多大？

2. 如图 1.20 所示是某电路的一部分，试分别以 0、b 为参考点求各点电位。

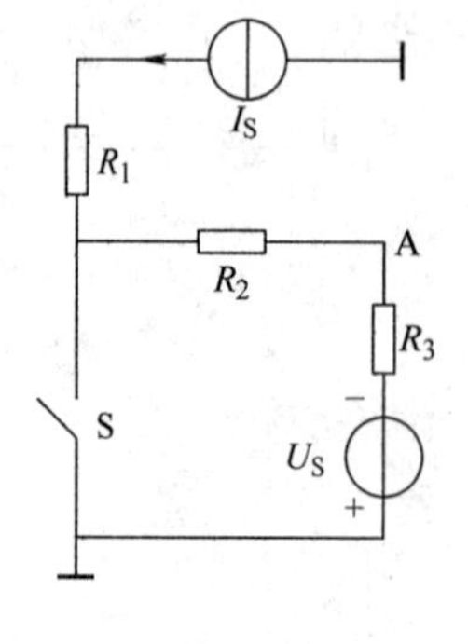

图 1.19

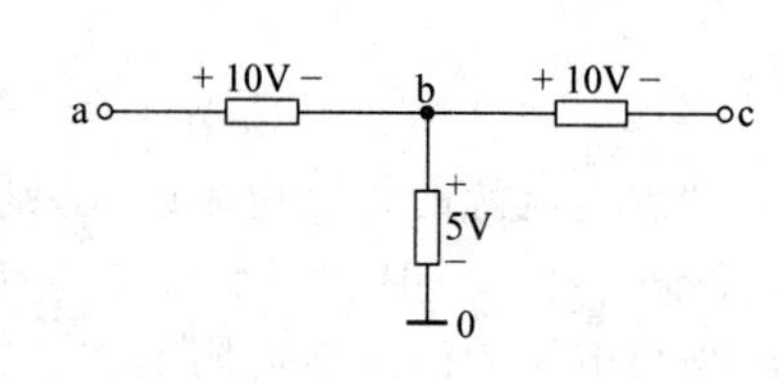

图 1.20

3. 如图 1.21 所示电路,试求各元件发出或吸收的功率。

4. 如图 1.22 所示电路。(1)元件 A、B、C 均吸收功率 20 W,试求 U_A、I_B、U_C;(2)求元件 D 的功率。

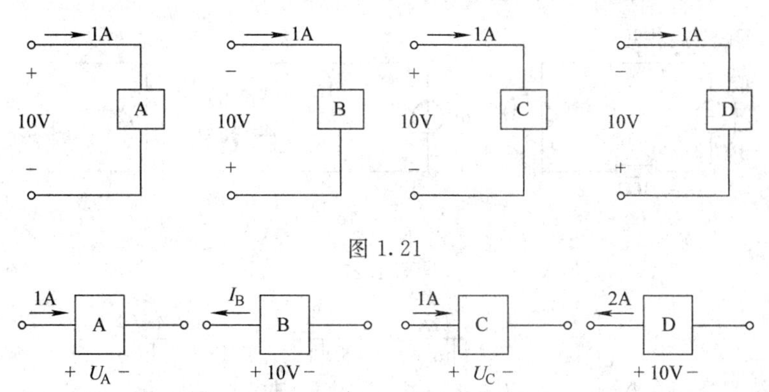

图 1.21

图 1.22

5. 如图 1.23 所示电路,电阻元件上电压、电流参考方向已给定,$R=10\ \Omega$,试求 U 或 I。

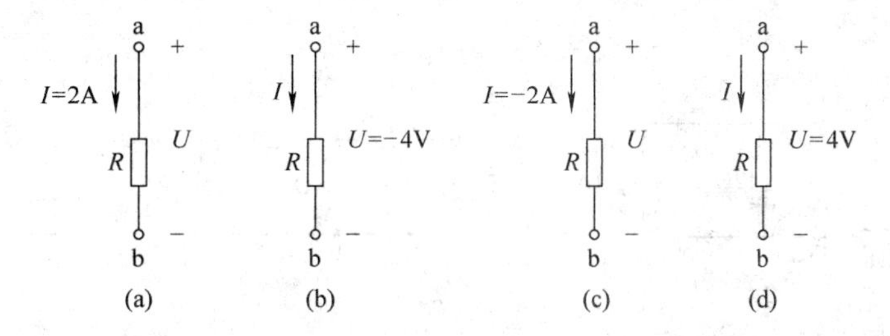

图 1.23

6. 如图 1.24 所示电路试求电压 U 或电流 I,并计算各元件发出或吸收的功率。

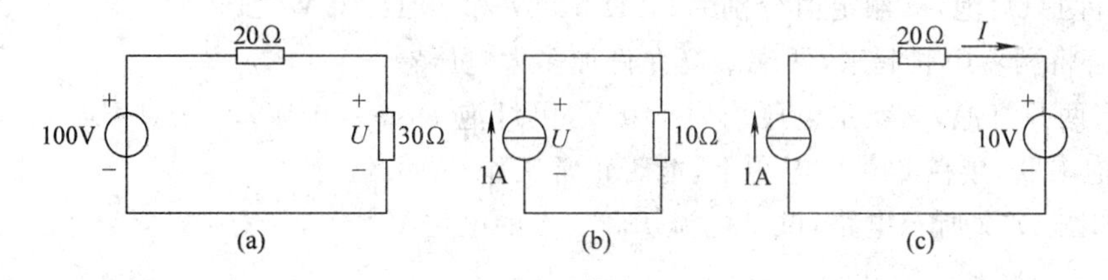

图 1.24

7. 已知电源的外特性曲线如图 1.25 所示,试求该电源的电路模型。

8. 如图 1.26 所示电路为 CCVS,试求 5 Ω 电阻的电压 U。

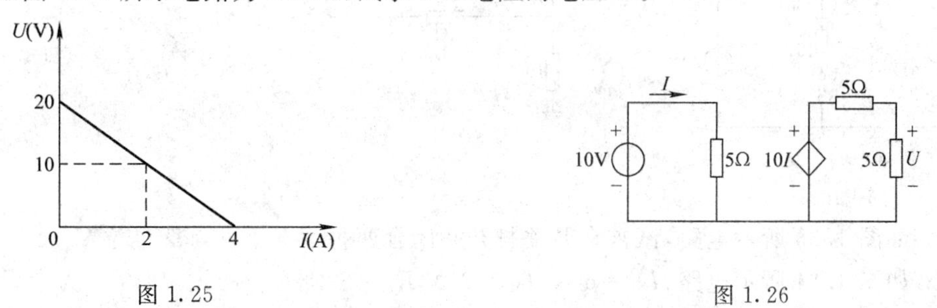

图 1.25　　图 1.26

9. 如图 1.27 所示电路,试求受控源的功率,并指明功率性质。

10. 如图 1.28 所示是某电路的一部分,试求电路中的 I 和 U。

11. 如图 1.29 所示电路,试求含源支路的未知量。

12. 如图 1.30 所示电路,试求电压 U 和电流 I。

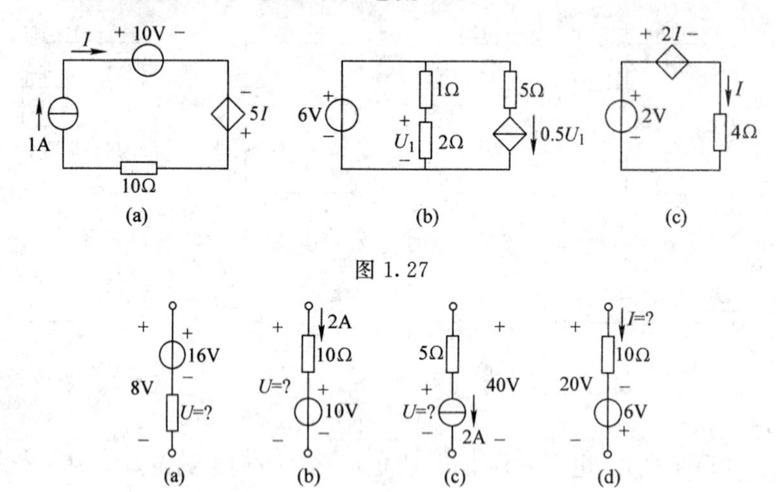

图 1.27

图 1.28

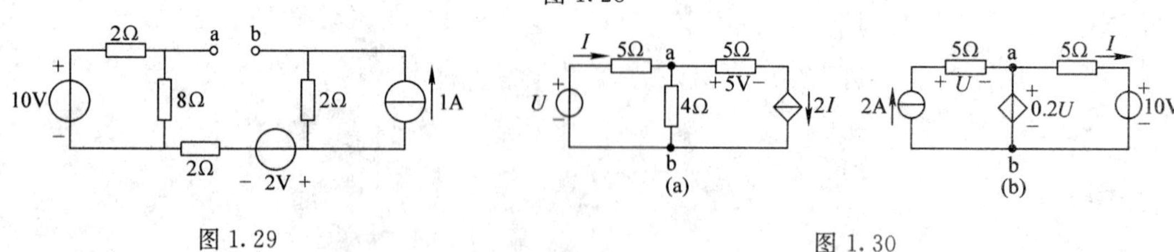

图 1.29

图 1.30

13. 如图 1.31 所示电路,试求电流 I 和电压 U_{ab}。

14. 有两只灯泡,其额定值分别为 20 Ω、10 W 和 50 Ω、10 W,试求它们允许通过的电流各为多少。若将两者串联起来,两端最高允许加多大电压?

15. 有两只灯泡,其额定电压均为 110 V,甲灯泡 $P_{1N}=60$ W,乙灯泡 $P_{2N}=200$ W,如果把两个灯泡串联,接在 220 V 电源上,能否正常工作?

16. 如图 1.32 所示电路,试求电流 I 和 a 点的电位 V_a。

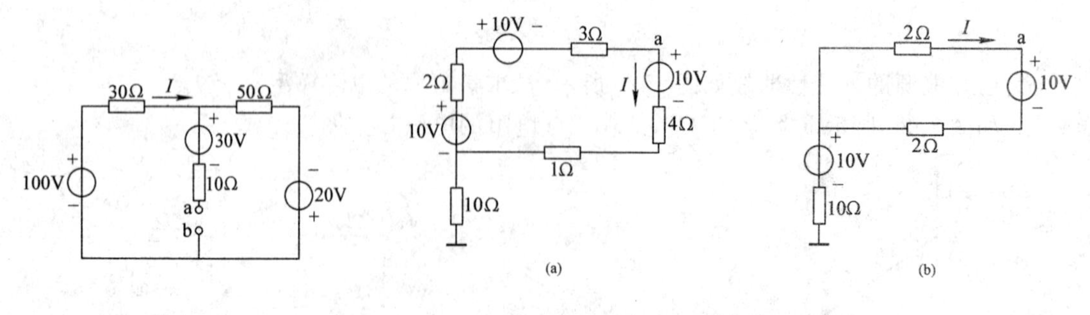

图 1.31

图 1.32

17. 如图 1.33 所示电路,试求在开关打开和闭合两种情况下 a 点的电位 V_a。

18. 如图 1.34 所示电路,$I_{S1}=6$ A,$I_{S2}=2$ A,$R_1=2$ Ω,$R_2=3$ Ω,以 0 点为参考点,试计算 a、b 两点的电位。

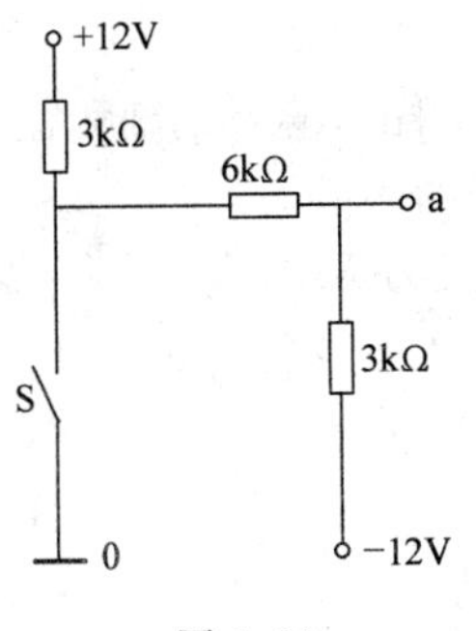

图 1.33

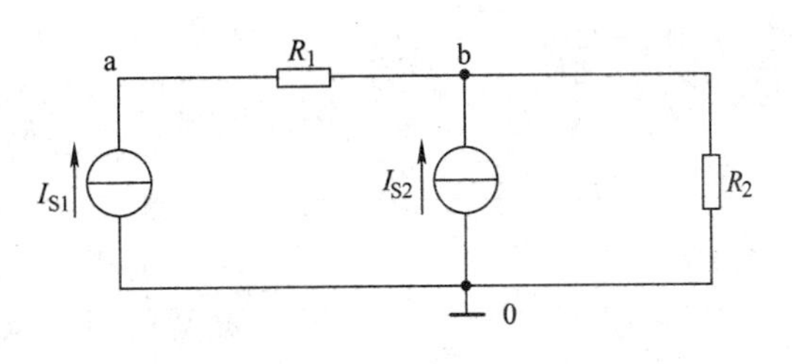

图 1.34

19. 如图 1.35 所示电路，以 0 点为参考点，试求 a、b、c、d、e、f 各点电位。

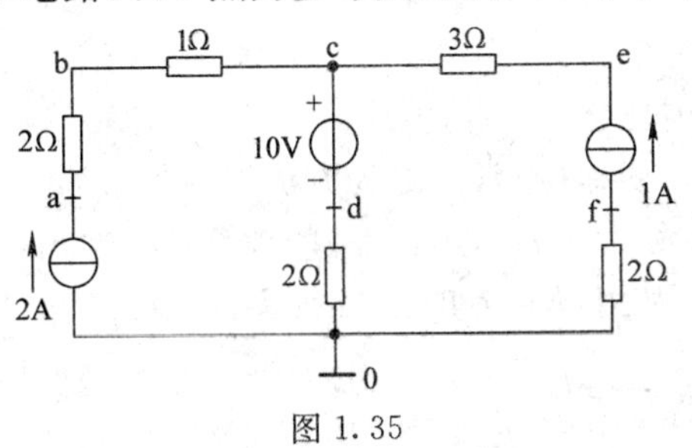

图 1.35

技能训练

技能训练 1　基本电工仪表的使用及测量误差的计算

一、实验目的

(1)熟悉实验台上各类电源及各类测量仪表的布局和使用方法。

(2)掌握指针式电压表、电流表内阻的测量方法。

(3)熟悉电工仪表测量误差的计算方法。

二、原理说明

为了准确地测量电路中实际的电压和电流，必须保证仪表接入电路后不会改变被测电路的工作状态。这就要求电压表的内阻为无穷大；电流表的内阻为零。而实际使用的指针式电工仪表都不能满足上述要求。因此，当测量仪表一旦接入电路，就会改变电路原有的工作状态，这就导致仪表的读数值与电路原有的实际值之间出现误差。误差的大小与仪表本身内阻的大小密切相关。只要测出仪表的内阻，即可计算出由其产生的测量误差。以下介绍几种测量指针式仪表内阻的方法及测量误差的计算。

(1)用“分流法”测量电流表的内阻。

如图 1.36 所示，A 为内阻为 R_A 的直流电流表。测量时先断开开关 S，调节电流源的输出电流 I 使 A 表指针满偏转。然后合上开关 S，并保持 I 值不变，调节电阻箱 R_B 的阻值，使电流表的指针指在 1/2 满偏转位置，此时有

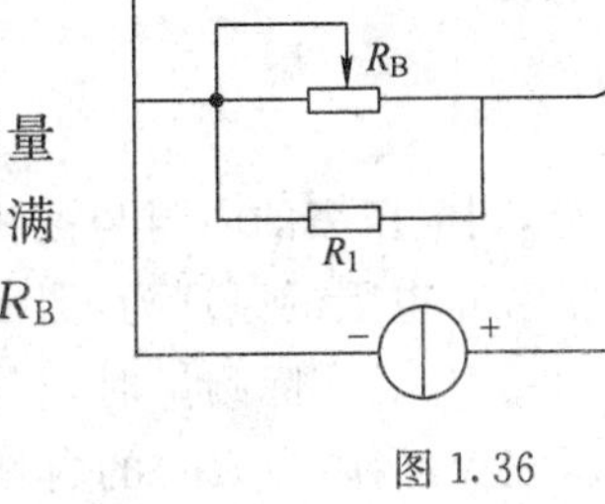

图 1.36

$$I_A = I_S = I/2$$

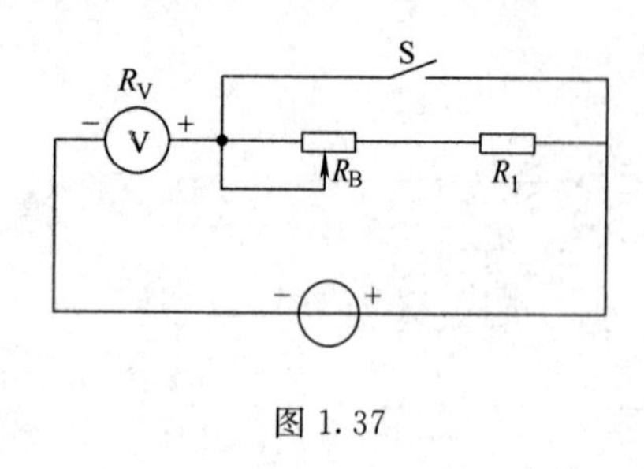

图 1.37

所以　　$R_A=R_B \parallel R_1$

其中，R_1 为固定电阻器的值，R_B 可由电阻箱的刻度盘上读得。

(2)用分压法测量电压表的内阻。

如图 1.37 所示，V 为内阻为 R_V 的电压表。测量时先将开关 S 闭合，调节直流稳压电源的输出电压，使电压表 V 的指针为满偏转。然后断开开关 S，调节 R_B 使电压表 V 的指示值减半。

此时有

$$R_V=R_B+R_1$$

电压表的灵敏度为

$$S=R_V/U$$

式中，U 为电压表满偏时的电压值。

(3)仪表内阻引起的测量误差(通常称之为方法误差，而仪表本身结构引起的误差称为仪表基本误差)的计算。

①以图 1.38 所示电路为例，R_1 上的电压为 $U_{R_1}=\dfrac{R_1}{R_1+R_2}U$，若 $R_1=R_2$，则 $U_{R_1}=\dfrac{1}{2}U$。

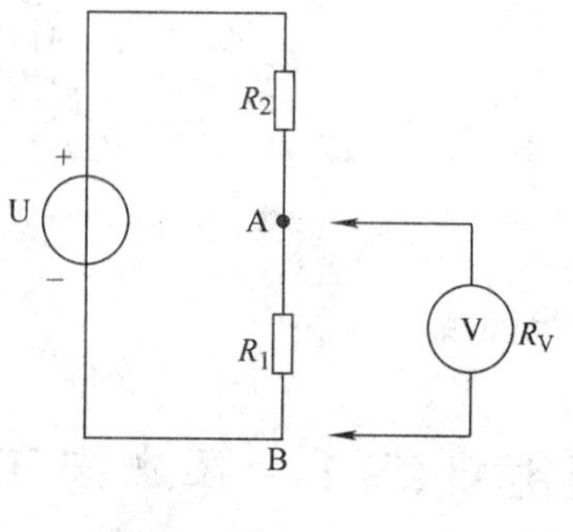

图 1.38

现用一内阻为 R_V 的电压表来测量 U_{R_1} 值，当 R_V 与 R_1 并联后，$R_{AB}=\dfrac{R_VR_1}{R_V+R_1}$，以此来替代上式中的 R_1，则得

$$U_{R_1}'=\frac{\dfrac{R_VR_1}{R_V+R_1}}{\dfrac{R_VR_1}{R_V+R_1}+R_2}U$$

绝对误差为

$$\Delta U=U_{R_1}'-U_{R_1}=U\left(\frac{\dfrac{R_VR_1}{R_V+R_1}}{\dfrac{R_VR_1}{R_V+R_1}+R_2}-\frac{R_1}{R_1+R_2}\right)$$

化简后得

$$\Delta U=\frac{-R_1^2R_2U}{R_V(R_1^2+2R_1R_2+R_2^2)+R_1R_2(R_1+R_2)}$$

若 $R_1=R_2=R_V$，则得

$$\Delta U=-\frac{U}{6}$$

相对误差为

$$\Delta U\%=\frac{U_{R_1}'-U_{R_1}}{U_{R_1}}\times 100\%=\frac{-U/6}{U/2}\times 100\%=-33.3\%$$

由此可见，当电压表的内阻与被测电路的电阻相近时，测量的误差是非常大的。

②伏安法测量电阻的原理为：测出流过被测电阻 R_X 的电流 I_R 及其两端的电压降 U_R，则其阻值 $R_X=U_R/I_R$。实际测量时，有两种测量线路，即：相对于电源而言，电流表 A(内阻为 R_A)接在电压表 V(内阻为 R_V)的内侧；A 接在 V 的外侧。两种线路见图 1.39(a)、(b)。

由线路(a)可知，只有当 $R_X \ll R_V$ 时，R_V 的分流作用才可忽略不计，A 的读数接近于实际流过 R_X 的电流值。图(a)的接法称为电流表的内接法。

由线路(b)可知，只有当 $R_X \gg R_A$ 时，R_A 的分压作用才可忽略不计，V 的读数接近于 R_X 两端的电压值。图(b)的接法称为电流表的外接法。

实际应用时，应根据不同情况选用合适的测量线路，才能获得较准确的测量结果。以下举一实例。

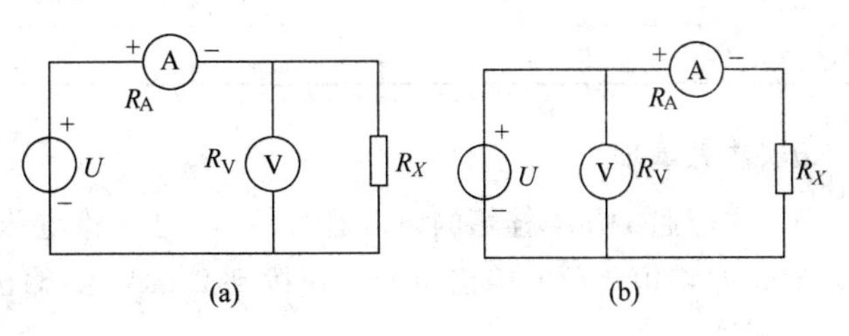

图 1.39

在图 1.39 中，设 $U=20$ V，$R_A=100\ \Omega$，$R_V=20\ \text{k}\Omega$，假定 R_X 的实际值为 10 kΩ。

如果采用线路(a)测量，经计算，A、V 的读数分别为 2.96 mA 和 19.73 V，故 $R_X=19.73\div2.96=6.667\ \text{k}\Omega$，相对误差为$(6.667-10)\div10\times100=-33.33\%$。

如果采用线路(b)测量，经计算，A、V 的读数分别为 1.98 mA 和 20 V，故 $R_X=20\div1.98=10.1(\text{k}\Omega)$，相对误差为$(10.1-10)\div10\times100=1\%$。

三、实验设备

序号	名　　称	型号与规格	数　　量	备　　注
1	可调直流稳压电源	0～30 V	二路	DG04
2	可调恒流源	0～500 mA	1	DG04
3	指针式万用表	MF－47 或其他	1	自备
4	可调电阻箱	0～9 999.9 Ω	1	DG09
5	电阻器	按需选择		DG09

四、实验内容

(1)根据“分流法”原理测定指针式万用表(MF－47 型或其他型号)直流电流 0.5 mA 和 5 mA 挡量限的内阻。线路如图 1.36 所示。R_B 可选用 DG09 中的电阻箱(下同)。

被测电流表量限 (mA)	S 断开时的表读数 (mA)	S 闭合时的表读数 (mA)	R_B (Ω)	R_1 (Ω)	计算内阻 R_A (Ω)
0.5					
5					

(2)根据“分压法”原理按图 1.37 接线，测定指针式万用表直流电压 2.5 V 和 10 V 挡量限的内阻。

被测电压表量限 (V)	S 闭合时表读数 (V)	S 断开时表读数 (V)	R_B (kΩ)	R_1 (kΩ)	计算内阻 R_V (kΩ)	S (Ω/V)
2.5						
10						

(3)用指针式万用表直流电压 10 V 挡量程测量图 1.38 电路中 R_1 上的电压 U_{R_1}' 之值，并计算测量的绝对误差与相对误差。

U (V)	R_2 (kΩ)	R_1 (kΩ)	R_{10V} (kΩ)	计算值 U_{R_1} (V)	实测值 U_{R_1}' (V)	绝对误差 ΔU	相对误差 $(\Delta U/U)\times100\%$
12	10	50					

五、注意事项

(1)在开启 DG04 挂箱的电源开关前，应将两路电压源的输出调节旋钮调至最小(逆时针旋到底)，并将恒流源的输出粗调旋钮拨到 2 mA 挡，输出细调旋钮应调至最小。接通电源后，再根据需要缓慢调节。

(2)当恒流源输出端接有负载时，如果需要将其粗调旋钮由低挡位向高挡位切换时，必须先将其细调旋钮调至最小，否则输出电流突增可能会损坏外接器件。

(3)电压表应与被测电路并接，电流表应与被测电路串接，并且都要注意正、负极性与量程的合理选择。

(4)实验内容(1)、(2)中，R_1 的取值应与 R_B 相近。

(5)本训练仅测试指针式仪表的内阻。由于所选指针表的型号不同，本实验中所列的电流、电压量程及选用的 R_B、R_1 等均会不同。实验时应按选定的表型自行确定。

六、思考题

(1)根据实验内容(1)和(2)，若已求出 0.5 mA 挡和 2.5 V 挡的内阻，可否直接计算得出 5 mA 挡和 10 V 挡的内阻?

(2)用量程为 10 A 的电流表测实际值为 8 A 的电流时，实际读数为 8.1 A，求测量的绝对误差和相对误差。

七、实验报告

(1)列表记录实验数据，并计算各被测仪表的内阻值。

(2)分析实验结果，总结应用场合。

(3)对思考题的计算。

(4)其他(包括实验的心得、体会及意见等)。

技能训练 2　减小仪表测量误差的方法

一、实验目的

(1)进一步了解电压表、电流表的内阻在测量过程中产生的误差及其分析方法。

(2)掌握减小因仪表内阻所引起的测量误差的方法。

二、原理说明

减小因仪表内阻而产生的测量误差的方法有以下两种。

1. 不同量限两次测量计算法

当电压表的灵敏度不够高或电流表的内阻太大时，可利用多量限仪表对同一被测量用不同量限进行两次测量，用所得读数经计算后可得到较准确的结果。

如图 1.40 所示电路，欲测量具有较大内阻 R_0 的电动势 U_S 的开路电压 U_0 时，如果所用电压表的内阻 R_V 与 R_0 相差不大时，将会产生很大的测量误差。

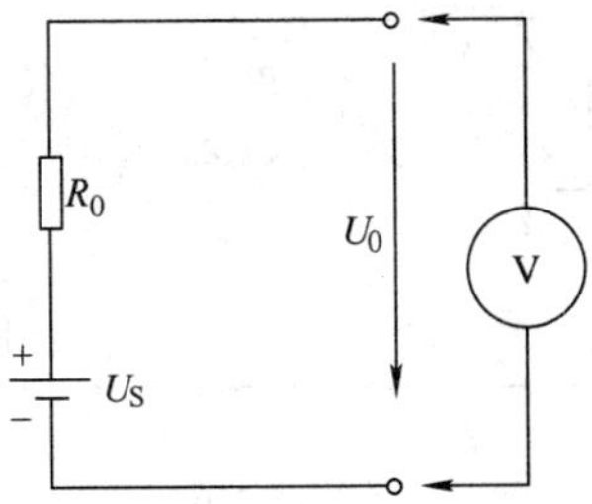

设电压表有两挡量限，U_1、U_2 分别为在这两个不同量限下测得的电压值，令 R_{V_1} 和 R_{V_2} 分别为这两个相应量限的内阻，则由图 1.40 可得出

图 1.40

$$U_1=\frac{R_{V_1}}{R_0+R_{V_1}}U_S \qquad U_2=\frac{R_{V_2}}{R_0+R_{V_2}}U_S$$

由以上两式可解得 U_S 和 R_0。其中

$$U_S=\frac{U_1U_2(R_{V_2}-R_{V_1})}{U_1R_{V_2}-U_2R_{V_1}}$$

由此式可知，当电源内阻 R_0 与电压表的内阻 R_V 相差不大时，通过上述的两次测量结果，即可计算出开路电压 U_0 的大小，且其准确度要比单次测量好得多。

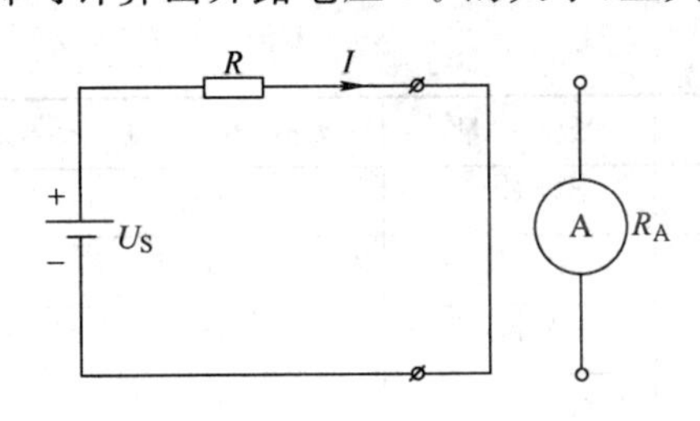

图 1.41

对于电流表，当其内阻较大时，也可用类似的方法测得较准确的结果。如图 1.41 所示电路，不接入电流表时的电流为 $I=\frac{U_S}{R}$，接入内阻为 R_A 的电流表 A 时，电路中的电流变为 $I'=\frac{U_S}{R+R_A}$。

如果 $R_A=R$，则 $I'=I/2$，出现很大的误差。

如果用有不同内阻 R_{A_1}、R_{A_2} 的两挡量限的电流表作两次测量并经简单的计算就可得到较准确的电流值。

按图 1.41 电路，两次测量得

$$I_1=\frac{U_S}{R+R_{A_1}} \qquad I_2=\frac{U_S}{R+R_{A_2}}$$

由以上两式可解得 U_S 和 R，进而可得

$$I=\frac{U_S}{R}=\frac{I_1I_2(R_{A_1}-R_{A_2})}{I_1R_{A_1}-I_2R_{A_2}}$$

2. 同一量限两次测量计算法

如果电压表（或电流表）只有一挡量限，且电压表的内阻较小（或电流表的内阻较大）时，可用同一量限两次测量法减小测量误差。其中，第一次测量与一般的测量并无两样。第二次测量时必须在电路中串入一个已知阻值的附加电阻。

（1）电压测量——测量如图 1.42 所示电路的开路电压 U_0。

设电压表的内阻为 R_V。第一次测量，电压表的读数为 U_1。第二次测量时应与电压表串接一个已知阻值的电阻器 R，电压表读数为 U_2。由图 1.42 可知

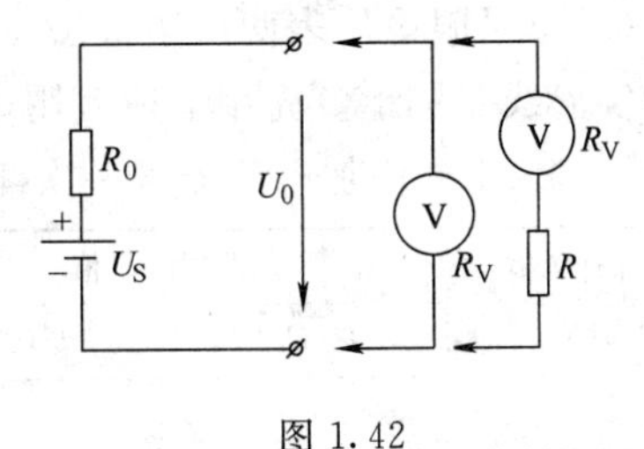

图 1.42

$$U_1=\frac{R_VU_S}{R_0+R_V} \qquad U_2=\frac{R_VU_S}{R_0+R+R_V}$$

由以上两式可解得 U_S 和 R_0，其中

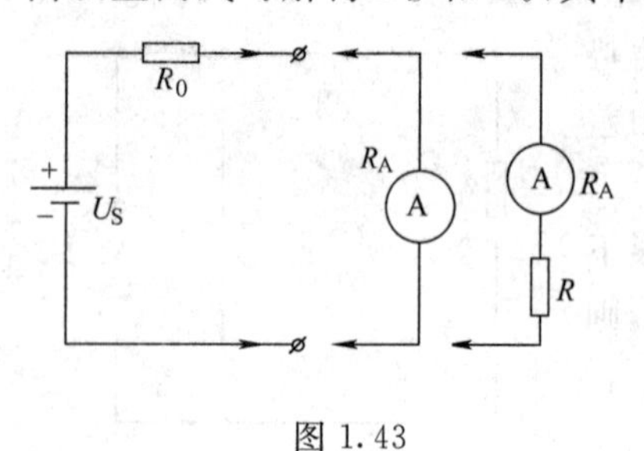

图 1.43

$$U_S=U_0=\frac{RU_1U_2}{R_V(U_1-U_2)}$$

(2)电流测量——测量如图 1.43 所示电路的电流 I。

设电流表的内阻为 R_A。第一次测量电流表的读数为 I_1。第二次测量时应与电流表串接一个已知阻值的电阻器 R，电流表读数为 I_2。由图 1.43 可知

$$I_1=\frac{U_S}{R_0+R_A} \qquad I_2=\frac{U_S}{R_0+R_A+R}$$

由以上两式可解得 U_S 和 R_0，从而可得

$$I=\frac{U_S}{R_0}=\frac{I_1I_2R}{I_2(R_A+R)-I_1R_A}$$

由以上分析可知，当所用仪表的内阻与被测线路的电阻相差不大时，采用多量限仪表不同量限两次测量法或单量限仪表两次测量法，再通过计算就可得到比单次测量准确得多的结果。

三、实验设备

序号	名　称	型号与规格	数　量	备　注
1	直流稳压电源	0～30 V	1	DG04
2	指针式万用表	MF－47 或其他	1	自备
3	直流数字毫安表	0～200 mA	1	D31
4	可调电阻箱	0～9 999.9 Ω	1	DG09
5	电阻器	按需选择		DG09

四、实验内容

(1)双量限电压表两次测量法。

按图 1.43 所示电路连线。训练中利用实验台上或 DG04 挂箱的一路直流稳压电源，取 $U_S=2.5$ V，R_0 选用 50 kΩ(取自电阻箱)。用指针式万用表的直流电压 2.5 V 和 10 V 两挡量限进行两次测量，最后算出开路电压 U_0'之值。

万用表电压量限(V)	内阻值(kΩ)	两个量限的测量值 U(V)	电路计算值 U_0(V)	两次测量计算值 U_0'(V)	U 的相对误差(%)	U_0'的相对误差(%)
2.5						
10						

(2)单量限电压表两次测量法。

实验线路同上。先用上述万用表直流电压 2.5 V 量限挡直接测量电压值，得 U_1。然后串接 $R=10$ kΩ 的附加电阻器再一次测量其电压值，得 U_2。计算开路电压 U_0'的值。

实际计算值 U_0(V)	两次测量值		测量计算值 U_0'(V)	U_1 的相对误差(%)	U_0'的相对误差(%)
	U_1(V)	U_2(V)			

(3)双量限电流表两次测量法。

按图 1.42 线路进行实验，$U_S=0.3$ V，$R=300$ Ω(取自电阻箱)，用万用表 0.5 mA 和 5 mA 两挡电流量限进行两次测量，计算出电路的电流值 I'。

万用表电流量限(mA)	内阻值(Ω)	两个量限的测量值 I_1(mA)	电路计算值 I(mA)	两次测量计算值 I'(mA)	I_1 的相对误差(%)	I'的相对误差(%)
0.5						
5						

(4)单量限电流表两次测量法。

实验线路图同实验内容(3)。先用万用表 0.5 mA 电流量限直接测量电流值，得 I_1。再串联附加电阻$R=30$ Ω 进行第二次测量其电流值，得 I_2。求出电路中的实际电流 I'的值。

实际计算值 I(mA)	两次测量值		测量计算值 I'(mA)	I_1 的相对误差(%)	I'的相对误差(%)
	I_1(mA)	I_2(mA)			

五、注意事项

(1)同技能训练 1。

(2)采用不同量限两次测量法时，应选用相邻的两个量限，且被测值应接近于低量限的满偏值。否则，当用高量限测量较低的被测值时，测量误差会较大。

(3)实验中所用的 MF－47 型万用表属于较精确的仪表。在大多数情况下，直接测量误差不会太大。只有当被测电压源的内阻大于 1/5 电压表内阻或者被测电流源内阻小于 5 倍电流表内阻时，采用本实验的测量、计算法才能得到较满意的结果。

六、思考题

(1)完成各项实验内容的计算。

(2)实验的收获与体会。

(3)其他。

技能训练 3　仪表量程扩展实验

一、实验目的

(1)了解指针式毫安表的量程和内阻在测量中的作用。

(2)掌握毫安表改装成电流表和电压表的方法。

(3)学会电流表和电压表量程切换开关的应用方法。

二、原理说明

1. 基本表的概念

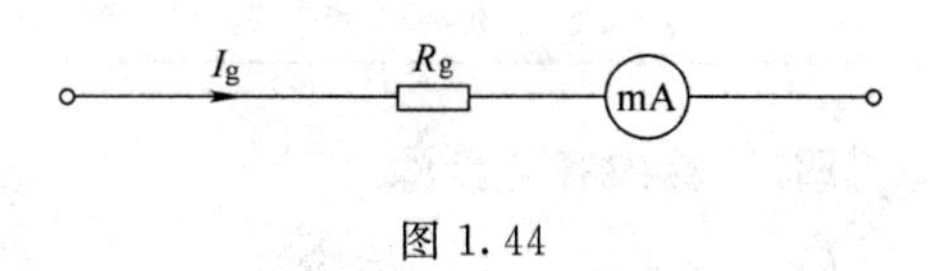

图 1.44

一只毫安表允许通过的最大电流称为该表的量程，用 I_g 表示，该表有一定的内阻，用 R_g 表示。这就是一个“基本表”，其等效电路如图 1.44 所示。I_g

和 R_g 是毫安表的两个重要参数。

2. 扩大毫安表的量程

满量程为 1 mA 的毫安表，最大只允许通过 1 mA 的电流，过大的电流会造成“打针”，甚至烧断电流线圈。要用它测量超过 1mA 的电流，必须扩大毫安表的量程，即选择一个合适的分流电阻 R_A 与基本表并联，如图 1.45 所示。

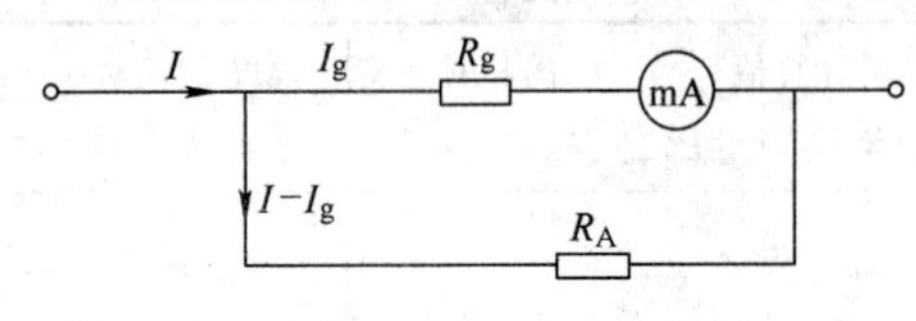

图 1.45

设基本表满量程为 $I_g=1$ mA，基本表内阻 $R_g=100\ \Omega$。现要将其量程扩大 10 倍(即可用来测量 10 mA 电流)，则并联的分流电阻 R_A 应满足下式：

$$I_gR_g=(I-I_g)R_A$$

$$1\ \text{mA}\times100\ \Omega=(10-1)\text{mA}\times R_A$$

$$R_A=\frac{100}{9}=11.1\ \Omega$$

同理，要使其量程扩展为 100 mA，则应并联 1.01 Ω 的分流电阻。

当用改装后的电流表来测量 10(或 100)mA 以下的电流时，只要将基本表的读数乘以 10(或 100)或者直接将电表面板的满刻度当成 10(或 100)mA 即可。

3. 将基本表改装为电压表

一只毫安表也可以改装为一只电压表，只要选择一只合适的分压电阻 R_V 与基本表相串接即可，如图 1.46 所示。

设被测电压值为 U，则

$$U=U_g+U_V=I_g(R_g+R_V)$$

所以 $$R_V=\frac{U-I_gR_g}{I_g}=\frac{U}{I_g}-R_g$$

图 1.46

要将量程为 1 mA、内阻为 100 Ω 的毫安表改装为量程为 1 V 的电压表，则应串联的分压电阻的阻值应为

$$R_V=\frac{1\ \text{V}}{1\ \text{mA}}-100\ \Omega=1\ 000\ \Omega-100\ \Omega=900\ \Omega$$

若要将量程扩大到 10 V，应串多大的分压电阻呢？

三、实验设备

序号	名　称	型号与规格	数　量	备　注
1	直流电压表	0～300 V	1	D31
2	直流毫安表	0～500 mA	1	D31
3	直流稳压电源	0～30 V	1	DG04
4	直流恒流源	0～500 mA	1	DG04
5	基本表	1 mA，100 Ω	1	DG05
6	电阻	1.01 Ω、11.1 Ω、900 Ω、9.9 kΩ	各 1	DG05

四、实验内容与步骤

(1)1 mA 表表头的检验。

①调节恒流源的输出，最大不超过 1 mA。

②先对毫安表进行机械调零，再将恒流源的输出接至毫安表的信号输入端。

③调节恒流源的输出，令其从 1 mA 调至 0，分别读取指针表的读数，并记录之。

恒流源输出(mA)	1	0.8	0.6	0.4	0.2	0
表头读数(mA)						

(2)将基本表改装为量程为 10 mA 的毫安表。

①将分流电阻 11.1 Ω 并接在基本表的两端，这样就将基本表改装成了满量程为 10 mA 的毫安表。

②调节恒流源的输出，使其从 10 mA 依次减小 2 mA，用改装好的毫安表依次测量恒流源的输出电流，并记录之。

恒流源输出(mA)	10	8	6	4	2	0
毫安表读数(mA)						

③将分流电阻改换为 1.01 Ω，再重复步骤②(注意要改变恒流源的输出值)。

(3)将基本表改装为一只电压表。

①将分压电阻 9.9 kΩ 与基本表相串接，这样基本表就被改装成为满量程为 10 V 的电压表。

②调节电压源的输出，使其从 0 V 依次增加 2 V，用改装成的电压表进行测量，并记录之。

电压源输出(V)	0	2	4	6	8	10
改装表读数(V)						

③将分压电阻换成 900 Ω，重复上述测量步骤。(注意调整电压源的输出)

五、注意事项

(1)输入仪表的电压和电流要注意到仪表的量程，不可过大，以免损坏仪表。

(2)可外接标准表(如直流毫安表和直流电压表作为标准表)进行校验。

(3)注意接入仪表的信号的正、负极性，以免指针反偏而损坏仪表。

(4)DG05 挂箱上的 11.1 Ω、1.01 Ω、9.9 kΩ、900 Ω 四只电阻的阻值是按照量程 I_g = 1 mA、内阻 R_g = 100 Ω 的基本表计算出来的。基本表的 R_g 会有差异，利用上述四个电阻扩展量程后，将使测量误差增大。因此，实验时，可先按实验一测出 R_g，并计算出量程扩展电阻 R，再从 DG09 挂箱的电阻箱上取得 R 值，可提高实验的准确性、实际性。

六、预习思考题

如果要将本实验中的几种测量改为万用表的操作方式，需要用什么样的开关来进行切换，以便对不同量程的电压、电流进行测量？该线路应如何设计？

七、实验报告

(1)总结电路原理中分压、分流的具体应用。

(2)总结电表的改装方法。

(3)测量误差的分析。

(4)设计预习思考题的实现线路。

技能训练 4 电路元件伏安特性曲线的测绘

一、实验目的

(1)学会识别常用电路元件的方法。

(2)掌握线性电阻、非线性电阻元件伏安特性曲线的测绘。

(3)掌握实验台上直流电工仪表和设备的使用方法。

二、实验原理

任何一个二端元件的特性可用该元件上的端电压 U 与通过该元件的电流 I 之间的函数关系 $I=f(U)$ 来表示，即用 $I-U$ 平面上的一条曲线来表征，这条曲线称为该元件的伏安特性曲线。

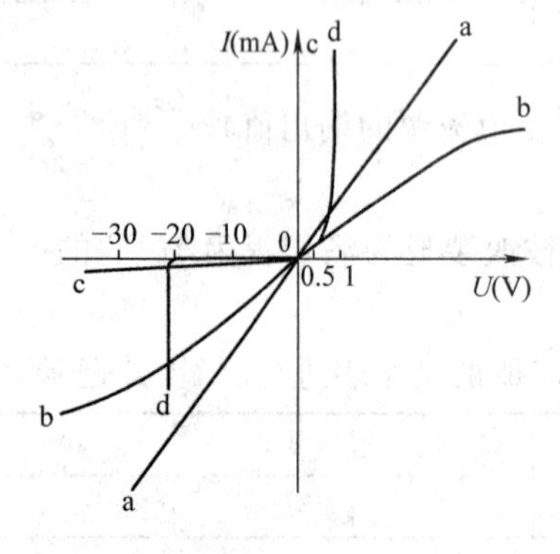

图 1.47

(1)线性电阻器的伏安特性曲线是一条通过坐标原点的直线，如图 1.47 中 a 曲线所示，该直线的斜率等于该电阻器的电阻值。

(2)一般的白炽灯在工作时灯丝处于高温状态，其灯丝电阻随着温度的升高而增大，通过白炽灯的电流越大，其温度越高，阻值也越大，一般灯泡的“冷电阻”与“热电阻”的阻值可相差几倍至十几倍，所以它的伏安特性如图 1.47 中 b 曲线所示。

(3)一般的半导体二极管是一个非线性电阻元件，其伏安特性如图 1.47 中 c 曲线所示。正向压降很小(一般的锗管为 0.2～0.3 V，硅管为 0.5～0.7 V)，正向电流随正向压降的升高而急剧上升，而反向电压从零一直增加到十几至几十伏时，其反向电流增加很小，粗略地可视为零。可见，二极管具有单向导电性，但反向电压加得过高，超过管子的极限值，则会导致管子击穿损坏。

(4)稳压二极管是一种特殊的半导体二极管，其正向特性与普通二极管类似，但其反向特性较特别，如图 1.47 中 d 曲线所示。在反向电压开始增加时，其反向电流几乎为零，但当电压增加到某一数值时(称为管子的稳压值，有各种不同稳压值的稳压管)电流将突然增加，以后它的端电压将基本维持恒定，当外加的反向电压继续升高时其端电压仅有少量增加。

注意：流过二极管或稳压二极管的电流不能超过管子的极限值，否则管子会被烧坏。

三、实验设备

序号	名　称	型号与规格	数　量	备　注
1	可调直流稳压电源	0～30 V	1	DG04
2	万用表	FM－47 或其他	1	自备
3	直流数字毫安表	0～200 mA	1	D31
4	直流数字电压表	0～200 V	1	D31
5	二极管	IN4007	1	DG09

续表

序号	名　称	型号与规格	数　量	备　注
6	稳压管	2CW51	1	DG09
7	白炽灯	12 V,0.1 A	1	DG09
8	线性电阻器	200 Ω,510 Ω/8 W	1	DG09

四、实验内容

(1)测定线性电阻器的伏安特性。

按图 1.48 接线,调节稳压电源的输出电压 U,从 0 V 开始缓慢地增加,一直到 10 V,记下相应的电压表和电流表的读数 U_R、I。

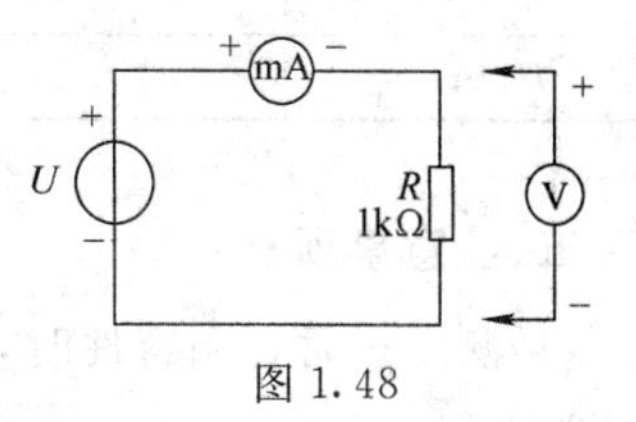

图 1.48

U_R(V)	0	2	4	6	8	10
I(mA)						

(2)测定非线性白炽灯泡的伏安特性。

将图 1.48 中的 R 换成一只 12 V、0.1 A 的灯泡,重复步骤(1)。U_L 为灯泡的端电压。

U_L(V)	0.1	0.5	1	2	3	4	5
I(mA)							

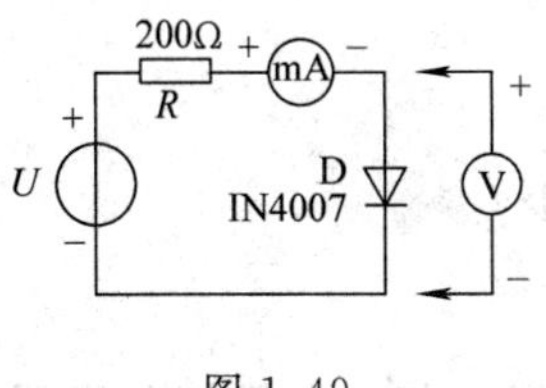

图 1.49

(3)测定半导体二极管的伏安特性。

按图 1.49 接线,R 为限流电阻器。测二极管的正向特性时,其正向电流不得超过 35 mA,二极管 D 的正向施压 U_{D+} 可在 0～0.75 V 之间取值。在 0.5～0.75 V 之间应多取几个测量点。测反向特性时,只需将图 1.49 中的二极管 D 反接,且其反向施压 U_{D-} 可达 30 V。

正向特性实验数据:

U_{D+}(V)	0.10	0.30	0.50	0.55	0.60	0.65	0.70	0.75
I(mA)								

反向特性实验数据:

U_{D-}(V)	0	−5	−10	−15	−20	−25	−30
I(mA)							

(4)测定稳压二极管的伏安特性。

①正向特性实验:将图 1.49 中的二极管换成稳压二极管 2CW51,重复实验内容(3)中的正向测量。U_{Z+} 为 2CW51 的正向施压。

U_{Z+}(V)	
I(mA)	

②反向特性实验:将图 1.49 中的 R 换成 510 Ω 电阻,2CW51 反接,测量 2CW51 的反向特性。稳压电源的输出电压 U_o 从 0～20 V,测量 2CW51 二端的电压 U_{Z-} 及电流 I,由 U_{Z-} 可看出其稳压特性。

U_o(V)	
U_{Z-}(V)	
I(mA)	

五、注意事项

(1)测二极管正向特性时,稳压电源输出应由小至大逐渐增加,应时刻注意电流表读数不得超过 35 mA。

(2)如果要测定 2AP9 的伏安特性,则正向特性的电压值应取 0、0.10、0.13、0.15、0.17、0.19、0.21、0.24、0.30 V,反向特性的电压值取 0、2、4、……、10 V。

(3)进行不同实验时,应先估算电压和电流值,合理选择仪表的量程,勿使仪表超量程,仪表的极性亦不可接错。

六、思考题

(1)线性电阻与非线性电阻的概念是什么?电阻器与二极管的伏安特性有何区别?

(2)设某器件伏安特性曲线的函数式为 $I=f(U)$,试问在逐点绘制曲线时,其坐标变量应如何放置?

(3)稳压二极管与普通二极管有何区别,其用途如何?

(4)在图 1.49 中,设 $U=2$ V,$U_{D+}=0.7$ V,则毫安表读数为多少?

七、实验报告

(1)根据各实验数据,分别在方格纸上绘制出光滑的伏安特性曲线。其中二极管和稳压管的正、反向特性均要求画在同一张图中,正、反向电压可取为不同的比例尺。

(2)根据实验结果,总结、归纳被测各元件的特性。

(3)必要的误差分析。

(4)心得体会及其他。

技能训练 5　电位、电压的测定及电路电位图的绘制

一、实验目的

(1)验证电路中电位的相对性、电压的绝对性。

(2)掌握电路电位图的绘制方法。

二、原理说明

在一个闭合电路中,各点电位的高低视所选的电位参考点的不同而变,但任意两点间的电位差(即电压)则是绝对的,它不因参考点的变动而改变。

电位图是一种平面坐标一、四两象限内的折线图。其纵坐标为电位值,横坐标为各被测

点。要制作某一电路的电位图，先以一定的顺序对电路中各被测点编号。以图 1.50 所示的电路为例，观察图中的 A～F 点位置，并在坐标横轴上按顺序、均匀间隔处标上 A、B、C、D、E、F、A。再根据测得的各点电位值，在各点所在的垂直线上描点。用直线依次连接相邻两个电位点，即得该电路的电位图。

在电位图中，任意两个被测点的纵坐标值之差即为该两点之间的电压值。

在电路中电位参考点可任意选定。对于不同的参考点，所绘出的电位图形是不同的，但其各点电位变化的规律却是一样的。

三、实验设备

序号	名　　称	型号与规格	数　　量	备　　注
1	直流可调稳压电源	0～30 V	二路	DG04
2	万用表		1	自备
3	直流数字电压表	0～200 V	1	D31
4	电位、电压测定实验电路板		1	DG05

四、实验内容

利用 DG05 实验挂箱上的“基尔霍夫定律/叠加原理”线路，按图 1.50 接线。

(1)分别将两路直流稳压电源接入电路，令 $U_1=6$ V，$U_2=12$ V。(先调准输出电压值，再接入实验线路中。)

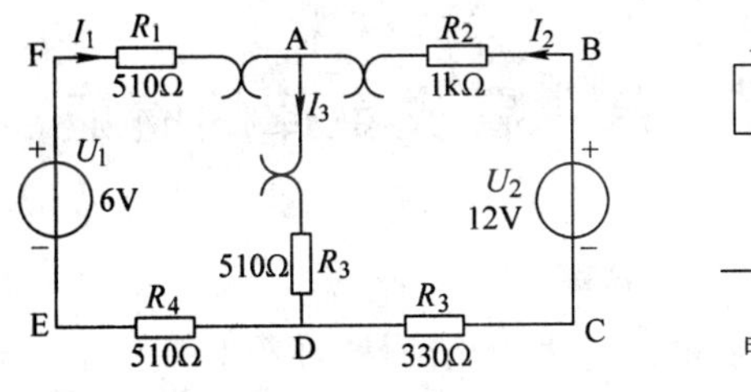

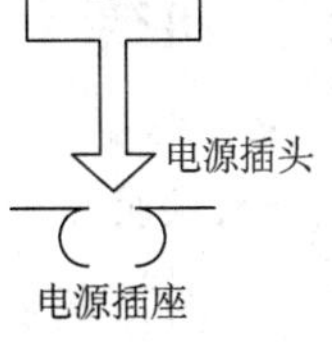

图 1.50

(2)以图 1.50 中的 A 点作为电位的参考点，分别测量 B、C、D、E、F 各点的电位值 φ 及相邻两点之间的电压值 U_{AB}、U_{BC}、U_{CD}、U_{DE}、U_{EF} 及 U_{FA}，数据列于表中。

(3)以 D 点作为参考点，重复实验内容(2)的测量，测得的数据列于表中。

电位参考点	φ 与 U	φ_A	φ_B	φ_C	φ_D	φ_E	φ_F	U_{AB}	U_{BC}	U_{CD}	U_{DE}	U_{EF}	U_{FA}
A	计算值												
	测量值												
	相对误差												
D	计算值												
	测量值												
	相对误差												

五、实验注意事项

(1)本实验线路板系多个实验通用，本次实验中不使用电流插头。DG05 上的 K_3 应拨向 330 Ω 侧，三个故障按键均不得按下。

(2)测量电位时，用指针式万用表的直流电压挡或用数字直流电压表测量时，用负表棒(黑色）接参考电位点，用正表棒（红色）接被测各点。若指针正向偏转或数显表显示正值，则表明该点电位为正（即高于参考点电位）；若指针反向偏转或数显表显示负值，此时应调换万用表的表棒，然后读出数值，此时在电位值之前应加负号（表明该点电位低于参考点电位）。数显表也可不调换表棒，直接读出负值。

六、思考题

若以 F 点为参考电位点，实验测得各点的电位值；现令 E 点作为参考电位点，试问此时各点的电位值应有何变化？

七、实验报告

（1）根据实验数据，绘制两个电位图形，并对照观察各对应两点间的电压情况。两个电位图的参考点不同，但各点的相对顺序应一致，以便对照。

（2）完成数据表格中的计算，对误差作必要的分析。

（3）总结电位相对性和电压绝对性的结论。

（4）心得体会及其他。

技能训练 6　基尔霍夫定律的验证

一、实验目的

（1）验证基尔霍夫定律的正确性，加深对基尔霍夫定律的理解。

（2）学会用电流插头、插座测量各支路电流。

二、原理说明

基尔霍夫定律是电路的基本定律。测量某电路的各支路电流及每个元件两端的电压，应能分别满足基尔霍夫电流定律（KCL）和电压定律（KVL）。即对电路中的任一个节点而言，应有 $\Sigma I=0$；对任何一个闭合回路而言，应有 $\Sigma U=0$。

运用上述定律时必须注意各支路或闭合回路中电流的正方向，此方向可预先任意设定。

三、实验设备

同技能训练 5。

四、实验内容

实验线路与技能训练 5 中的图 1.50 相同，用 DG05 挂箱的“基尔霍夫定律/叠加原理”线路。

（1）实验前先任意设定三条支路和三个闭合回路的电流正方向。图 1.50 中的 I_1、I_2、I_3 的方向已设定。三个闭合回路的电流正方向可设为 ADEFA、BADCB 和 FBCEF。

（2）分别将两路直流稳压源接入电路，令 $U_1=6$ V，$U_2=12$ V。

（3）熟悉电流插头的结构，将电流插头的两端接至数字毫安表的“+”、“−”两端。

（4）将电流插头分别插入三条支路的三个电流插座中，读出并记录电流值。

（5）用直流数字电压表分别测量两路电源及电阻元件上的电压值，记录之。

被测量	I_1(mA)	I_2(mA)	I_3(mA)	U_1(V)	U_2(V)	U_{FA}(V)	U_{AB}(V)	U_{AD}(V)	U_{CD}(V)	U_{DE}(V)
计算值										
测量值										
相对误差										

五、注意事项

(1)同技能训练5的注意事项(1),但需用到电流插座。

(2)所有需要测量的电压值,均以电压表测量的读数为准。U_1、U_2 也需测量,不应取电源本身的显示值。

(3)防止稳压电源两个输出端碰线短路。

(4)用指针式电压表或电流表测量电压或电流时,如果仪表指针反偏,则必须调换仪表极性,重新测量。此时指针正偏,可读得电压或电流值。若用数显电压表或电流表测量,则可直接读出电压或电流值。但应注意:所读得的电压或电流值的正、负号应根据设定的电流参考方向来判断。

六、预习思考题

(1)根据图1.50的电路参数,计算出待测的电流 I_1、I_2、I_3 和各电阻上的电压值,记入表中,以便实验测量时,可正确地选定毫安表和电压表的量程。

(2)实验中,若用指针式万用表直流毫安挡测各支路电流,在什么情况下可能出现指针反偏,应如何处理?在记录数据时应注意什么?若用直流数字毫安表进行测量时,会有什么显示呢?

七、实验报告

(1)根据实验数据,选定节点A,验证KCL的正确性。

(2)根据实验数据,选定实验电路中的任一个闭合回路,验证KVL的正确性。

(3)将支路和闭合回路的电流方向重新设定,重复(1)、(2)两项验证。

(4)误差原因分析。

(5)心得体会及其他。

子学习领域2　电路等效

内容摘要

1.“等效”的概念

“等效”是电路理论中一个非常重要的概念,它将电路中的某一部分用另一种电路结构与元件参数代替后,不会影响原电路中留下的未作变换的任何一条支路中的电压和电流,从而极大地方便了电路分析与计算。

2. 电阻串、并联等效

(1)串联等效:通过各电阻的电流相同;等效电阻 R 等于各电阻之和;电路的总电压等于各电阻上电压之和;串联电阻上的电压分配与电阻大小成正比。

(2)并联等效:各电阻两端的电压相同;等效电导等于各电导之和;电路中的总电流等于

各电流之和；并联电导中电流的分配与电导大小成正比，即与电阻大小成反比。

3. △形和 Y 形电路等效

在等效原则下推导出的△形和 Y 形电路的等效互换公式，使得无源三端式电路的化简变得容易，特别是当△形或 Y 形电路的电阻相等时，可使用公式 $R_{\Delta}=3R_{Y}$ 进行两种电路之间的相互变换。

4. 电源模型的等效变换

一个具有内阻的实际电源，可以选用电压源或电流源模型来表征，两种电源模型满足一定条件时对外电路可以互相等效。这一结论将使我们在求解电路时，思路更广阔。

难题解析

1. 如图 1.51(a)所示电路，已知 $U=28$ V，求电阻 R。

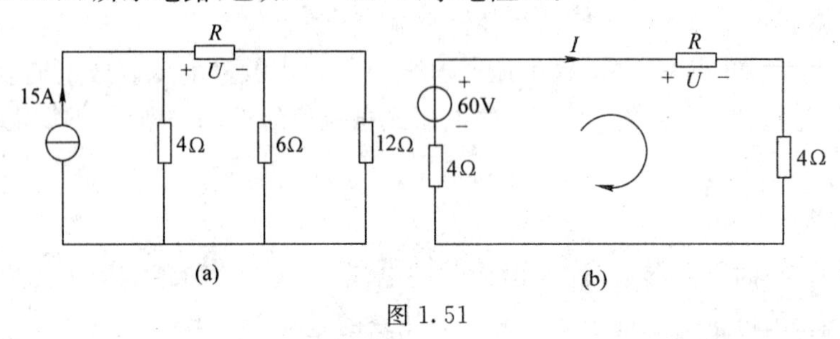

图 1.51

解：将电流源转化为电压源并得到化简后的电路图如图 1.51(b)所示。

由 KVL　　$U+(4+4)I-60=0$

将 $U=28$ V 代入上式得　　$I=4$ A

所以　　$R=\dfrac{U}{I}=\dfrac{28}{4}=7\ \Omega$

2. 如图 1.52(a)所示电路，(1)求 I_1、I_2；(2)求 6 V 电压源产生的功率。

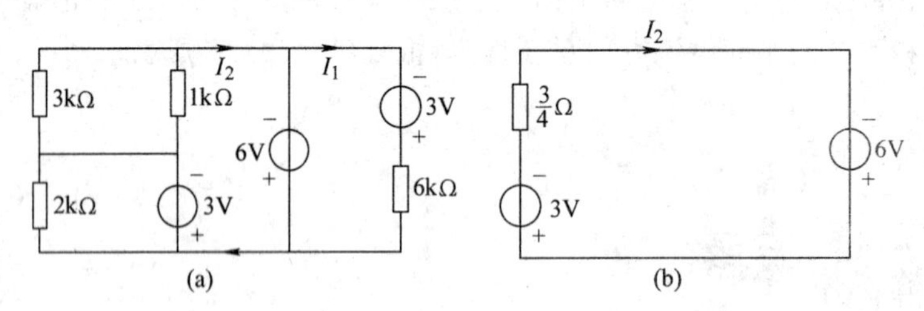

图 1.52

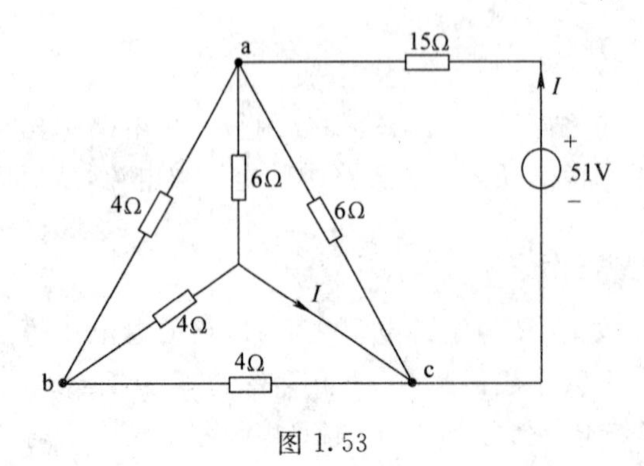

图 1.53

解：先求 I_1：由 $-6=-3+6I_1$ 得

$I_1=-0.5$ mA

再求 I_2：其简化电路为图 1.52(b)。

由 KVL　$-6+3+\dfrac{3}{4}I_2=0$ 得

$I_2=4$ mA

3. 如图 1.53 所示电路，求电流 I。

解：用 Y－Δ 转换并得到化简后的电路图为：

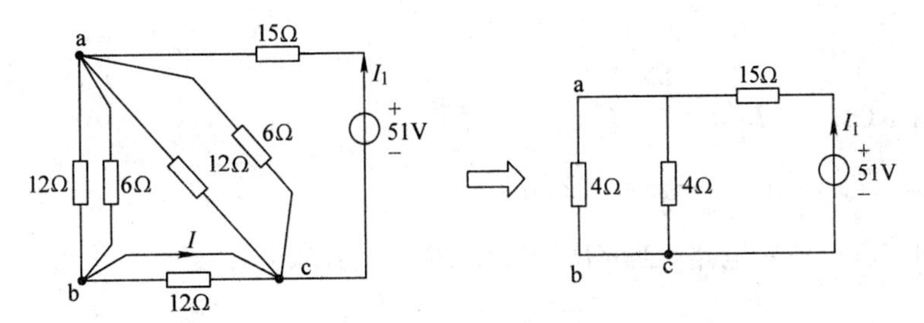

由 KVL　　$-51+(15+4\parallel 4)I_1=0$　　得　　$I_1=3\ \text{A}$

$\therefore I=\frac{1}{2}I_1=1.5\ \text{A}$

4. 如图 1.54(a)所示电路，(1)求 ab 间的电压 U_{ab}；(2)若 ab 间用短线连接，如图 1.54(b)所示，求通过短线上的电流 I_{ab}。

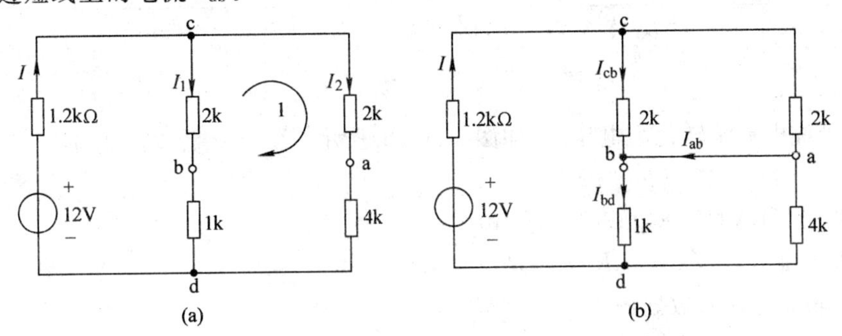

图 1.54

解：(1)图(a)中 cd 间等效电阻为

$$R_{cd}=\frac{(2+1)\times(2+4)}{2+1+2+4}=2\ \Omega$$

$$\therefore I=\frac{12}{1.2+R_{cd}}=\frac{12}{1.2+2}=\frac{15}{4}\text{A}$$

$$\therefore I_1=\frac{6}{3+6}I=\frac{6}{9}\times\frac{15}{4}=\frac{5}{2}\text{A}$$

$$\therefore I_2=\frac{3}{3+6}I=\frac{3}{9}\times\frac{15}{4}=\frac{5}{4}\text{A}$$

对回路 1 由 KVL　　$U_{ab}-2I_1+2I_2=0$

得　　$U_{ab}=2I_1-2I_2=2\times\frac{5}{2}-2\times\frac{5}{4}=2.5\ \text{V}$

(2)图(b)中 cd 间等效电阻为

$$R_{cd}=2\parallel 2+1\parallel 4=\frac{9}{5}\ \Omega$$

$$\therefore I=\frac{12}{1.2+R_{cd}}=\frac{12}{1.2+\frac{9}{5}}=4\ \text{A}$$

$$\therefore I_{cb}=\frac{2}{2+2}I=\frac{1}{2}\times 4=2\ \text{A}$$

$\therefore I_{bd}=\frac{4}{1+4}I=\frac{4}{5}\times 4=\frac{16}{5}$ A

对 b 点由 KCL　　$I_{cb}+I_{ab}=I_{bd}$

$\therefore I_{ab}=I_{bd}-I_{cb}=\frac{16}{5}-2=1.2$ mA

5. 如图 1.55(a)所示电路,已知 $R_1=2\ \Omega$,$R_2=4\ \Omega$,$R_3=R_4=1\ \Omega$,求电流 i。

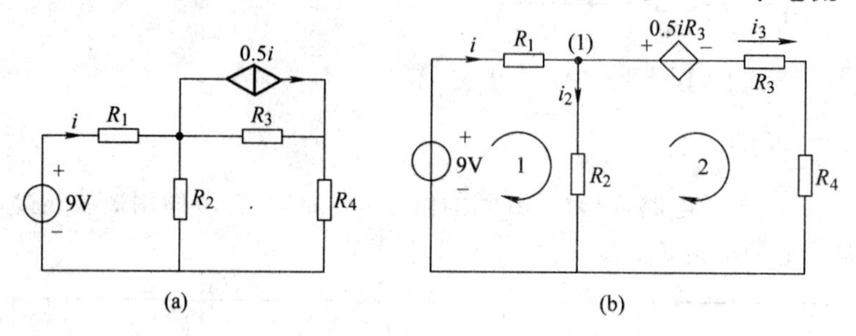

图 1.55

解:将受控电流源转化为电压源,如图 1.55(b)所示。

对节点(1)由 KCL　$i=i_2+i_3$

对回路 1 由 KVL　$iR_1+i_2R_2-9=0$

对回路 2 由 KVL　$-0.5iR_3+i_3(R_3+R_4)-i_2R_2=0$

将上式联立并代入数据得

$i=i_2+i_3$

$2i+4i_2-9=0$

$-0.5i+2i_3-4i_2=0$

解得　　$i=3$ A

6. 求如图 1.56(a)、(b)所示二端电路的输入电阻 R_i。

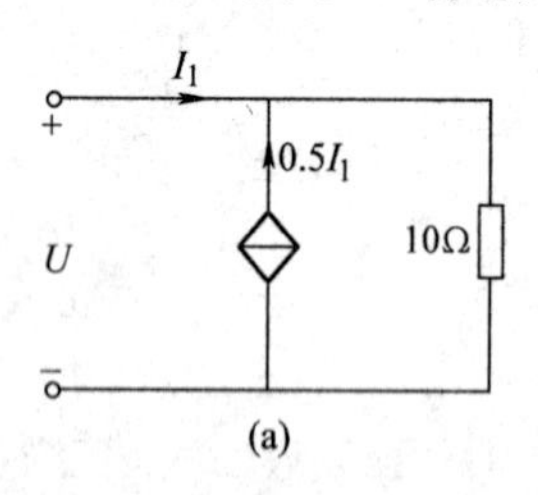

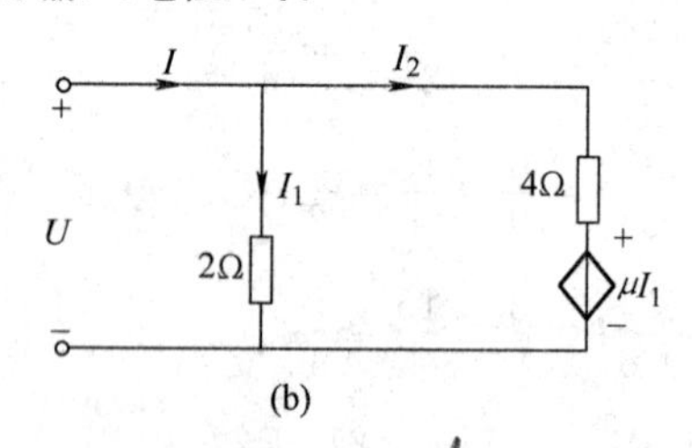

图 1.56

解:(a)由 KCL　$I_1+0.5I_1=\frac{U}{10}$

$\therefore R_i=\frac{U}{I_1}=10(1+0.5)=15\ \Omega$

(b)由 KCL　$I=I_1+I_2$　　(1)

又　$U=2I_1$　　(2)

$U=4I_2+\mu I_1$　　(3)

将上三式联立解得　$\frac{U}{I}=\frac{8}{6-\mu}\ \Omega$

即 $R_i=\dfrac{8}{6-\mu}\ \Omega$

7. 求图 1.57(a)、(b) 、(c)所示二端电路的等效电阻 R_{ab}。

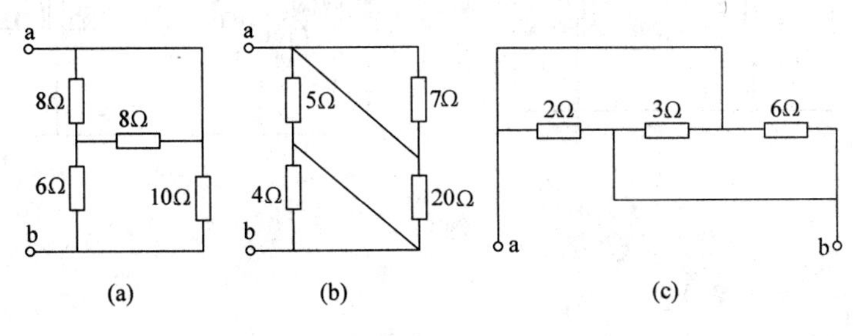

图 1.57

解:用等电位看图

(a)$R_{ab}=(8\parallel 8+6)\parallel 10=5\ \Omega$

(b)$R_{ab}=5\parallel 20=4\ \Omega$

(c)$R_{ab}=2\parallel 3\parallel 6=1\ \Omega$

8. 用节点电压法求解图 1.58 所示电路中电流的 I_S 和 I_0。

解:以④为参考节点。

对节点①:$u_{n1}=48\ V$

对节点②:$-\dfrac{1}{5}u_{n1}+\left(\dfrac{1}{5}+\dfrac{1}{6}+\dfrac{1}{2}\right)u_{n2}-\dfrac{1}{2}u_{n3}=0$

对节点③:$-\dfrac{1}{12}u_{n1}-\dfrac{1}{2}u_{n2}+\left(\dfrac{1}{2}+\dfrac{1}{12}+\dfrac{1}{2}\right)u_{n3}=0$

由上三式联立解得 $u_{n1}=48\ V\quad u_{n2}=18\ V\quad u_{n3}=12\ V$

对节点①,由 KCL:$I_S=\dfrac{u_{n1}-u_{n2}}{5}+\dfrac{u_{n1}-u_{n3}}{3+9}=9\ A$

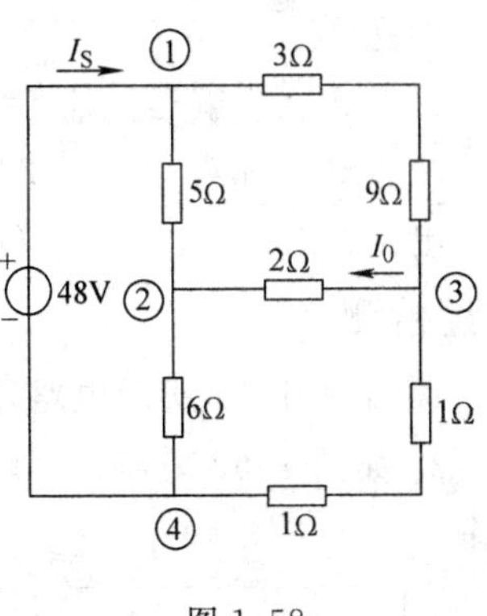

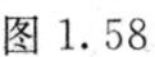
图 1.58

$I_0=\dfrac{u_{n3}-u_{n2}}{2}=-3\ A$

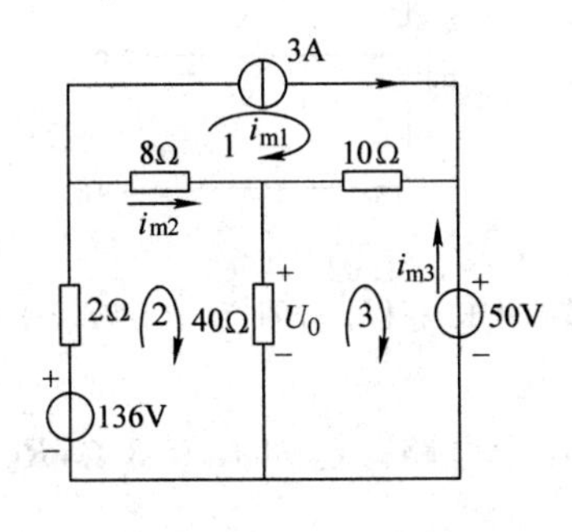

图 1.59

9. 用网孔电流法求解图 1.59 所示电路中的电压 U_0。

解:对网孔 1:$i_{m1}=3\ A$

对网孔 2:$-8i_{m1}+(2+8+40)i_{m2}+40i_{m3}=136$

对网孔 3:$10i_{m1}+40i_{m2}+(40+10)i_{m3}=50$

由上三式联立解得 $i_{m1}=3\ A\quad i_{m2}=8\ A\quad i_{m3}=-6\ A$

所以　$U_0=40(i_{m2}+i_{m3})=40(8-6)=80\ V$

10. 求解图 1.60(a)所示电路中各电源提供的功率。

解法一:节点电压法。

如图 1.60(a)所示,以③为参考节点。

对节点①:$\left(1+\dfrac{1}{4}+\dfrac{1}{20}\right)u_{n1}-\dfrac{1}{20}u_{n2}=27$

对节点②:$-\dfrac{1}{20}u_{n1}+\left(\dfrac{1}{20}+\dfrac{1}{5}\right)u_{n2}=-6$

上两式联立解得 $u_{n1}=20\ V\quad u_{n2}=-20\ V$

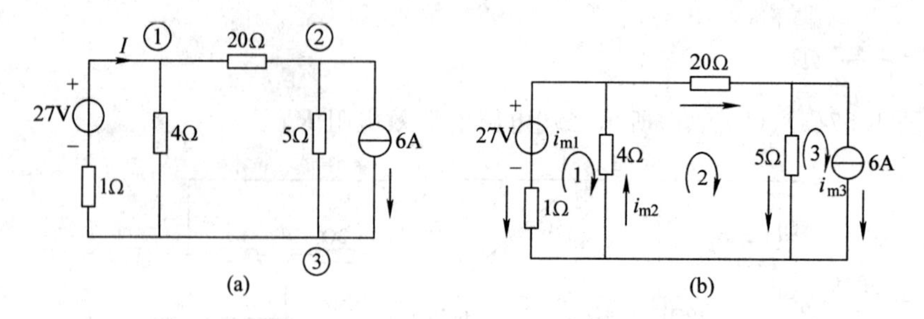

图 1.60

$$I=\frac{u_{n1}-27}{1}=-7\ \text{A}$$

所以电压源对应 $P_1=UI=27\times(-7)=-189$ W(发出 189 W 功率)

电流源对应 $P_2=UI=u_{n2}\times6=-20\times6=-120$ W(发出 120 W 功率)

解法二:网孔法。

网孔 1:$(1+4)i_{m1}+4i_{m2}=-27$

网孔 2:$4i_{m1}+(4+20+5)i_{m2}-5i_{m3}=0$

网孔 3:$i_{m3}=6$ A

上三式联立解得 $i_{m1}=-7$ A $i_{m2}=2$ A

所以电压源对应 $P_1=27i_{m1}=27\times(-7)=-189$ W

电流源对应 $P_2=UI=(i_{m2}-i_{m3})\times5\times6=-120$ W

自我检测

1. 如图 1.61 所示电路,试求 a、b 两端电阻 R_{ab}。

2. 如图 1.62 为连续可调分压器,ab 间输入电压 $U_i=100$ V,问 cd 间输出电压 U_o 的可调范围。

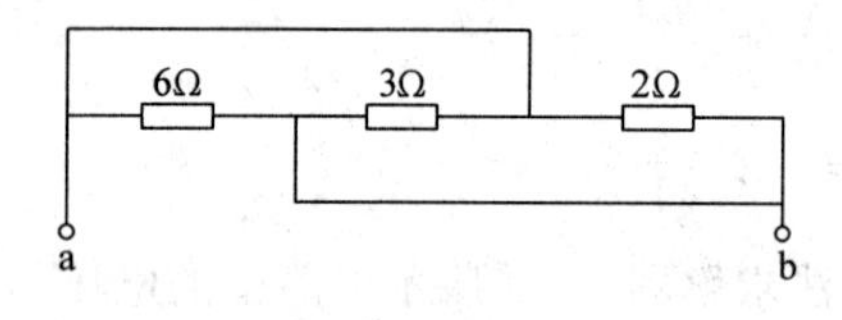

图 1.61

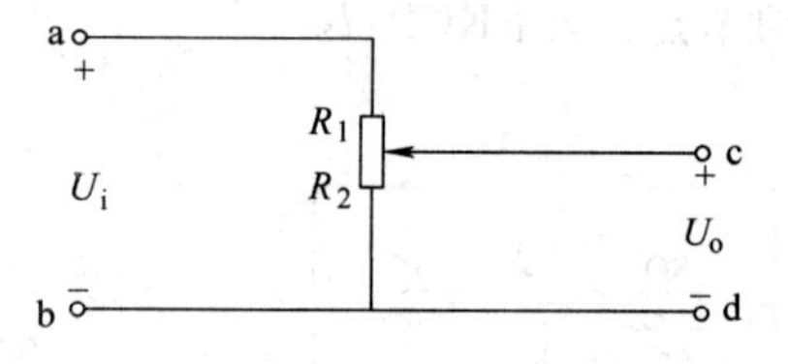

图 1.62

3. 如图 1.63 所示为步级分压电路,已知 $U_1=100$ V,要求输出电压 U_o 分别为 100 V、50 V、10 V,今限定总电阻 $R_1+R_2+R_3=100\ \Omega$,试计算各电阻值。

4. 将图 1.64(a)的 T 形电路等效变换为图 1.64(b)的 Π 形电路。已知 $R_a=3\ \Omega$,$R_b=R_c=6\ \Omega$,试求 R_{ab}、R_{bc} 和 R_{ca}。

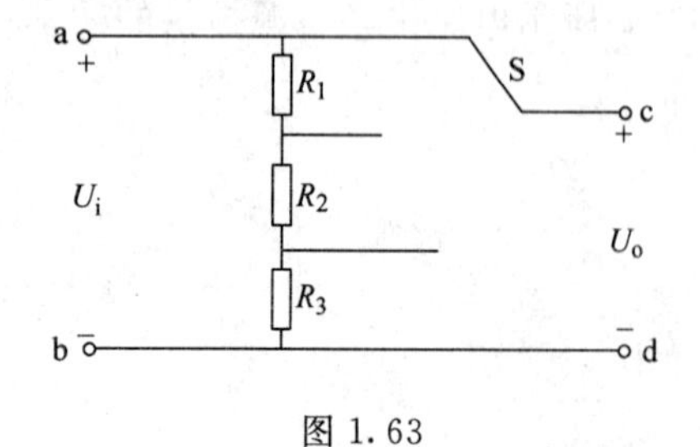

图 1.63

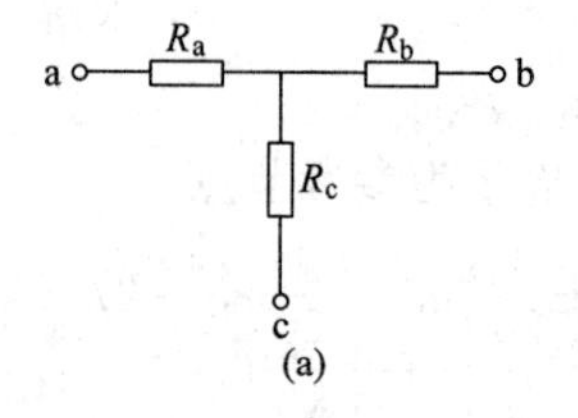

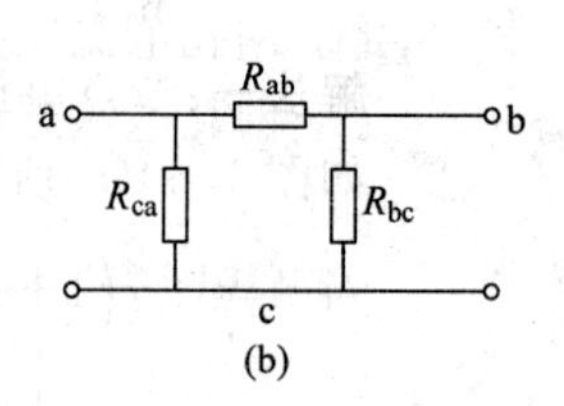

图 1.64

5. 将图 1.65(a)的电路变换为图 1.65(b)的 T 形电路。已知 $R_1=4\ \Omega$,$R_2=8\ \Omega$,$R_3=12\ \Omega$,$R_4=4\ \Omega$,试求 R_a、R_b 和 R_c。

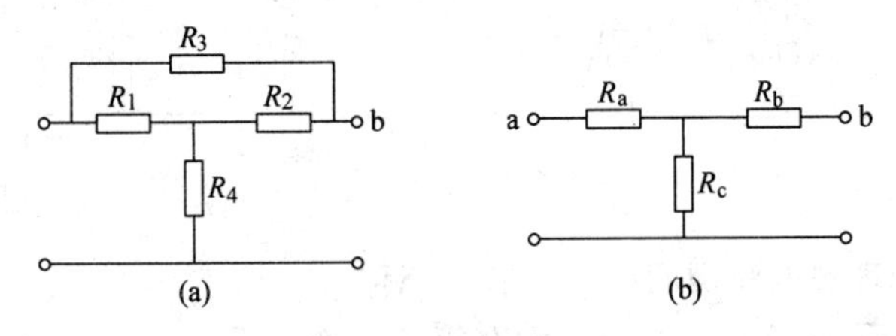

图 1.65

6. 两种实际电源等效变换的条件是什么？如何确定 U_S 和 I_S 的参考方向？

7. 化简图 1.66 所示各图电路。

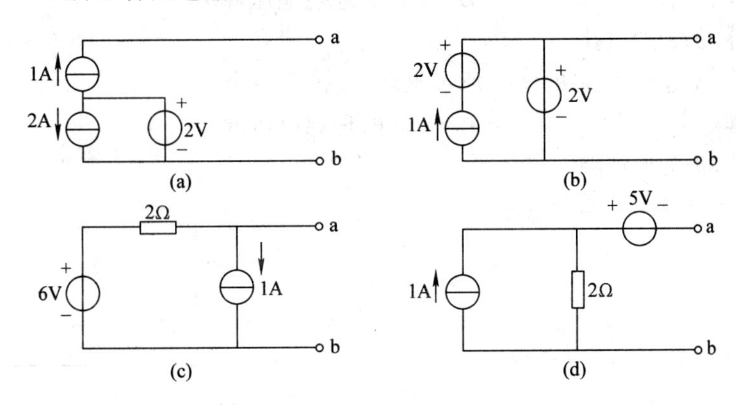

图 1.66

8. 如图 1.67 所示电路，试求 6 Ω 电阻上的电流 I。

9. 如图 1.68 所示电路，试求电流 I。

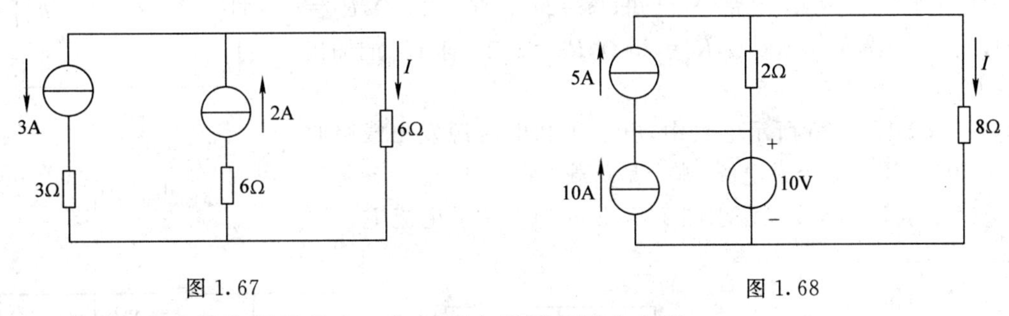

图 1.67　　　图 1.68

10. 支路电流法的依据是什么？如何列出足够的独立方程？

11. 网孔电流能否用电流表测出？为什么？

12. 网孔电流方程中的自电阻、互电阻、网孔电压源的代数和含义各指什么？它们的正、负号如何确定？

13. 节点电位方程中，方程两边的各项分别表示什么意义？其正、负号如何确定？

14. 含有理想电压源支路的电路，在列写节点电位方程时，有哪些处理方法？

15. 如图 1.69 所示电路，试求 a 点的电位 V_a。

16. 如图 1.70 所示电路，试用节点电位法求各支路的电流。(注意 3 Ω 电阻的处理)

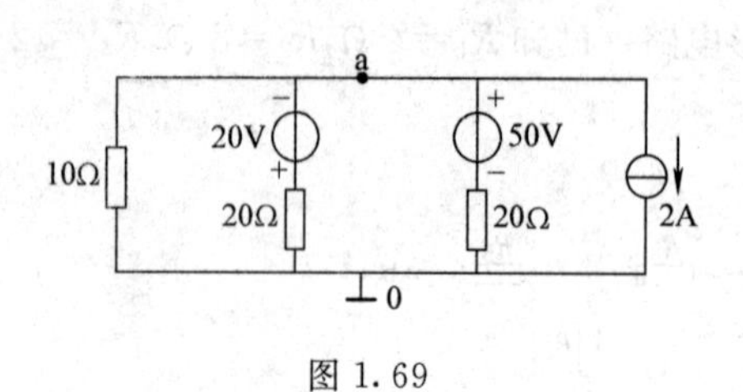

图 1.69

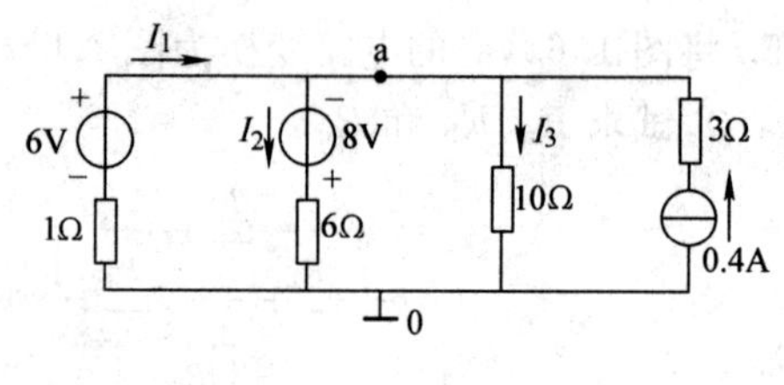

图 1.70

17. 理想电压源和理想电流源间(　　)。

A. 有等效变换关系　　　　B. 没有等效变换关系

C. 有条件下的等效变换关系

18. 用一个等效电源代替图 1.71 所示电路,应该是一个(　　)。

A. 2 A 的理想电流源　　　　B. 2 V 的理想电压源

C. 不能代替,仍为原电路

19. 用一个等效电源代替图 1.72 所示电路,应该是一个(　　)。

A. 2 A 的理想电流源　　　　B. 2 V 的理想电压源

C. 不能代替,仍为原电路

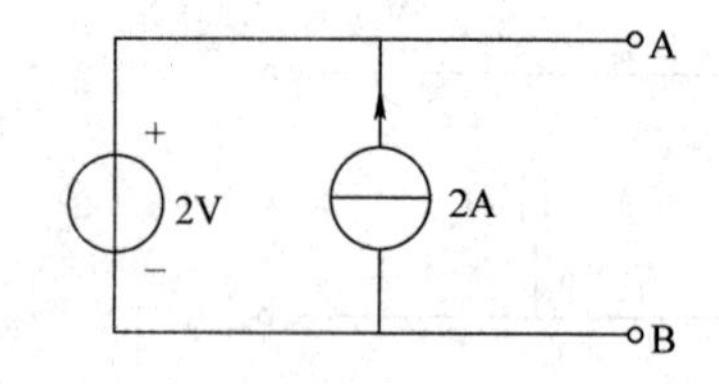

图 1.71

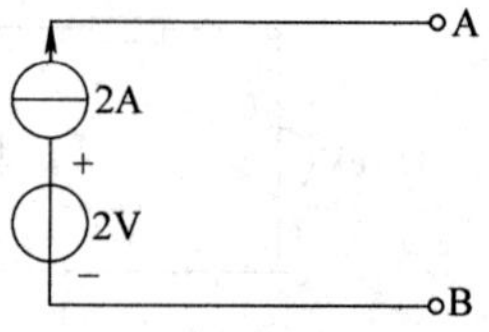

图 1.72

20. 在图 1.73 所示电路中,已知 $I_1=11$ mA,$I_4=12$ mA,$I_5=6$ mA。求 I_2,I_3 和 I_6。

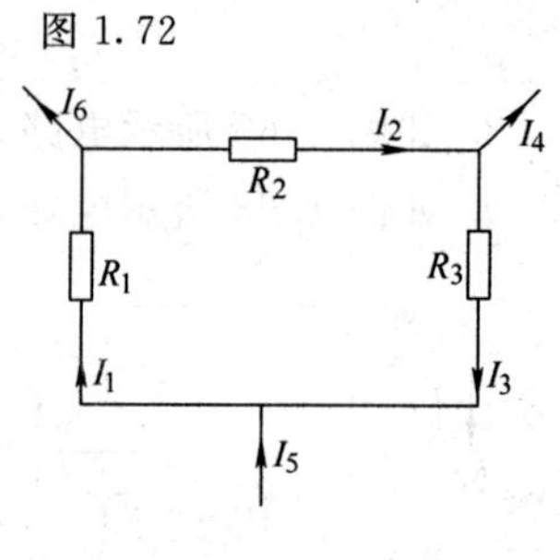

图 1.73

21. 在图 1.74 所示电路中,已知 $U_S=24$ V,$R_1=20$ Ω,$R_2=30$ Ω,$R_3=15$ Ω,$R_4=100$ Ω,$R_5=25$ Ω,$R_6=8$ Ω。求 U_S 的输出功率 P。

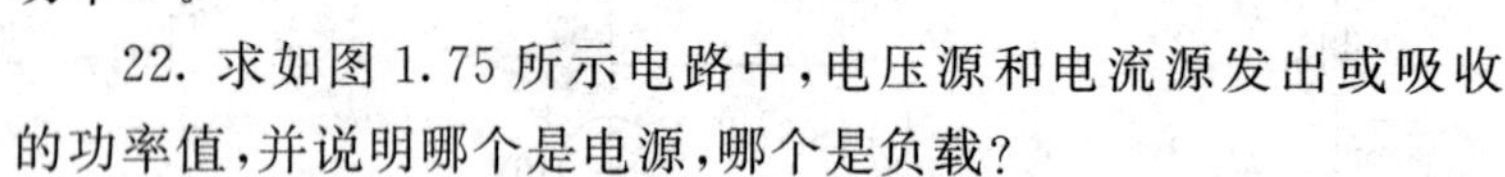
22. 求如图 1.75 所示电路中,电压源和电流源发出或吸收的功率值,并说明哪个是电源,哪个是负载?

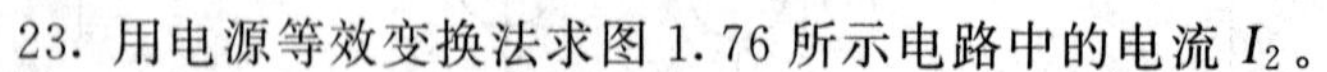
23. 用电源等效变换法求图 1.76 所示电路中的电流 I_2。

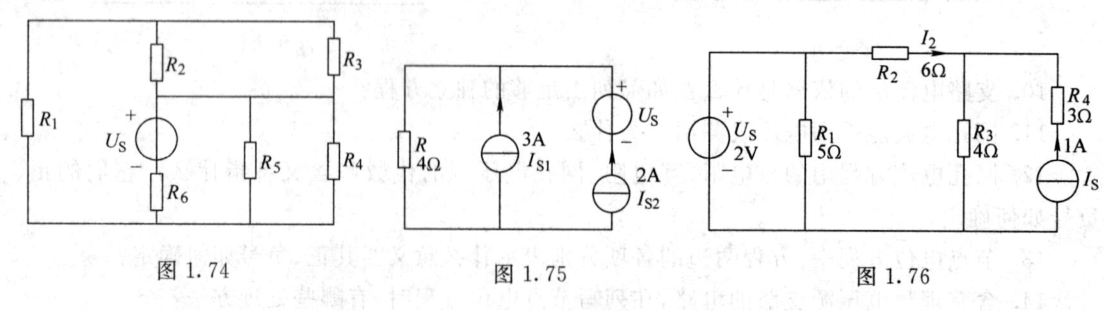

图 1.74　　图 1.75　　图 1.76

24. 各支路电流的正方向如图 1.77 所示,列写出用支路电流法求解各未知支路电流时所需要的独立方程。

25. 试用支路电流法求解图 1.78 所示电路中各支路电流。

26. 用节点电压法求解图 1.79 所示电路中的电压 u_{ab}。

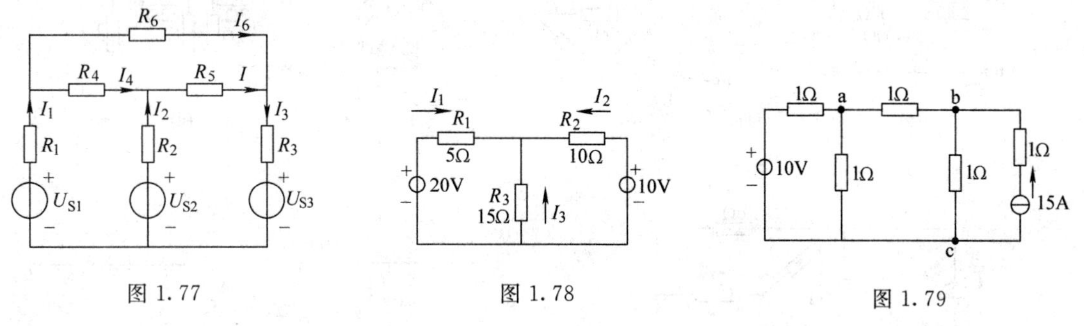

图 1.77　　图 1.78　　图 1.79

综合应用

1. 如图 1.80 所示电路，试求等效电阻 R_{ab}。

2. 如图 1.81 所示电路，试求：(1)S 打开时等效电阻 R_{ab}；(2)S 闭合时等效电阻 R_{ab}。

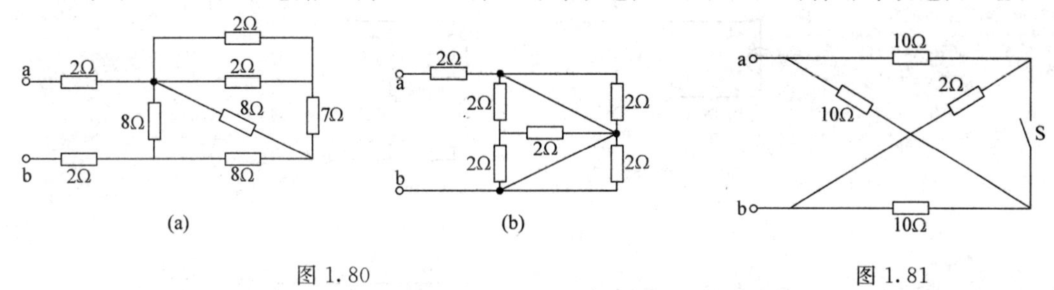

图 1.80　　图 1.81

3. 如图 1.82 所示滑线变阻器作分压器使用，其额定值为 100 Ω、3 A，外加电压 $U_1=200$ V，滑动触头置于中间位置不动，输出端接上负载 R_L，试问当：(1)$R_L=\infty$，(2)$R_L=50$ Ω，(3)$R_L=20$ Ω 时，输出电压 U_2 各是多少？滑线变阻器能不能正常工作？

4. 有一个直流电流表，其量程 $I_g=50$ μA，表头内阻 $R_g=2$ kΩ。现要改装成直流电流表，要直流电压挡分别为 10 V、100 V、500 V，如图 1.83 所示。试求所需串接的电阻 R_1、R_2 和 R_3 值。

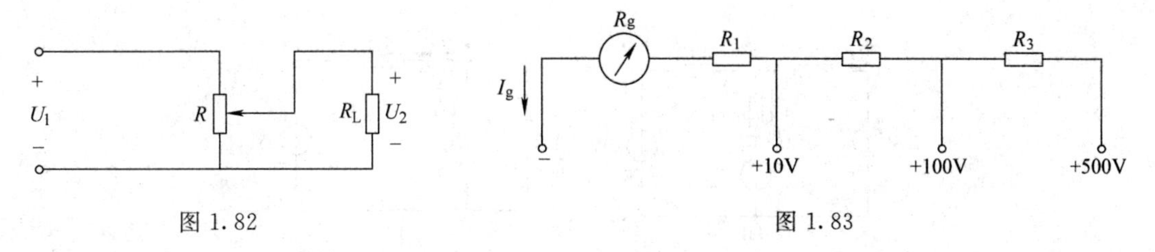

图 1.82　　图 1.83

5. 有一个直流电流表，其量程 $I_g=10$ μA，表头内阻 $R_g=200$ Ω，现将量程扩大到 1 A，试画出电路图，并求所需并联的电阻 R 应多大？

6. 如图 1.84 所示各电路，试求等效电阻 R_{ab}。

7. 如图 1.85 所示电路，试求电流源的端电压 U。

8. 如图 1.86 所示电路，试求电压 U 或电流 I。

9. 化简如图 1.87 所示电路。

10. 如图 1.88 所示电路，试用电源变换法求电流 I。

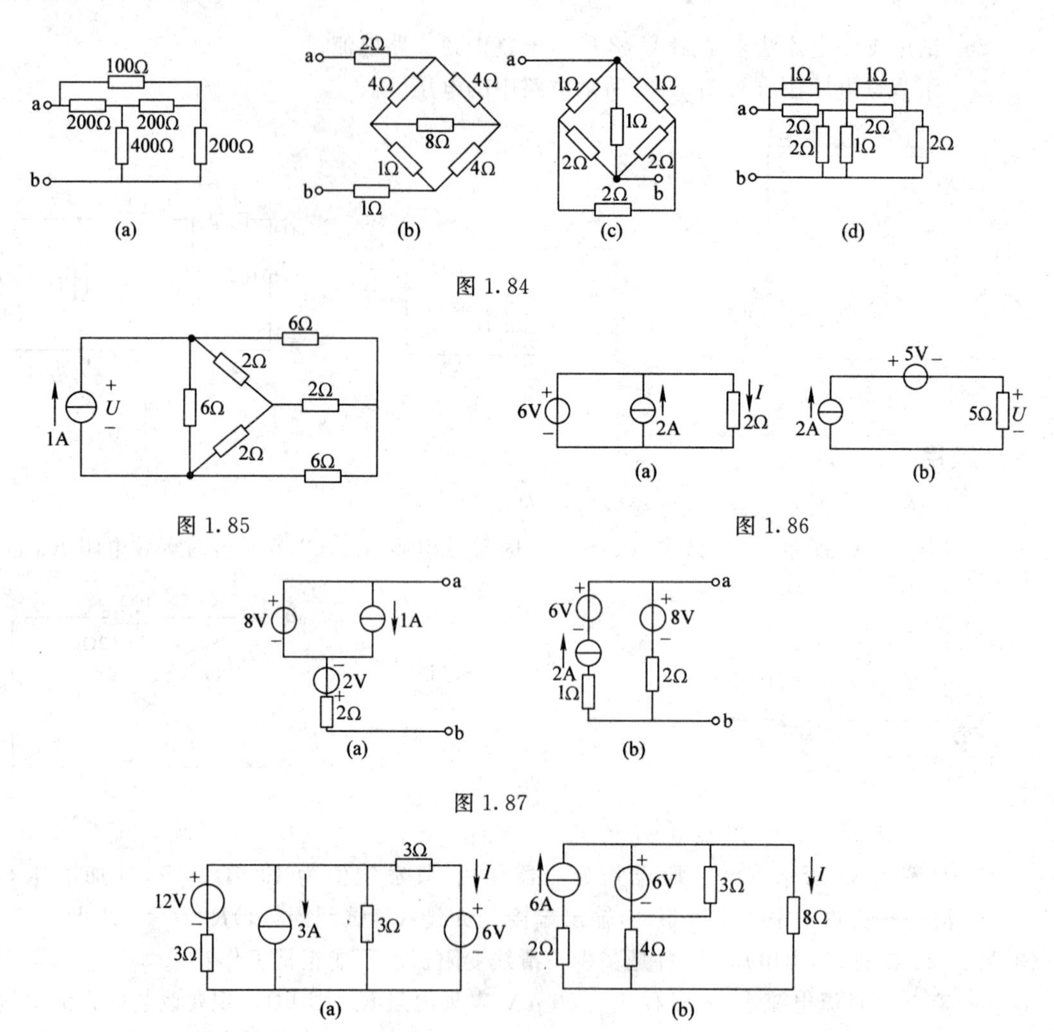

图 1.84

图 1.85

图 1.86

图 1.87

图 1.88

11. 如图 1.89 所示电路，试用支路电流法求各支路电流。

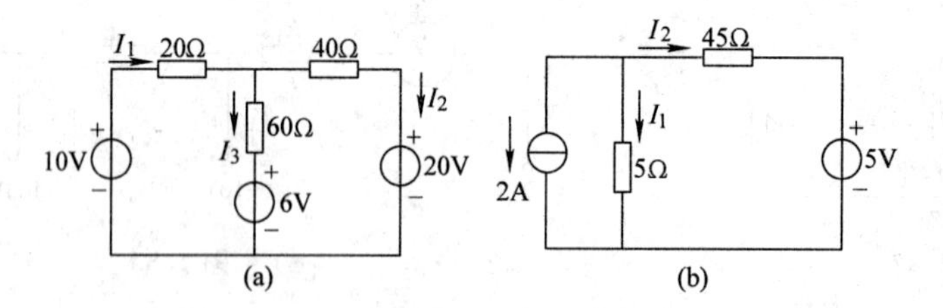

图 1.89

12. 如图 1.90 所示电路，已知 $I_1=1$ A，$I_2=3$ A，试求 R_1 和 R_2。

13. 如图 1.91 所示电路，试用支路电流法求电流 I。

14. 试用网孔电流分析法分析题 11 和题 13。

15. 如图 1.92 所示电路，试用网孔电流法求电流 I_1、I_2。

16. 试用节点电位分析法分析题 11 和题 13。

17. 如图 1.93 所示电路，试用节点电位法求图中 1 Ω 电阻流过的电流 I。

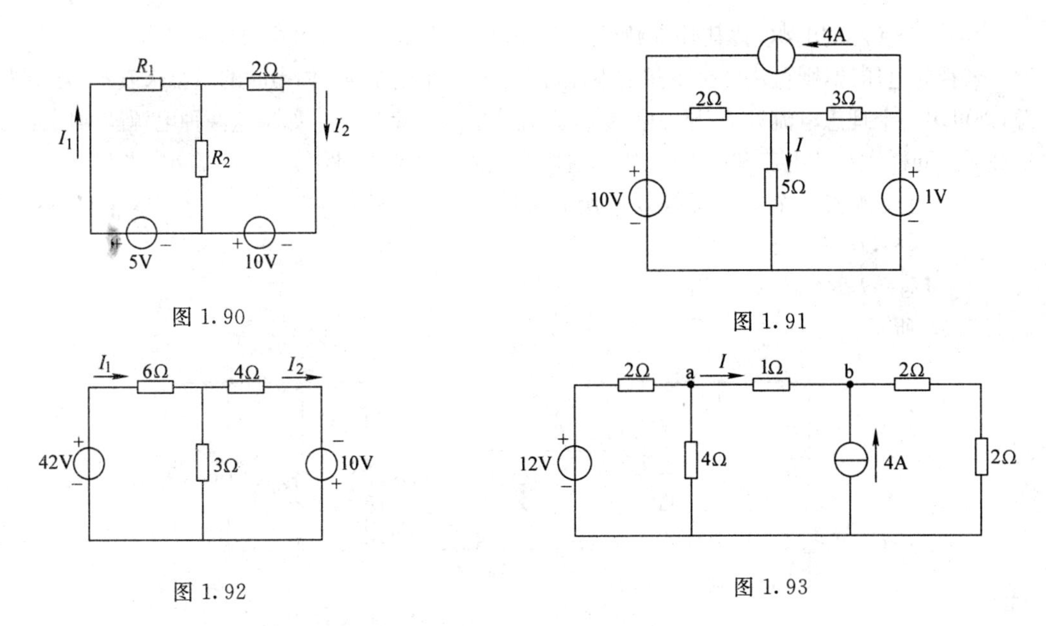

图 1.90

图 1.91

图 1.92

图 1.93

18. 如图 1.94 所示各电路，试用节点电位法求各节点电位。

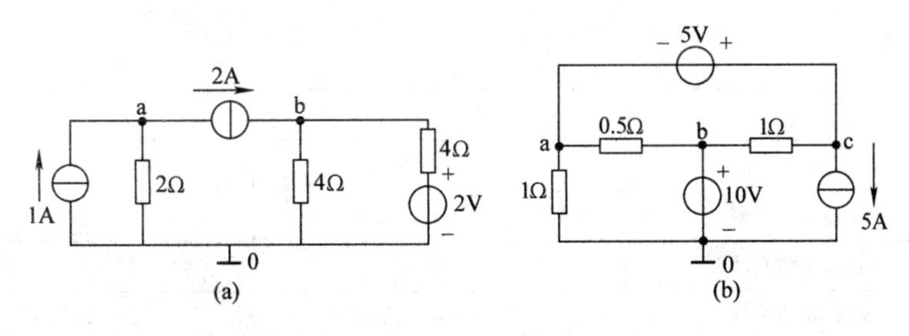

图 1.94

技能训练

技能训练 7　电压源与电流源的等效变换

一、实验目的

(1)掌握电源外特性的测试方法。

(2)验证电压源与电流源等效变换的条件。

二、原理说明

(1)一个直流稳压电源在一定的电流范围内，具有很小的内阻。故在实用中，常将它视为一个理想的电压源，即其输出电压不随负载电流而变。其外特性曲线，即其伏安特性曲线 $U=f(I)$ 是一条平行于 I 轴的直线。一个实用中的恒流源在一定的电压范围内，可视为一个理想的电流源。

(2)一个实际的电压源(或电流源)，其端电压(或输出电流)不可能不随负载而变，因它具有一定的内阻值。故在实验中，用一个小阻值的电阻(或大电阻)与稳压源(或恒流源)相串联(或并联)来摸拟一个实际的电压源(或电流源)。

(3)一个实际的电源,就其外部特性而言,既可以看成是一个电压源,又可以看成是一个电流源。若视为电压源,则可用一个理想的电压源 U_S 与一个电阻 R_0 相串联的组合来表示;若视为电流源,则可用一个理想电流源 I_S 与一电导 g_0 相并联的组合来表示。如果这两种电源能向同样大小的负载供出同样大小的电流和端电压,则称这两个电源是等效的,即具有相同的外特性。

一个电压源与一个电流源等效变换的条件为

$$I_S = U_S/R_0, g_0 = 1/R_0$$

或 $$U_S = I_S R_0, R_0 = 1/g_0$$

如图 1.95 所示。

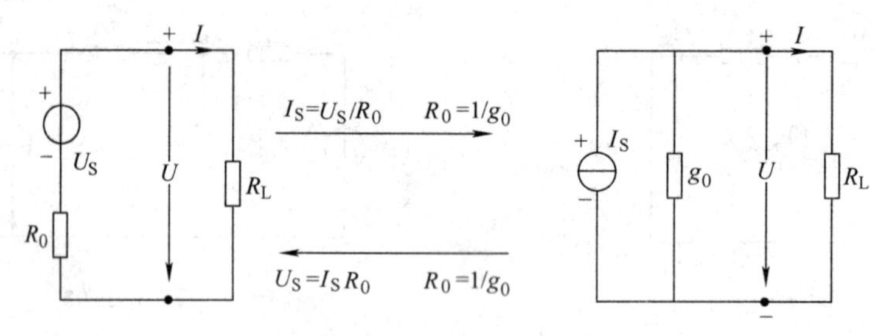

图 1.95

三、实验设备

序号	名称	型号与规格	数量	备注
1	可调直流稳压电源	0～30 V	1	DG04
2	可调直流恒流源	0～500 mA	1	DG04
3	直流数字电压表	0～200 V	1	D31
4	直流数字毫安表	0～200 mA	1	D31
5	万用表		1	自备
6	电阻器	120 Ω,200 Ω,510 Ω,1 kΩ		DG09
7	可调电阻箱	0～99 999.9 Ω	1	DG09
8	实验线路			DG05

四、实验内容

1. 测定直流稳压电源与实际电压源的外特性

(1)按图 1.96 接线。U_S 为+12 V 直流稳压电源(将 R_0 短接)。调节 R_2,令其阻值由大至小变化,记录两表的读数。

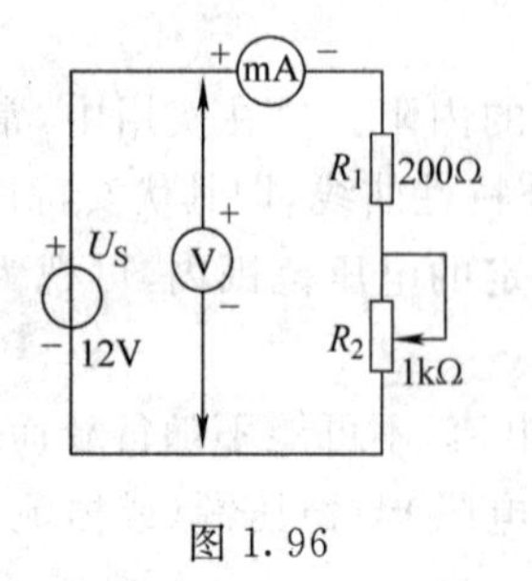

图 1.96

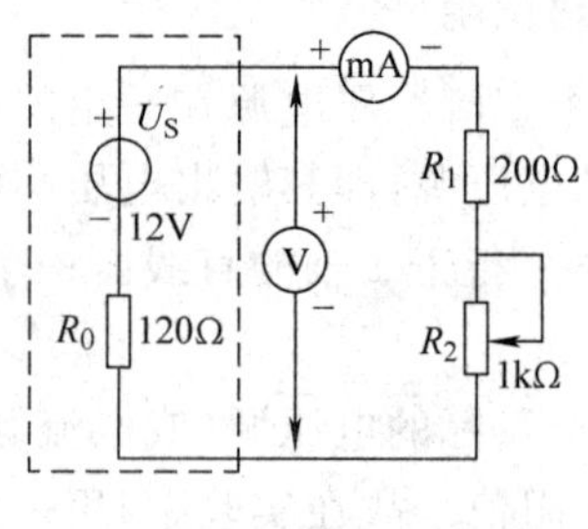

图 1.97

U(V)							
I(mA)							

(2)按图1.97接线，虚线框可模拟为一个实际的电压源。调节R_2，令其阻值由大至小变化，记录两表的读数。

U(V)							
I(mA)							

2. 测定电流源的外特性

按图1.98接线，I_S为直流恒流源，调节其输出为10 mA，令R_0分别为1 kΩ和∞(即接入和断开)，调节电位器R_L(从0至1 kΩ)，测出这两种情况下的电压表和电流表的读数。自拟数据表格，记录实验数据。

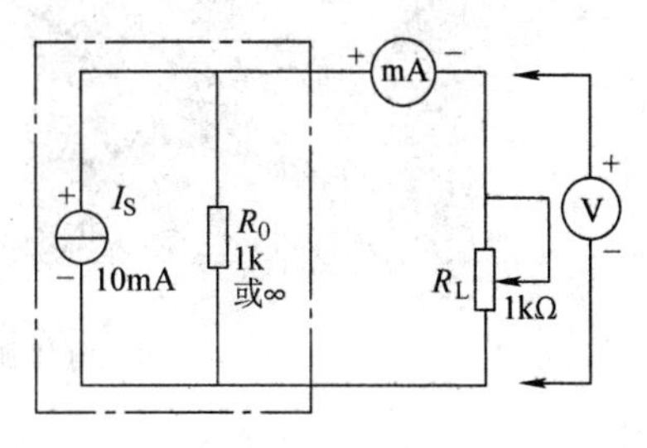

图1.98

3. 测定电源等效变换的条件

先按图1.99(a)线路接线，记录线路中两表的读数。然后利用图1.99(a)中右侧的元件和仪表，按图1.99(b)接线。调节恒流源的输出电流I_S，使两表的读数与图1.99(a)时的数值相等，记录I_S的值，验证等效变换条件的正确性。

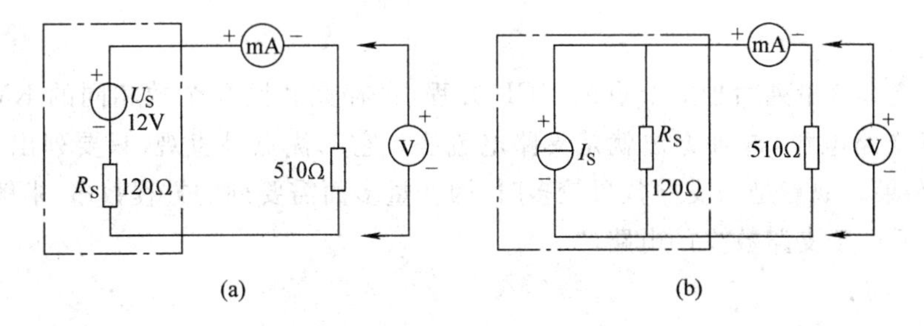

图1.99

五、注意事项

(1)在测电压源外特性时，不要忘记测空载时的电压值；测电流源外特性时，不要忘记测短路时的电流值，注意恒流源负载电压不要超过20 V，负载不要开路。

(2)换接线路时，必须关闭电源开关。

(3)直流仪表的接入应注意极性与量程。

六、预习思考题

(1)通常直流稳压电源的输出端不允许短路，直流恒流源的输出端不允许开路，为什么？

(2)电压源与电流源的外特性为什么呈下降变化趋势，稳压源和恒流源的输出在任何负载下是否保持恒值？

七、实验报告

(1)根据实验数据绘出电源的四条外特性曲线，并总结、归纳各类电源的特性。

(2)从实验结果，验证电源等效变换的条件。

(3)心得体会及其他。

附：

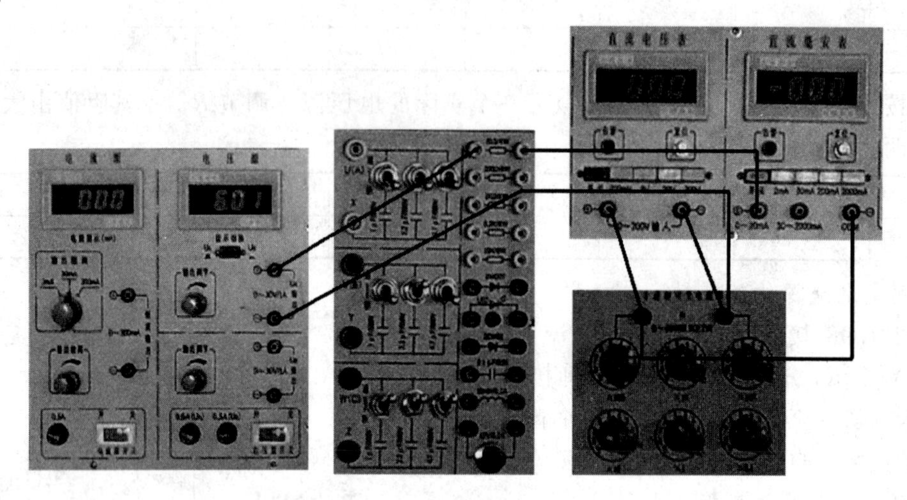

电压源与电流源的等效变换的接线图

子学习领域3　电路常用分析方法介绍

内容摘要

1. 支路电流法

以支路电流为变量列写独立节点的KCL方程，再补充和网孔个数相同的KVL方程，联立后求解出各支路电流，这种方法就是支路电流法。它的优点是直观，只要列出方程进行求解，就能得出结果。缺点是当支路数目较多时，因变量多而需要列的方程数多，求解过程麻烦，因此本方法只适用于支路数少的电路。

2. 节点电压法

参考点：在电路中任意选择一个节点为非独立节点，此节点称为参考节点。

节点电压：各个独立节点与参考节点之间的电压，称为该节点的节点电压。

节点电压法：以独立节点的电位作为变量，依据KCL及欧姆定律，列出节点电位方程，求解出节点电位，进而求得各支路电流或要求的其他电路变量。节点方程一般通式为：

左式＝节点电位×自电导－∑(相邻节点电位×该节点与相邻节点的互电导)

右式＝∑(与该节点相连支路的电动势/该支路电阻)＋∑与该节点相连的电流源的电流

电动势方向指向节点，取“＋”，反之取“－”。电流源的电流方向指向节点，取“＋”，反之取“－”。此法优点是所需方程个数少于支路电流法，特别是节点少而支路多的电路用此法尤为方便，列写方程的规律易于掌握。缺点是对于一般给出的电阻参数、电压源形式的电路求解方程比较复杂。

3. 叠加定理

在线性电路中，任一瞬间、任一支路的响应(电压或电流)恒等于电路中每个独立源单独作用时在该支路产生的响应的代数和。叠加定理是线性电路叠加特性的概括表征，其重要性不仅在于用此法分析电路本身，而在于它为线性电路的定性、定量分析提供了理论依据。

进行叠加时只将电源分别考虑，电路的结构与参数不变。暂时不考虑的恒压源应予以短路，即令$U_S=0$；暂时不考虑的恒流源应予以开路，即令$I_S=0$。叠加的是代数和，当分量与总量的参考方向一致时，分量取“＋”号；反之取“－”号。叠加定理只适用于线性电路的电压与电流的计算，而不能用于功率的计算。

4. 戴维南定理与诺顿定理

任意一个线性有源二端网络 N，它对外电路的作用，可以用一个电压源和电阻串联来等效。其中等效电压源的电压等于有源二端网络的开路电压；其等效电压源的内阻等于网络 N 中所有独立源均为 0 值时所得无源二端网络的等效内阻。解题三步骤：①求开路电压；②求等效内阻；③画出等效电路接上待求支路，最终根据最简单的电路求出待求量。

诺顿定理同样是用来解决有源二端口网络的对外等效，即：任一有源二端口网络，对外而言，可以用一个实际电流源模型来等效。其中电流源的电流等于原二端口网络端口处短路电流；内电导等于原网络去掉内部独立源后，从端口处得到的等效电导。

难题解析

1. 用叠加定理求解图 1.100(a)中所示电路的 I_X 和 U_X。

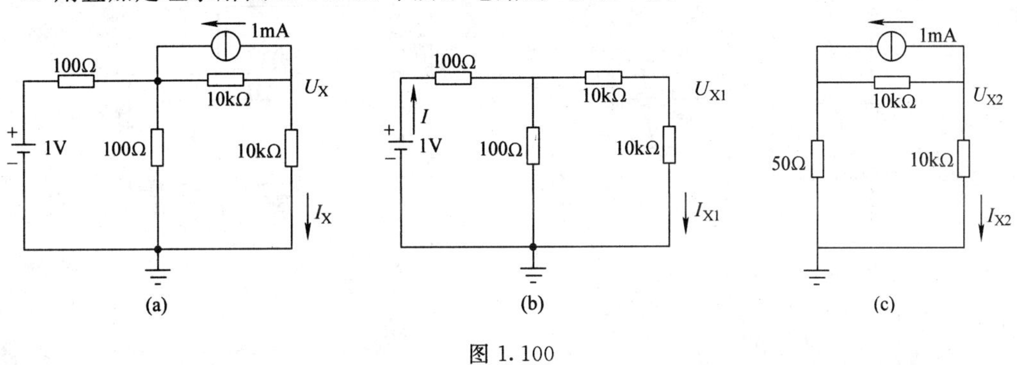

图 1.100

解：当 1 V 电压源独立作用时，等效电路如图 1.100(b)所示。

$$I=\frac{1}{100+100\parallel(10\ 000+10\ 000)}=10\ \text{mA}$$

所以 $$I_{X1}=\frac{100}{100+20\ 000}I=0.05\ \text{mA}$$

$$U_{X1}=10\ \text{k}\Omega\times I_{X1}=0.5\ \text{V}$$

当 1 mA 电流源单独作用时，等效电路如图 1.100(c)所示。

$$I_{X2}=-\frac{10}{0.05+10+10}\times 1\ \text{mA}=-0.5\ \text{mA}$$

$$U_{X2}=10\ I_{X2}=10\times(-0.5)\text{mA}=-5\ \text{V}$$

所以 $$I_X=I_{X1}+I_{X2}=0.05-0.5=-0.45\ \text{mA}$$

$$U_X=U_{X1}+U_{X2}=0.5-5=-4.5\ \text{V}$$

2. 试求如图 1.101(a)所示电路中的电流 i。

解：用戴维南定理，将 8 Ω 断开，求开路电压 U_{oc} 等效电路如图 1.101(b)所示。

则 $$U_{oc}=-1\times(3\parallel 6)=-2\ \text{V}$$

求开路处等效电阻 R_{eq} 的等效电阻为

$$R_{eq}=3\parallel 6=2\ \Omega$$

所以，原图等效为图 1.101(c)。

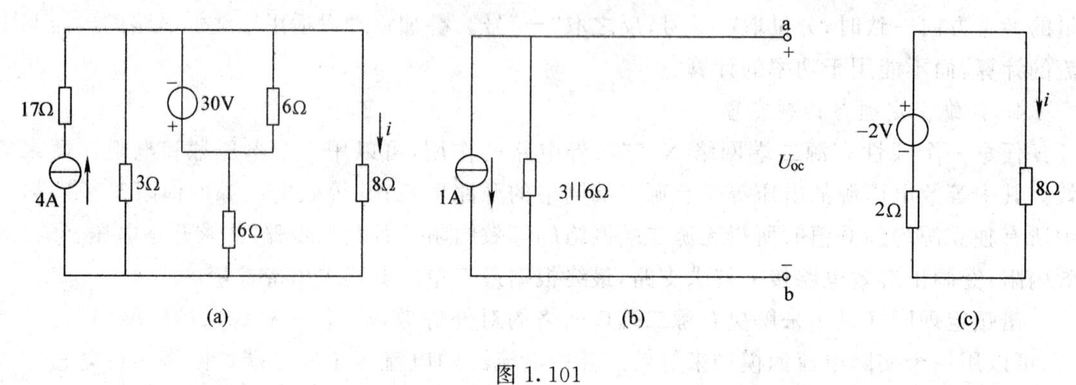

图 1.101

$$I=\frac{-2}{2+8}=-0.2\ \text{A}$$

3. 电路如图 1.102(a)所示，试求通过 3 Ω 电阻的电流 I。

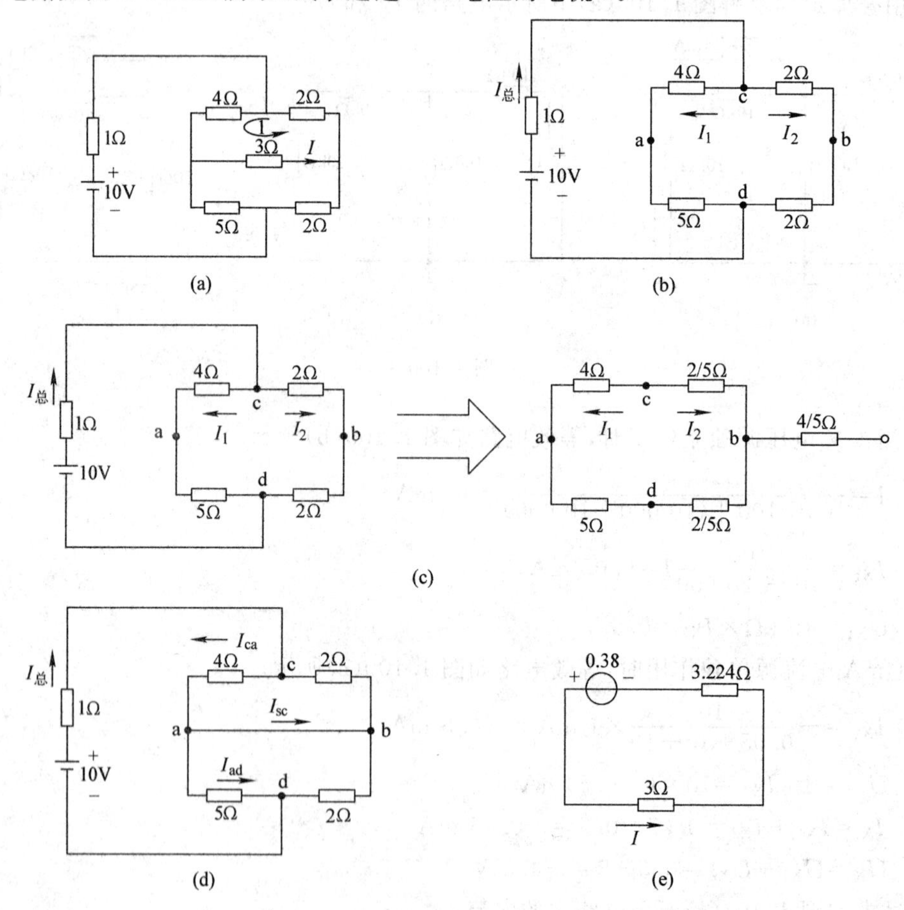

图 1.102

解：用戴维南等效定理，将 3 Ω 电阻断开后求 U_{oc} 等效电路如图 1.102(b)所示。c、d 间等效电阻为

$$R_{cd}=\frac{(4+5)\times(2+2)}{4+5+2+2}=\frac{36}{13}\ \Omega$$

$$I_{总}=\frac{10}{1+R_{cd}}=\frac{10}{1+\frac{36}{13}}=2.653\ \text{A}$$

$$I_1=\frac{2+2}{2+2+4+5}I_{总}=\frac{4}{13}\times 2.653=0.816\ \text{A}$$

$$I_2=I_{总}-I_1=1.837\ \text{A}$$

对回路1：

$$4I_1+U_{ab}-2I_2=0$$

所以　$U_{oc}=U_{ab}=2I_2-4I_1=2\times 1.837-4\times 0.816=0.41\ \text{V}$

求开路端口的等效电阻 R_{eq} 的电路为：

方法一：如图 1.102(c)所示。

$$R_{eq}=(4+2/5)\parallel(5+2/5)+4/5=3.224\ \Omega$$

方法二：将 3 Ω 电阻短路，短路电流为 I_{sc}，如图 1.102(d)所示。

$$R_{cd}=4\parallel 2+5\parallel 2=2.762\ \Omega$$

$$I_{总}=\frac{10}{1+R_{cd}}=2.658\ \text{A}$$

$$I_{ca}=\frac{2}{4+2}I_{总}=0.886\ \text{A}$$

$$I_{ad}=\frac{2}{5+2}I_{总}=0.759\ \text{A}$$

由 a 点：

$$I_{sc}=I_{ca}-I_{ad}=0.127\ \text{A}$$

所以　$R_{eq}=\frac{U_{oc}}{I_{sc}}=3.228\ \Omega$

原图等效为图 1.102(e)。

则　$I=\frac{0.41}{3.224+3}=0.07\ \text{A}$

4. 试用诺顿定理求如图 1.103(a)所示电路中 4 Ω 电阻中流过的电流。

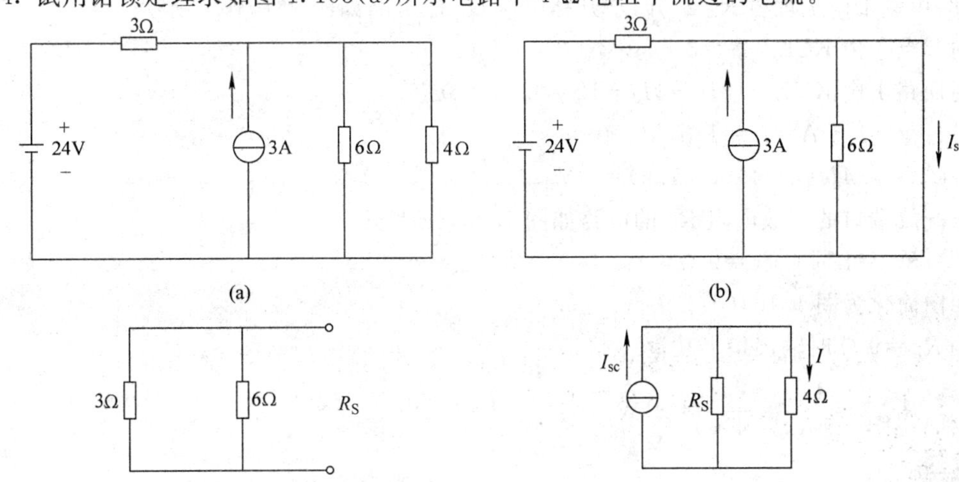

图 1.103

解:将 4 Ω 电阻短路如图 1.103(b)所示。

则 $I_{sc}=24\div3+3=11$ A

将 4 Ω 电阻断开,端口等效电阻为 R_S,如图 1.103(c)所示。

则 $R_S=3\parallel6=2$ Ω

所以原图化简为如图 1.103(d)所示。

所以 $I=\dfrac{R_S}{R_S+4}I_{sc}=\dfrac{2}{2+4}\times11=3.67$ A

5. 如图 1.104(a)所示电路中负载电阻 R_L 等于多大时其上可获得最大功率?并求该最大功率 P_{Lmax}。

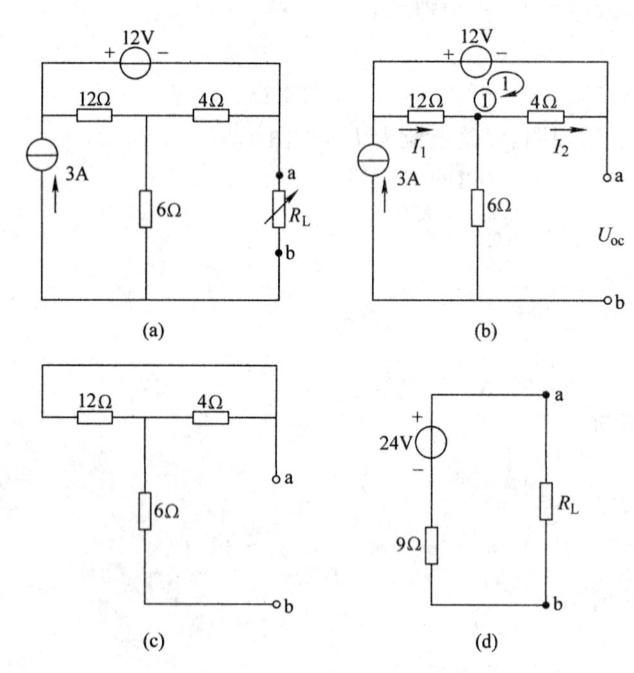

图 1.104

解:用戴维南定理将 R_L 断开,求开路电压 U_{oc} 的电路如图 1.104(b)所示。

对节点①由 KCL　$I_1=3+I_2$　　(1)

对回路 1 由 KVL　$12I_1+4I_2-12=0$　　(2)

求得　$I_2=-1.5$ A　$I_1=1.5$ A

所以　$U_{oc}=-4I_2=-4\times(-1.5)=6$ V

求开放端口的等效电阻 R_{eq} 的电路如图 1.104(c)所示。

$R_{eq}=12\parallel4+6=9$ Ω

原图简化为图 1.104(d)。

所以当 $R_L=9$ Ω 时输出最大功率

$$P_{Lmax}=\frac{U_{oc}^2}{4R_{eq}}=\frac{6^2}{4\times9}=1\text{ W}$$

自我检测

1. 叠加定理的内容是什么?使用该定理时应注意哪些问题?

2. 如图 1.105 所示，试用叠加定理求电流 I，并计算 4 Ω 电阻消耗的功率。

3. 如图 1.106 所示电路，试用叠加定理求电流 I。

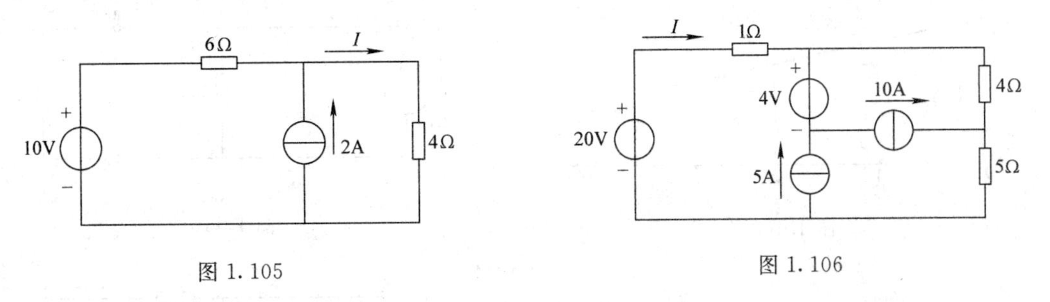

图 1.105　　　　图 1.106

4. 如图 1.107 所示，当 $I_S=2$ A，$U_S=10$ V 时，$I=2$ A；当 $I_S=-1$ A，$U_S=-15$ V 时，$I=0$ A。试求：当 $I_S=1$ A，$U_S=1$ V 时，$I=$？

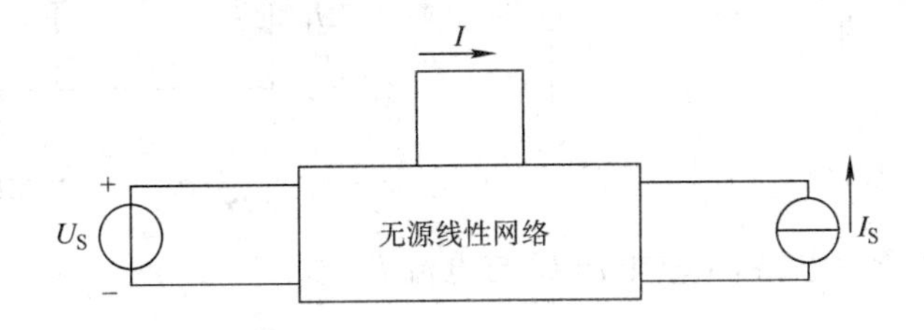

图 1.107

5. 线性无源二端网络的最简等效电路是什么？如何求得？

6. 如图 1.108 所示电路，试求它们的戴维南等效电路和诺顿等效电路。

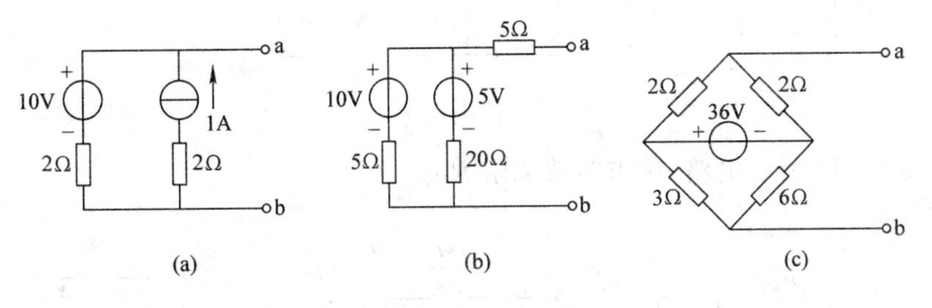

图 1.108

7. 测得一有源二端网络的开路电压 20 V，短路电流 1 A，试画出其戴维南等效电路和诺顿电路。

8. 有源二端网络的外特性曲线如图 1.109 所示，试为该网络建立戴维南等效电路。

9. 有源二端网络 N 向负载 R_L 传输功率，负载 R_L 获得最大功率的条件是什么？如何理解电路“匹配”现象？

10. 有一个 20 Ω 的负载想从一个内阻为 10 Ω 的电源获得最大功率，采用一个 20 Ω 电阻与该负载并联的办法是否可以？为什么？

11. 如图 1.110 所示电路，试求 R_L 为何值时，负载可获得最大功率，并求此功率 P_{max}。

12. 如图 1.111 所示电路，R_1 已获得最大功率，试求负载 R_L、最大功率 P_{max}、电路传输效率及电压的功率 P。

13. 如图 1.112 所示电路，能否将接受电流源 $2I_1$ 与电阻 5 Ω 等效变换为一个受控电压源？

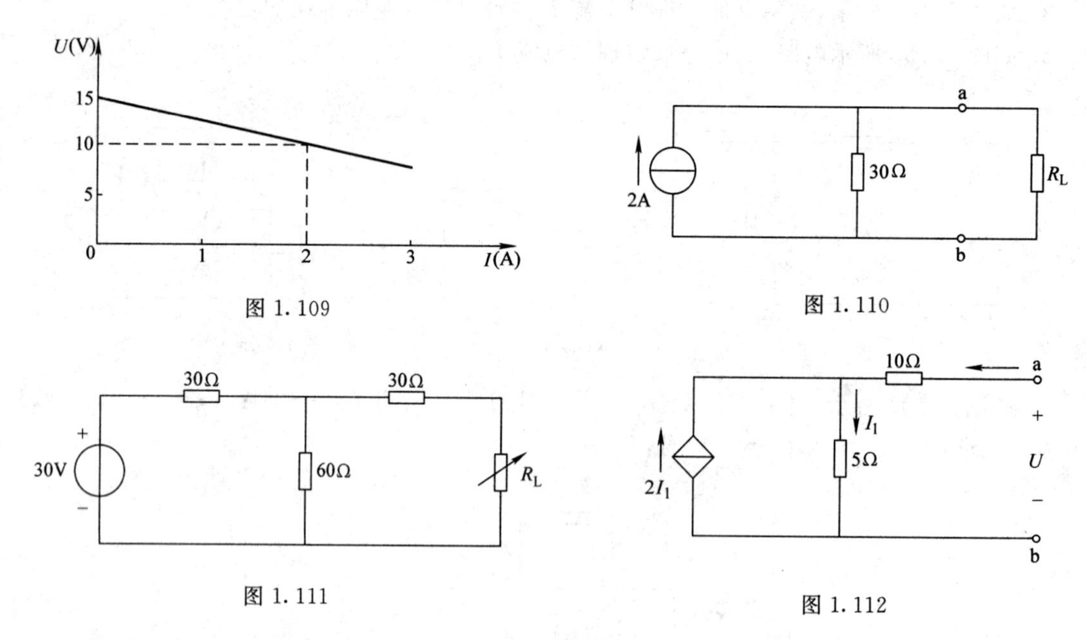

图 1.109

图 1.110

图 1.111

图 1.112

14. 如图 1.113 所示电路，试求电压 U 与电流 I。

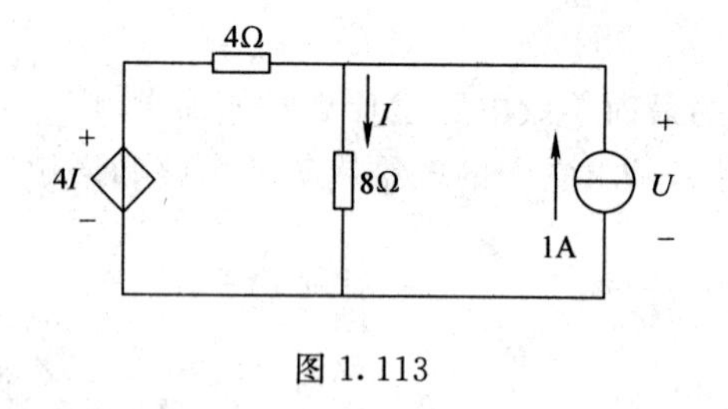

图 1.113

15. 如图 1.114 所示电路，试求等效电阻 R_{ab}。

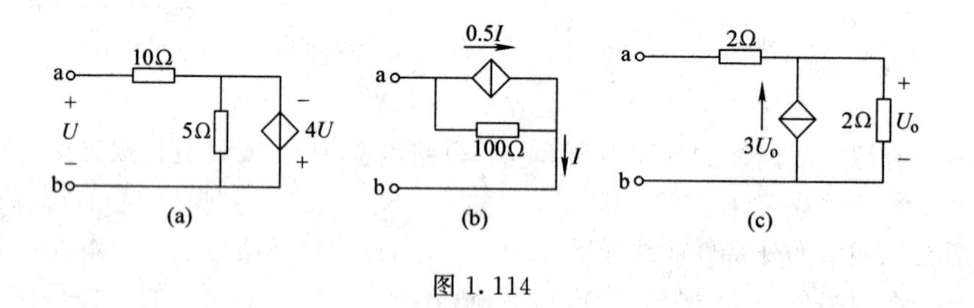

图 1.114

综合应用

1. 如图 1.115 所示电路，试用叠加定理求电压 U。

2. 如图 1.116 所示电路，如果将开关闭合在 a 点时各电流为：$I_1=5$ A，$I_2=10$ A，$I_3=15$ A，试求当开关合在 b 点时各电流值。

3. 如图 1.117 所示电路，试用齐性定理求电流 I。

4. 如图 1.118 所示电路，试用戴维南等效电路和诺顿等效电路求 a、b 端口电压。

5. 如图 1.119 所示电路，试用戴维南定理求电压 U 或电流 I。

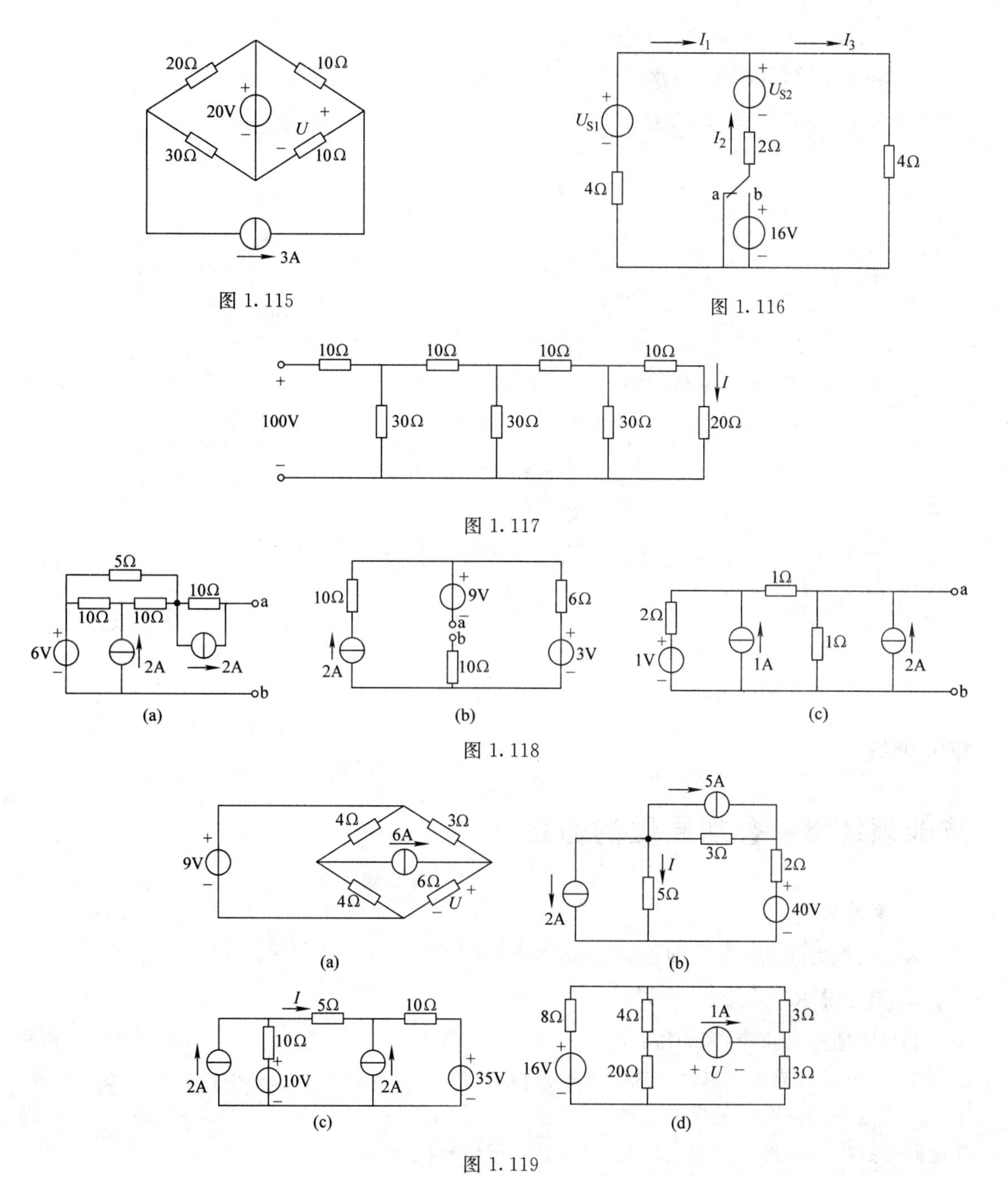

图 1.115

图 1.116

图 1.117

图 1.118

图 1.119

6. 如图 1.120 所示电路，当 R_L 为何值时，负载 R_L 能获得最大功率，并求此最大功率 P_{max}。

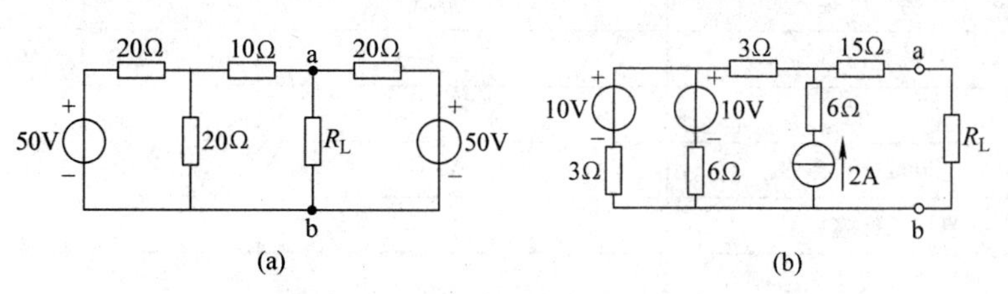

图 1.120

7. 如图 1.121 所示电路，试用诺顿定理求电流 I。

8. 如图 1.122 所示电路，求电压 U 和电流 I。

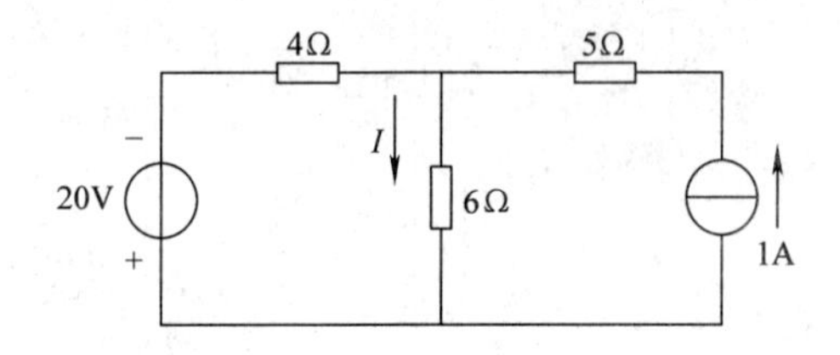

图 1.121

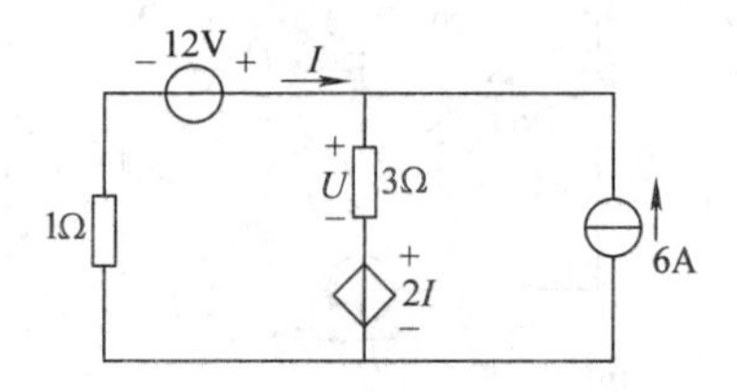

图 1.122

9. 如图 1.123 所示电路，分别用电位法、叠加定理和戴维南定理求电压 U_2。

10. 如图 1.124 所示电路，当 R_L 为何值时，负载 R_L 能获得最大功率 P_{max}。

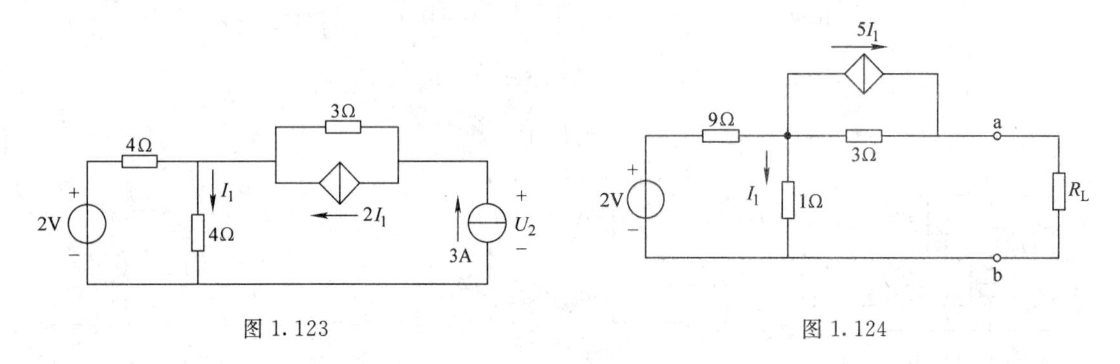

图 1.123　　　　图 1.124

技能训练

技能训练 8　叠加原理的验证

一、实验目的

验证线性电路叠加原理的正确性，加深对线性电路的叠加性和齐次性的认识和理解。

二、原理说明

叠加原理指出：在有多个独立源共同作用下的线性电路中，通过每一个元件的电流或其两端的电压，可以看成是由每一个独立源单独作用时在该元件上所产生的电流或电压的代数和。

线性电路的齐次性是指当激励信号（某独立源的值）增加或减小 K 倍时，电路的响应（即在电路中各电阻元件上所建立的电流和电压值）也将增加或减小 K 倍。

三、实验设备

序　号	名　称	型号与规格	数　量	备　注
1	直流稳压电源	0～30 V 可调	二路	DG04
2	万用表		1	自备
3	直流数字电压表	0～200 V	1	D31
4	直流数字毫安表	0～200 mV	1	D31
5	叠加原理实验电路板		1	DG05

四、实验内容

实验线路如图 1.125 所示，用 DG05 挂箱的“基尔夫定律/叠加原理”线路。

(1)将两路稳压源的输出分别调节为 12 V 和 6 V，接入到 U_1 和 U_2 处。

(2)令 U_1 电源单独作用(将开关 K_1 投向 U_1 侧，开关 K_2 投向短路侧)。用直流数字电压表和毫安表(接电流插头)测量各支路电流及各电阻元件两端的电压，数据记入下表。

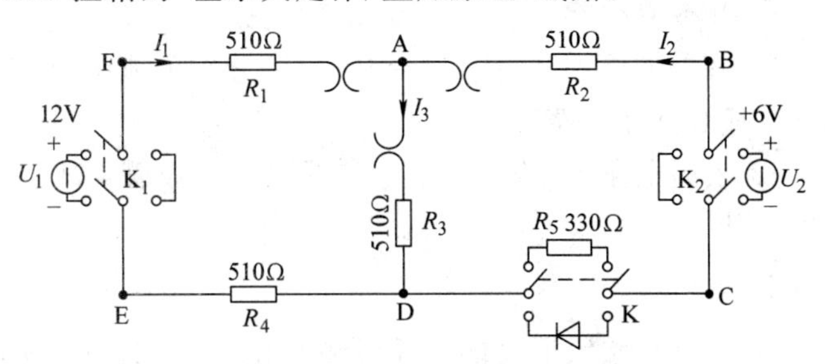

图 1.125

测量项目 实验内容	U_1 (V)	U_2 (V)	I_1 (mA)	I_2 (mA)	I_3 (mA)	U_{AB} (V)	U_{CD} (V)	U_{AD} (V)	U_{DE} (V)	U_{FA} (V)
U_1 单独作用										
U_2 单独作用										
U_1、U_2 共同作用										
$2U_2$ 单独作用										

(3)令 U_2 电源单独作用(将开关 K_1 投向短路侧，开关 K_2 投向 U_2 侧)，重复实验内容(2)的测量和记录，将数据记入上表中。

(4)令 U_1 和 U_2 共同作用(开关 K_1 和 K_2 分别投向 U_1 和 U_2 侧)，重复上述的测量和记录，将数据记入上表中。

(5)将 U_2 的数值调至+12 V，重复实验内容(3)的测量并记录，将数据记入上表中。

(6)将 R_5(330 Ω)换成二极管 1N4007(即将开关 K_3 投向二极管 IN4007 侧)，重复实验内容(1)～(5)的测量过程，将数据记入下表。

测量项目 实验内容	U_1 (V)	U_2 (V)	I_1 (mA)	I_2 (mA)	I_3 (mA)	U_{AB} (V)	U_{CD} (V)	U_{AD} (V)	U_{DE} (V)	U_{FA} (V)
U_1 单独作用										
U_2 单独作用										
U_1、U_2 共同作用										
$2U_2$ 单独作用										

(7)任意按下某个故障设置按键，重复实验内容(4)的测量和记录，再根据测量结果判断出故障的性质。

五、注意事项

(1)用电流插头测量各支路电流时，或者用电压表测量电压降时，应注意仪表的极性，正确判断测得值的+、-号后，记入数据表格。

(2)注意仪表量程的及时更换。

六、预习思考题

(1)在叠加原理实验中，要令 U_1、U_2 分别单独作用，应如何操作？可否直接将不作用的电源(U_1 或 U_2)短接置零？

(2)实验电路中，若有一个电阻器改为二极管，试问叠加原理的叠加性与齐次性还成立吗？为什么？

七、实验报告

(1)根据实验数据表格，进行分析、比较，归纳、总结实验结论，即验证线性电路的叠加性与齐次性。

(2)各电阻器所消耗的功率能否用叠加原理计算得出？试用上述实验数据，进行计算并作出结论。

(3)通过实验内容(6)及其分析表格的数据，你能得出什么样的结论？

(4)心得体会及其他。

技能训练9　戴维南定理和诺顿定理的验证——有源二端网络等效参数的测定

一、实验目的

(1)验证戴维南定理和诺顿定理的正确性，加深对该定理的理解。

(2)掌握测量有源二端网络等效参数的一般方法。

二、原理说明

(1)任何一个线性含源网络，如果仅研究其中一条支路的电压和电流，则可将电路的其余部分看作是一个有源二端网络(或称为含源一端口网络)。

戴维南定理指出：任何一个线性有源网络，总可以用一个电压源与一个电阻的串联来等效代替，此电压源的电动势 U_S 等于这个有源二端网络的开路电压 U_{oc}，其等效内阻 R_0 等于该网络中所有独立源均置零(理想电压源视为短接，理想电流源视为开路)时的等效电阻。

诺顿定理指出：任何一个线性有源网络，总可以用一个电流源与一个电阻的并联组合来等效代替，此电流源的电流 I_S 等于这个有源二端网络的短路电流 I_{sc}，其等效内阻 R_0 定义同戴维南定理。

$U_{oc}(U_S)$和 R_0 或者 $I_{sc}(I_S)$和 R_0 称为有源二端网络的等效参数。

(2)有源二端网络等效参数的测量方法。

①开路电压、短路电流法测 R_0。

在有源二端网络输出端开路时，用电压表直接测其输出端的开路电压 U_{oc}，然后再将其输出端短路，用电流表测其短路电流 I_{sc}，则等效内阻为

$$R_0=\frac{U_{oc}}{I_{sc}}$$

如果二端网络的内阻很小，若将其输出端口短路则易损坏其内部元件，因此不宜用此法。

②伏安法测 R_0。

用电压表、电流表测出有源二端网络的外特性曲线，如图 1.126 所示。根据外特性曲线求出斜率 $tg\varphi$,则内阻

$$R_0 = tg\varphi = \frac{\Delta U}{\Delta I} = \frac{U_{oc}}{I_{sc}}$$

也可以先测量开路电压 U_{oc}，再测量电流为额定值 I_N 时的输出端电压值 U_N，则内阻为 $R_0 = \frac{U_{oc} - U_N}{I_N}$。

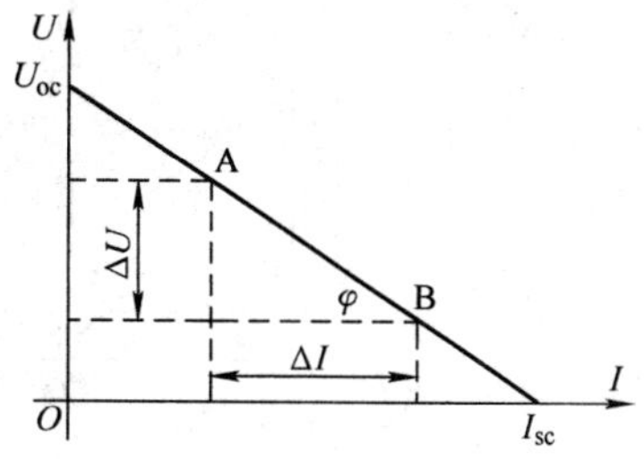

图 1.126

③半电压法测 R_0。

如图 1.127 所示，当负载电压为被测网络开路电压的一半时，负载电阻(由电阻箱的读数确定)即为被测有源二端网络的等效内阻值。

④零示法测 U_{OC}。

在测量具有高内阻有源二端网络的开路电压时，用电压表直接测量会造成较大的误差。为了消除电压表内阻的影响，往往采用零示测量法，如图 1.128 所示。

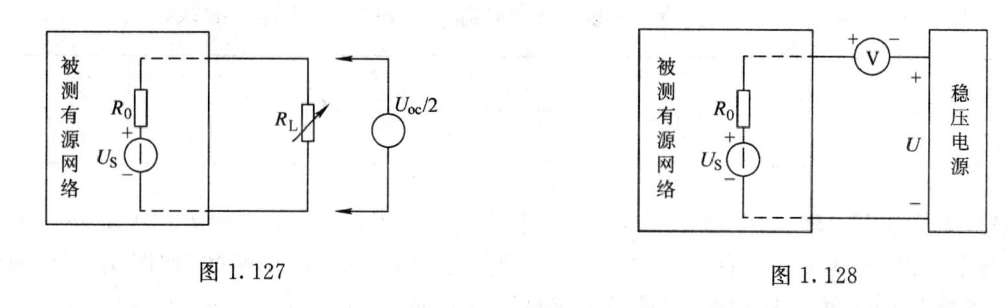

图 1.127

图 1.128

零示法测量原理是用一低内阻的稳压电源与被测有源二端网络进行比较，当稳压电源的输出电压与有源二端网络的开路电压相等时，电压表的读数将为“0”。然后将电路断开，测量此时稳压电源的输出电压，即为被测有源二端网络的开路电压。

三、实验设备

序　号	名　称	型号与规格	数　量	备　注
1	可调直流稳压电源	0～30 V	1	DG04
2	可调直流恒流源	0～500 mA	1	DG04
3	直流数字电压表	0～200 V	1	D31
4	直流数字毫安表	0～200 mA	1	D31
5	万用表		1	自备
6	可调电阻箱	0～99 999.9 Ω	1	DG09
7	电位器	1 K/2 W	1	DG09
8	戴维南定理实验电路板		1	DG05

四、实验内容

被测有源二端网络如图 1.129(a)所示。

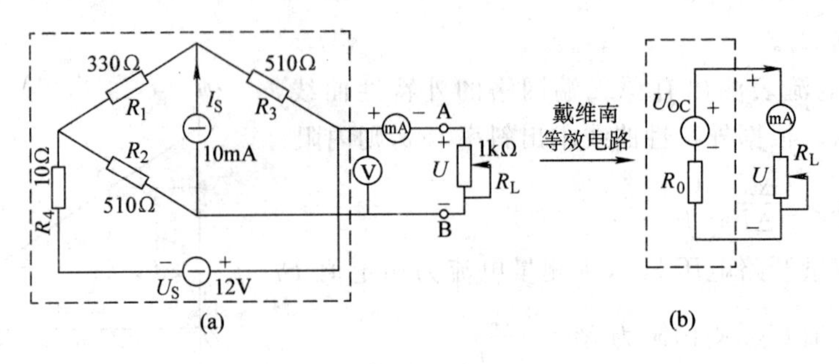

图 1.129

(1)用开路电压、短路电流法测定戴维南等效电路的 U_{oc}、R_0 和诺顿等效电路的 I_{sc}、R_0。按图 1.129(a)接入稳压电源 $U_S=12$ V 和恒流源 $I_S=10$ mA,不接入 R_L。测出 U_{oc} 和 I_{sc},并计算出 R_0。(测 U_{oc}时,不接入毫安表)

U_{oc}(V)	I_{sc}(mA)	$R_0=U_{oc}/I_{sc}$(Ω)

(2)负载实验。

按图 1.129(a)接入 R_L。改变 R_L 阻值,测量有源二端网络的外特性曲线。

U(V)							
I(mA)							

(3)验证戴维南定理:从电阻箱上取得按实验内容(1)所得的等效电阻 R_0 的值,然后令其与直流稳压电源(调到实验内容(1)时所测得的开路电压 U_{oc}之值)相串联,如图 1.129(b)所示,仿照实验内容(2)测其外特性,对戴维南定理进行验证。

U(V)							
I(mA)							

(4)验证诺顿定理:从电阻箱上取得按实验内容(1)所得的等效电阻 R_0 的值,然后令其与直流恒流源(调到实验内容(1)时所测得的短路电流 I_{sc}的值)相并联,如图 1.130 所示,仿照实验内容(2)测其外特性,对诺顿定理进行验证。

U(V)							
I(mA)							

(5)有源二端网络等效电阻(又称入端电阻)的直接测量法。见图 1.129(a),将被测有源网络内的所有独立源置零(去掉电流源 I_S 和电压源 U_S,并在原电压源所接的两点间用一根短路导线相连),然后用伏安法或者直接用万用表的欧姆挡去测定负载 R_L 开路时 A、B 两点间的电阻,此即为被测网络的等效内阻 R_0,或称网络的入端电阻 R_i。

(6)用半电压法和零示法测量被测网络的等效内阻 R_0 及其开路电压 U_{oc}。线路及数据表格自拟。

五、注意事项

(1)测量时应注意电流表量程的更换。

(2)实验内容(5)中,电压源置零时不可将稳压源短接。

(3)用万用表直接测 R_0 时,网络内的独立源必须先置零,以免损坏万用表。其次,欧姆挡必须经调零后再进行测量。

(4)用零示法测量 U_{oc}时,应先将稳压电源的输出调至接近于 U_{oc},再按图 1.128 测量。

(5)改接线路时,要关掉电源。

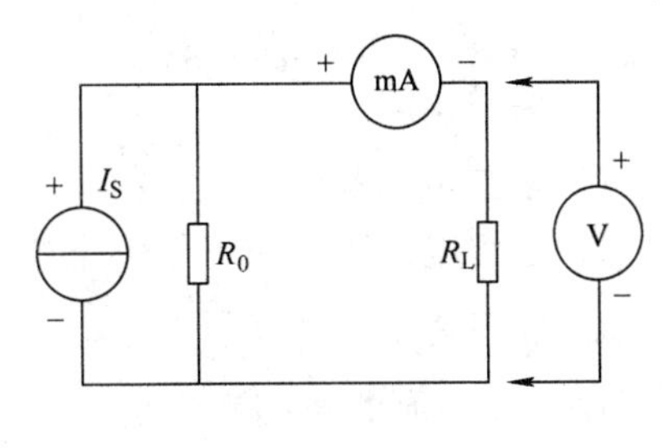

图 1.130

六、预习思考题

(1)在求戴维南或诺顿等效电路时,作短路试验,测 I_{sc}的条件是什么? 在本实验中可否直接作负载短路实验? 请在实验前对线路 1.130(a)预先作好计算,以便调整实验线路及测量时可准确地选取电表的量程。

(2)说明测有源二端网络开路电压及等效内阻的几种方法,并比较其优缺点。

七、实验报告

(1)根据实验内容(2)、(3)、(4),分别绘出曲线,验证戴维南定理和诺顿定理的正确性,并分析产生误差的原因。

(2)根据实验内容(1)、(5)、(6)的几种方法测得的 U_{oc}与 R_0 与预习时电路计算的结果作比较,你能得出什么结论。

(3)归纳、总结实验结果。

(4)心得体会及其他。

附:验证戴维南定理和诺顿定理的电路接线图

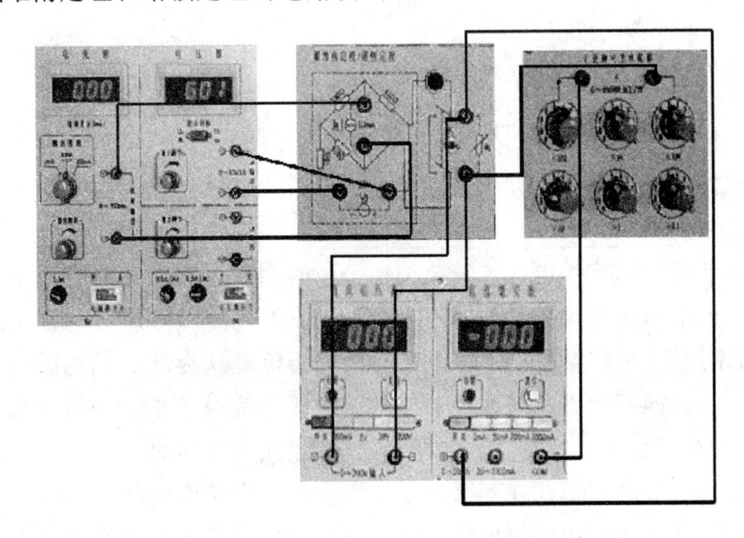

验证戴维南定理和诺顿定理的电路接线图

技能训练10　最大功率传输条件测定

一、实验目的

(1)掌握负载获得最大传输功率的条件。

(2)了解电源输出功率与效率的关系。

二、原理说明

1. 电源与负载功率的关系

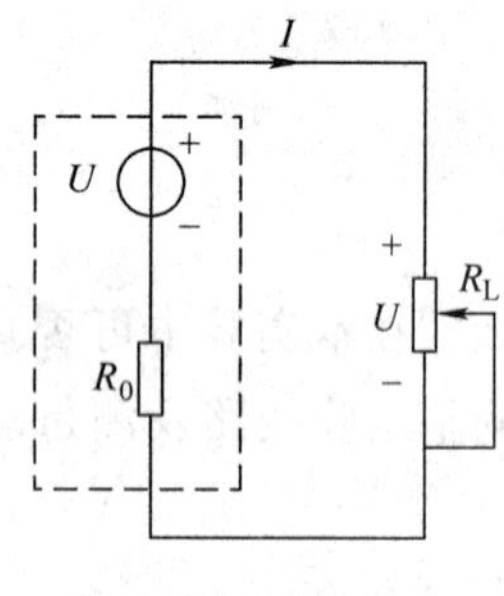

图 1.131

图 1.131 可视为由一个电源向负载输送电能的模型,R_0 可视为电源内阻和传输线路电阻的总和,R_L 为可变负载电阻。

负载 R_L 上消耗的功率 P 可由下式表示

$$P=I^2R_L=(\frac{U}{R_0+R_L})^2R_L$$

当 $R_L=0$ 或 $R_L=\infty$ 时,电源输送给负载的功率均为零。而以不同的 R_L 值代入上式可求得不同的 P 值,其中必有一个 R_L 值,使负载能从电源处获得最大的功率。

2. 负载获得最大功率的条件

根据数学求最大值的方法,令负载功率表达式中的 R_L 为自变量,P 为应变量,并使 $dP/dR_L=0$,即可求得最大功率传输的条件为

$$\frac{dP}{dR_L}=0$$

$$\frac{dP}{dR_L}=\frac{[(R_0+R_L)^2-2R_L(R_L+R_0)]U^2}{(R_0+R_L)^4}=0$$

令　$(R_L+R_0)^2-2R_L(R_L+R_0)=0$,解得

$$R_L=R_0$$

当满足 $R_L=R_0$ 时,负载从电源获得的最大功率为

$$P_{max}=(\frac{U}{R_0+R_L})^2R_L=(\frac{U}{2R_L})^2R_L=\frac{U^2}{4R_L}$$

这时,称此电路处于"匹配"工作状态。

3. 匹配电路的特点及应用

在电路处于"匹配"状态时,电源本身要消耗一半的功率。此时电源的效率只有50%。显然,这对电力系统的能量传输过程是绝对不允许的。发电机的内阻是很小的,电路传输的最主要指标是要高效率送电,最好是100%的功率均传送给负载。为此负载电阻应远大于电源的内阻,即不允许运行在匹配状态。而在电子技术领域里却完全不同。一般的信号源本身功率较小,且都有较大的内阻。而负载电阻(如扬声器等)往往是较小的定值,且希望能从电源获得最大的功率输出,而电源的效率往往不予考虑。通常设法改变负载电阻,或者在信号源与负载之间加阻抗变换器(如音频功放的输出级与扬声器之间的输出变压器),使电路处于工作匹配状态,以使负载能获得最大的输出功率。

三、实验设备

序　号	名　称	型号与规格	数　量	备　注
1	直流电流表	0～200 mA	1	D31
2	直流电压表	0～200 V	1	D31
3	直流稳压电源	0～30 V	1	DG04
4	实验线路		1	DG05
5	元件箱		1	DG09

四、实验内容

(1)按图 1.132 接线，负载 R_L 取自元件箱 DG09 的电阻箱。

(2)按下表所列内容，令 R_L 在 0～1 kΩ 范围内变化时，分别测出 U_o、U_L 及 I 的值，表中 U_o、P_o 分别为稳压电源的输出电压和功率，U_L、P_L 分别为 R_L 二端的电压和功率，I 为电路的电流。在 P_L 最大值附近应多测几点。

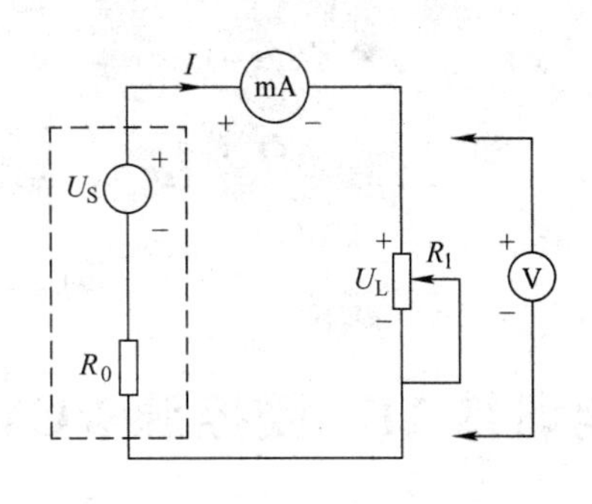

图 1.132

$U_S=10$ V $R_{01}=100$ Ω	R_L(Ω)		1 kΩ	∞
	U_o(V)			
	U_L(V)			
	I(mA)			
	P_o(W)			
	P_L(W)			
$U_S=15$ V $R_{02}=300$ Ω	R_L(Ω)		1 kΩ	∞
	U_o(V)			
	U_L(V)			
	I(mA)			
	P_o(W)			
	P_L(W)			

五、预习思考题

(1)电力系统进行电能传输时为什么不能工作在匹配工作状态？

(2)实际应用中，电源的内阻是否随负载而变？

(3)电源电压的变化对最大功率传输的条件有无影响？

六、实验报告

(1)整理实验数据，分别画出两种不同内阻下的下列各关系曲线：

$I-R_L$，U_o-R_L，U_L-R_L，P_o-R_L，P_L-R_L

(2)根据实验结果，说明负载获得最大功率的条件是什么？

附：最大功率传输条件测定的电路接线图

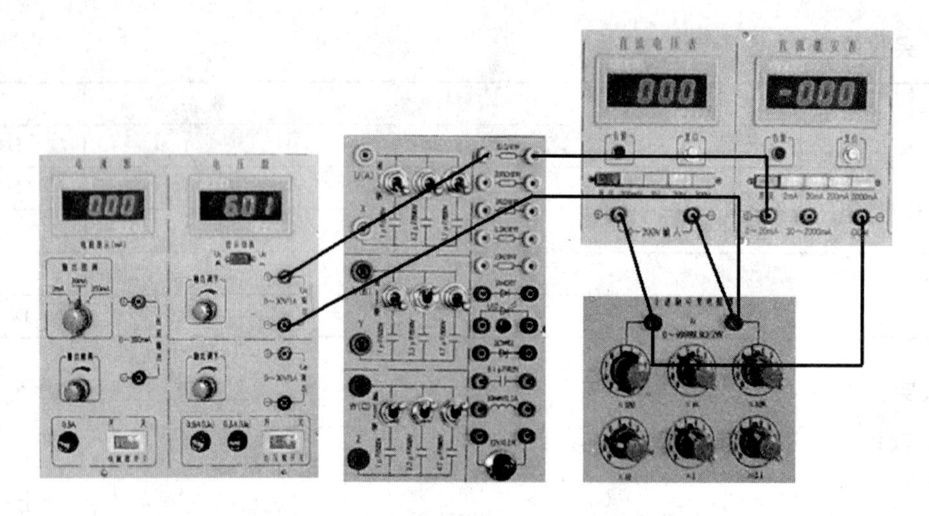

最大功率传输条件测定的电路接线图

技能训练 11 受控源 VCVS、VCCS、CCVS、CCCS 的实验研究

一、实验目的

通过测试受控源的外特性及其转移参数，进一步理解受控源的物理概念，加深对受控源的认识和理解。

二、原理说明

(1)电源有独立电源(如电池、发电机等)与非独立电源(或称为受控源)之分。

受控源与独立源的不同点是：独立源的电势 E_S 或电激流 I_S 是某一固定的数值或是关于时间的某一函数，它不随电路其余部分的状态而变。而受控源的电势或电激流则是随电路中另一支路的电压或电流而变的一种电源。

受控源又与无源元件不同，无源元件两端的电压和它自身的电流有一定的函数关系，而受控源的输出电压或电流则和另一支路(或元件)的电流或电压有某种函数关系。

(2)独立源与无源元件是二端器件，受控源则是四端器件，或称为双口元件。它有一对输入端(U_1、I_1)和一对输出端(U_2、I_2)。输入端可以控制输出端电压或电流的大小。施加于输入端的控制量可以是电压或电流，因而有两种受控电压源(即电压控制电压源 VCVS 和电流控制电压源 CCVS)和两种受控电流源(即电压控制电流源 VCCS 和电流控制电流源 CCCS)。它们的示意图见图 1.133。

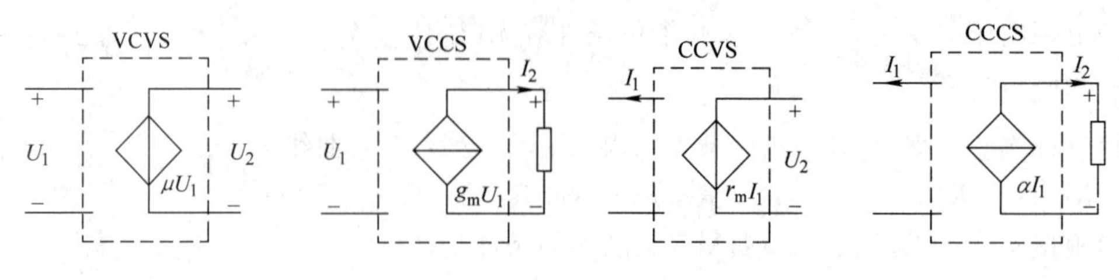

图 1.133

(3)当受控源的输出电压(或电流)与控制支路的电压(或电流)成正比变化时,则称该受控源是线性的。

理想受控源的控制支路中只有一个独立变量(电压或电流),另一个独立变量等于零,即从输入口看,理想受控源或者是短路(即输入电阻 $R_1=0$,因而 $U_1=0$)或者是开路(即输入电导 $G_1=0$,因而输入电流 $I_1=0$);从输出口看,理想受控源或是一个理想电压源或者是一个理想电流源。

(4)受控源的控制端与受控端的关系式称为转移函数。

四种受控源的转移函数参量的定义如下。

①压控电压源(VCVS):$U_2=f(U_1)$,$\mu=U_2/U_1$ 称为转移电压比(或电压增益)。

②压控电流源(VCCS):$I_2=f(U_1)$,$g_m=I_2/U_1$ 称为转移电导。

③流控电压源(CCVS):$U_2=f(I_1)$,$r_m=U_2/I_1$ 称为转移电阻。

④流控电流源(CCCS):$I_2=f(I_1)$,$\alpha=I_2/I_1$ 称为转移电流比(或电流增益)。

三、实验设备

序　号	名　称	型号与规格	数量	备　注
1	可调直流稳压源	0～30 V	1	DG04
2	可调恒流源	0～500 mA	1	DG04
3	直流数字电压表	0～200 V	1	D31
4	直流数字毫安表	0～200 mA	1	D31
5	可变电阻箱	0～99 999.9 Ω	1	DG09
6	受控源实验电路板		1	DG04 或 DG06

四、实验内容

(1)测量受控源 VCVS 的转移特性 $U_2=f(U_1)$ 及负载特性 $U_2=f(I_L)$,实验线路如图 1.134 所示。

①不接电流表,固定 $R_L=2\ \text{k}\Omega$,调节稳压电源输出电压 U_1,测量 U_1 及相应的 U_2 值,记入下表。

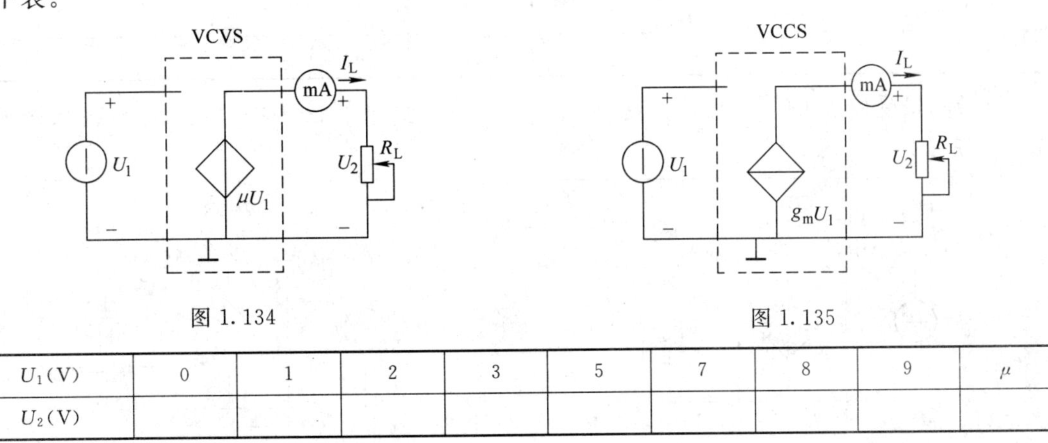

图 1.134　　图 1.135

U_1(V)	0	1	2	3	5	7	8	9	μ
U_2(V)									

在方格纸上绘出电压转移特性曲线 $U_2=f(U_1)$,并在其线性部分求出转移电压比 μ。

②接入电流表,保持 $U_1=2$ V,调节 R_L 可变电阻箱的阻值,测 U_2 及 I_L,绘制负载特性曲

线 $U_2=f(I_L)$。

$R_L(\Omega)$	50	70	100	200	300	400	500	∞
$U_2(V)$								
$I_L(mA)$								

(2)测量受控源 VCCS 的转移特性 $I_L=f(U_1)$ 及负载特性 $I_L=f(U_2)$，实验线路如图 1.135 所示。

①固定 $R_L=2\ k\Omega$，调节稳压电源的输出电压 U_1，测出相应的 I_L 值，绘制 $I_L=f(U_1)$ 曲线，并由其线性部分求出转移电导 g_m。

$U_1(V)$	0.1	0.5	1.0	2.0	3.0	3.5	3.7	4.0	g_m
$I_L(mA)$									

②保持 $U_1=2$ V，令 R_L 从大到小变化，测出相应的 I_L 及 U_2，绘制 $I_L=f(U_2)$ 曲线。

$R_L(k\Omega)$	5	4	2	1	0.5	0.4	0.3	0.2	0.1	0
$I_L(mA)$										
$U_2(V)$										

(3)测量受控源 CCVS 的转移特性 $U_2=f(I_1)$ 与负载特性 $U_2=f(I_L)$，实验线路如图 1.136 所示。

①固定 $R_L=2\ k\Omega$，调节恒流源的输出电流 I_1，按下表所列 I_1 值，测出 U_2，绘制 $U_2=f(I_1)$ 曲线，并由其线性部分求出转移电阻 r_m。

$I_1(mA)$	0.1	1.0	3.0	5.0	7.0	8.0	9.0	9.5	r_m
$U_2(V)$									

②保持 $I_S=2$ mA，按下表所列 R_L 值，测出 U_2 及 I_L，绘制负载特性曲线 $U_2=f(I_L)$。

$R_L(k\Omega)$	0.5	1	2	4	6	8	10
$U_2(V)$							
$I_L(mA)$							

(4)测量受控源 CCCS 的转移特性 $I_L=f(I_1)$ 及负载特性 $I_L=f(U_2)$，实验线路如图 1.137 所示。

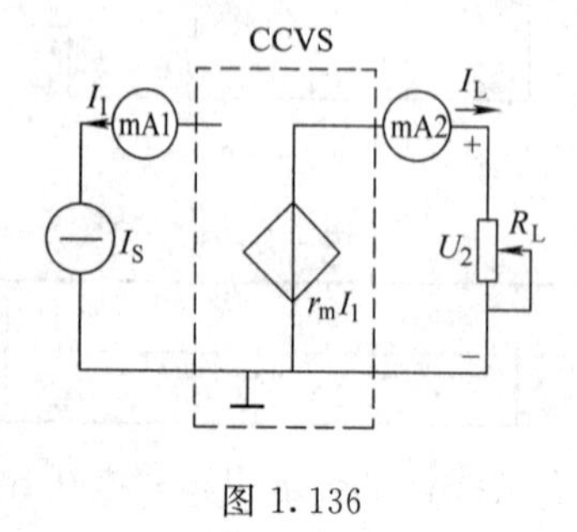

图 1.136

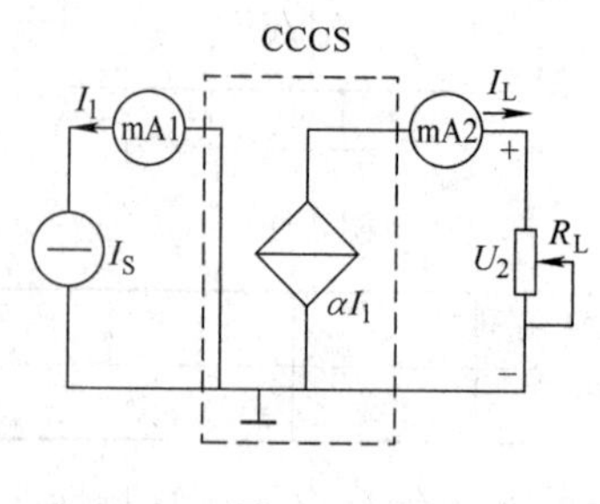

图 1.137

①参见实验内容(3)①测出 I_L，绘制 $I_L=f(I_1)$ 曲线，并由其线性部分求出转移电流比 α。

I_1(mA)	0.1	0.2	0.5	1	1.5	2	2.2	α
I_L(mA)								

②保持 $I_S=1$ mA，令 R_L 为下表所列值，测出 I_L，绘制 $I_L=f(U_2)$ 曲线。

R_L(kΩ)	0	0.2	0.4	0.6	0.8	1	2	5	10	20
I_L(mA)										
U_2(V)										

五、注意事项

(1)每次组装线路，必须事先断开供电电源，但不必关闭电源总开关。

(2)用恒流源供电的实验中，不要使恒流源的负载开路。

六、预习思考题

(1)受控源和独立源相比有何异同点？比较四种受控源的代号、电路模型、控制量与被控量的关系如何？

(2)四种受控源中的 r_m、g_m、α 和 μ 的意义是什么？如何测得？

(3)若受控源控制量的极性反向，试问其输出极性是否发生变化？

(4)受控源的控制特性是否适合于交流信号？

(5)如何由两个基本的 CCVS 和 VCCS 获得其他两个 CCCS 和 VCVS，它们的输入输出如何连接？

七、实验报告

(1)根据实验数据，在方格纸上分别绘出四种受控源的转移特性和负载特性曲线，并求出相应的转移参量。

(2)对预习思考题作必要的回答。

(3)对实验的结果作出合理的分析和结论，总结对四种受控源的认识和理解。

(4)心得体会及其他。

子学习领域 4　认识正弦交流电路

内容摘要

1. 正弦量的三要素及其表示

以正弦电流为例，在确定参考方向的前提下，它的解析式为

$$i(t)=I_m\sin(\omega t+\varphi_i)=2\sqrt{2}I\sin(2\pi ft+\varphi_i)$$

其中，振幅值 I_m 值(有效值 I)、角频率 ω(或频率 f 及周期 T)、初相角 φ_i 是决定正弦量的三要素。它们分别表示正弦量变化的范围、变化的快慢及其初始状态。根据正弦量的三要素，它也可以用波形图表示。

相量只体现了三要素的两个要素。

2. 元件约束和相互约束的相量式

(1) 在关联参考方向下

$$\dot{U}_R=R\dot{I}_R,\dot{U}_L=\mathrm{j}X_L\dot{I}_L,\dot{U}_C=-\mathrm{j}X_C\dot{I}_C$$

(2) KCL：$\sum\dot{I}=0$

KVL：$\sum\dot{U}=0$

3. 复阻抗

在电压电流关联参考方向下，元件电压与电流两者关系的相量形式为

$$\dot{U}=Z\dot{I}$$

元件复阻抗为

$$Z=\frac{\dot{U}}{\dot{I}}=|Z|\angle\varphi_Z$$

$$|Z|=\frac{U}{I},\varphi_Z=\varphi_u-\varphi_i$$

4. 相量法

将正弦电路的激励和响应用相量表示，每一个元件用阻抗表示，那么直流电路的分析计算方法可以类推到正弦交流电路。首先要把原来的正弦电路参数的模型用相量模型表示，然后选用合适的方法分析计算。

5. 功率

$$P=UI\cos\varphi$$

$$Q=UI\sin\varphi$$

$$S=\sqrt{P^2-Q^2}=UI$$

功率因数 $\cos\varphi=\frac{P}{S}$，感性负载并联电容可提高功率因数。

难题解析

1. 已知正弦量 $\dot{I}_1=-4+3\mathrm{j}$ A，$\dot{I}_2=4-3\mathrm{j}$ A，(1)写出它们的瞬时表达式(角频率为 ω)；(2)在同一坐标系内画出它们的波形图，并说明它们的相位关系。

解：(1) $I_1=\sqrt{(-4)^2+3^2}=5\qquad \varphi_1=\arctan\frac{3}{-4}=143.1°$

$$I_2=\sqrt{4^2+(-3)^2}=5\qquad \varphi_2=\arctan\frac{-3}{4}=-36.9°$$

它们瞬时表达式为：

$$i_1=5\sqrt{2}\sin(\omega t+143.1°)\mathrm{A}$$

$$i_2=5\sqrt{2}\sin(\omega t-36.9°)\mathrm{A}$$

(2) 波形图为

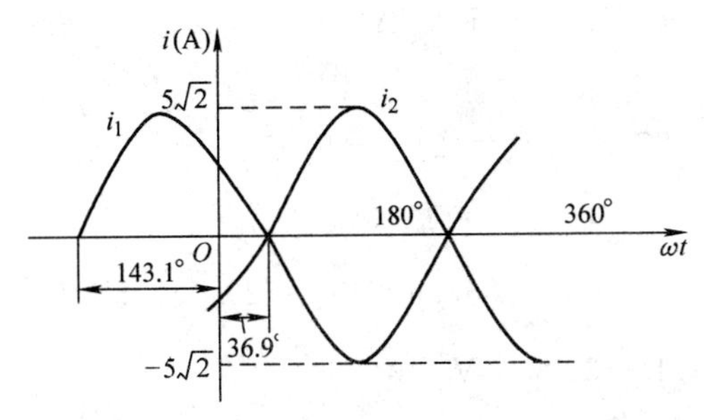

i_1 与 i_2 相位差 $\varphi=143.1°-(-36.9°)=180°$，所以 i_1、i_2 是反相的。

2. 已知电路中某元件上的电压 u 和 i 分别为 $u=-100\sin314t$ V，$i=10\cos314t$ A。问：(1)元件的性质；(2)元件的复阻抗；(3)储存能量的最大值。

解：(1)$u=-100\sin314t=100\sin(314t+180°)$ V

$i=10\cos314t=10\sin(314t+90°)$ A

相位差 $\varphi=180°-90°=90°$，电压超前电流 90°。

此元件为纯电感元件。

(2)复阻抗

$$Z=\frac{100\angle180°}{10\angle90°}=10\angle90°\ \Omega=\mathrm{j}10\ \Omega$$

(3)储存能量最大值

$$W_{\mathrm{Lm}}=\frac{1}{2}LI_{\mathrm{m}}^2=\frac{1}{2}\times\frac{X_L}{\omega}I_{\mathrm{m}}^2=\frac{1}{2}\times\frac{10}{314}\times10^2=1.59\ \mathrm{J}$$

3. 当 $\omega=10$ rad/s 时，图 1.138(a)电路可等效为图(b)，已知 $R=10\Omega$，$R'=12.5\Omega$，问 L 及 L' 各为多少？

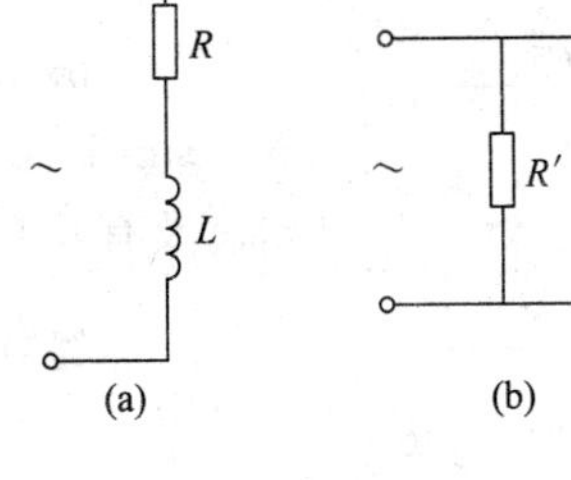

图 1.138

解：图(a)中 $Z=R+\mathrm{j}\omega L=10+\mathrm{j}10L$

图(b)中 $Z'=\dfrac{\mathrm{j}R'\omega L'}{R'+\mathrm{j}\omega L'}=\dfrac{100\times12.5L'^2+\mathrm{j}12.5^2\times10L'}{12.5^2+100L'^2}$

据题意 $Z=Z'$，则有

$$\frac{12.5\times100L'^2}{12.5^2+100L'^2}=10$$

可得　$L'=2.5$ H

$$L=\frac{12.5^2\times10L'}{12.5^2+100L'^2}/10=0.5\ \mathrm{H}$$

4. 图 1.139(a)所示电路中，$R=11\ \Omega$，$L=211$ mH，$C=65\ \mu$F，电源电压 $u=220\sqrt{2}\sin314t$ V。求：(1) 各元件的瞬时电压，并作相量图(含电流及各电压)；(2) 电路的有功功率 P 及功率因数 λ。

解：

$$(1)Z=\sqrt{R^2+(X_L-X_C)^2}\angle\arctan\frac{X_L-X_C}{R}$$

$$=\sqrt{11^2+(66.25-49)^2}\angle\arctan\frac{17.25}{11}=20\angle57.5°\ \Omega$$

$$\dot{I}=\frac{\dot{U}}{\dot{Z}}=\frac{220\angle 0^\circ}{20\angle 57.5^\circ}=11\angle -57.5^\circ \text{ A}$$

$$\dot{U}_R=\dot{I}R=11\angle -57.5^\circ\times 11=121\angle -57.5^\circ \text{ V}$$

$$u_R=121\sqrt{2}\sin(314t-57.5^\circ)\text{ V}$$

$$\dot{U}_L=\text{j}\,\dot{I}X_C=11\angle -57.5^\circ\times 66.25\angle 90^\circ=729\angle 32.5^\circ \text{ V}$$

$$\dot{u}_L=729\sqrt{2}\sin(314t+32.5^\circ)\text{ V}$$

$$\dot{U}_C=-\text{j}\,\dot{I}X_C=11\angle 57.5^\circ\times 49\angle -90^\circ=539\angle -147.5^\circ \text{ V}$$

$$u_C=539\sqrt{2}\sin(314t-147.5^\circ)\text{ V}$$

相量图如图 1.139(b)所示。

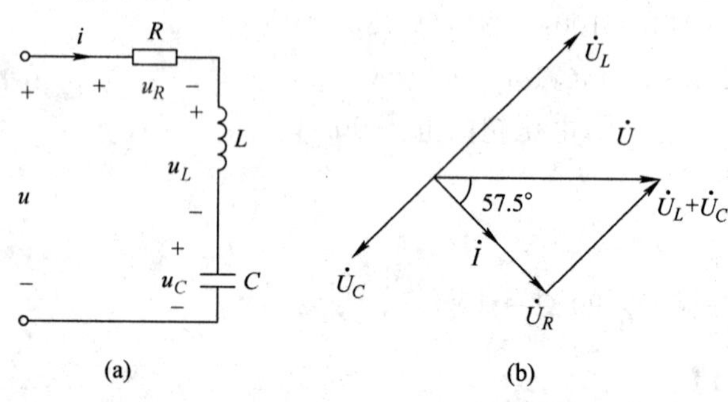

图 1.139

(2)$P=UI\cos\varphi=220\times 11\times\cos 57.5^\circ=1\ 300\text{ W}$

$\lambda=\cos 57.5^\circ=0.57$

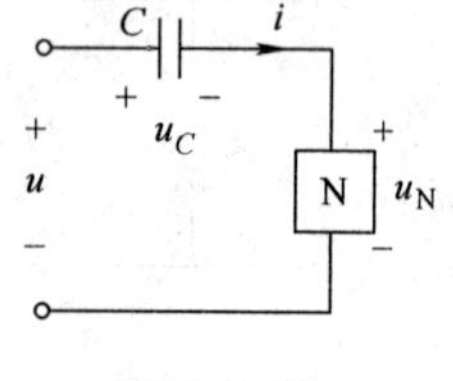

图 1.1400

5. 图 1.140 所示电路中，$u=10\sqrt{2}\sin(1\ 000t+60^\circ)$ V，$u_C=5\sqrt{2}\sin(1\ 000t-30^\circ)$ V，容抗 $X_C=10\ \Omega$。求无源二端网络 N 的复阻抗Z_N及有功功率 P。

答：$\dot{U}_N=\dot{U}-\dot{U}_C=10\angle 60^\circ-5\angle -30^\circ=11.2\angle 86.5^\circ$ V

$$\dot{I}=\frac{\dot{U}_C}{-\text{j}X_C}=\frac{5\angle -30^\circ}{10\angle -90^\circ}=0.5\angle 60^\circ \text{ A}$$

$$Z_N=\frac{\dot{U}_N}{\dot{I}}=\frac{11.2\angle 86.5^\circ}{0.5\angle 60^\circ}=22.4\angle 26.5^\circ=20+\text{j}10\ \Omega$$

$$P=I^2R=0.5^2\times 20=5\text{ W}$$

6. 一个正弦电压初相为 30°，在 $t=\frac{3}{4}T$ 时电压的瞬时值为 −268 V，求它的有效值。

解：依题意可知初相 $\varphi=30^\circ=\frac{\pi}{6}$，设此电压为

$$u=U_m\sin\left(\omega t+\frac{\pi}{6}\right)$$

$\because t=\frac{3T}{4}$时，$u=-268$ V

$\therefore\ -268=U_m\sin\left(\frac{2\pi}{T}\cdot\frac{3T}{4}+\frac{\pi}{6}\right)$

$-268=U_m\sin\left(\frac{5\pi}{3}\right)$

$\therefore U_m\approx 311.08$ V

$\therefore$ 有效值 $U=\frac{U_m}{\sqrt{2}}=\frac{311.08}{\sqrt{2}}\approx 220$ V

7. 已知正弦电流最大值为 20 A，频率为 100 Hz，在 0.02 s 时，电流的瞬时值为 15 A，求初相 φ_i，写出解析式。

解：依题意可知 $I_m=20$ A，$f=100$ Hz，则有

$\omega=2\pi f=200\pi$ rad/s

可设此交流电表达式为

$i=I_m\sin(\omega t+\varphi_i)=20\sin(200\pi t+\varphi_i)$

$\because t=0.02$ s 时，$i=15$ A

$\therefore 15=20\sin(4\pi+\varphi_i)\Rightarrow\varphi_i\approx 48.6^\circ$

$\therefore$解析式为

$i=20\sin(628t+48.6^\circ)$ A

8. 已知 $u=100\sqrt{2}\sin(314t-30^\circ)$ V，作用在电感 $L=0.2$ H 上，求电流 $i(t)$，并画出 $\dot{U}$、$\dot{I}$ 的相量图。

解：由 $u=100\sqrt{2}\sin(314t-30^\circ)$ V 可写出矢量式为

$\dot{U}=100\sqrt{2}\angle-30^\circ$ V

$\therefore \dot{I}=\frac{\dot{U}}{j\omega L}=\frac{110\sqrt{2}\angle-30^\circ}{j\times 314\times 0.2}\approx 2.47\angle-120^\circ$ A

由 $\dot{I}$ 可写出解析式为

$i=2.47\sin(314t-120^\circ)$ A

相量图为

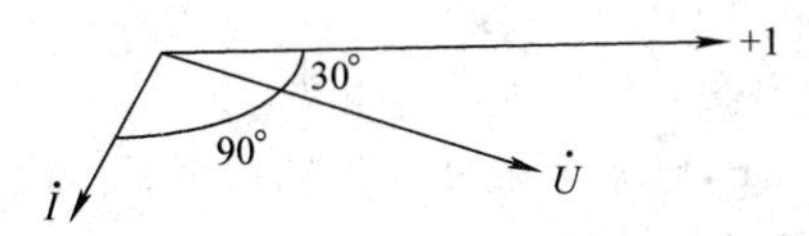

9. 已知 R、L、C 并联，$u=60\sqrt{2}\sin(100t+90^\circ)$ V，$R=15\ \Omega$，$L=300$ mH，$C=833\ \mu$F，求 $i(t)$。

解：由 u 写出相量式可有：$\dot{U}=60\angle 90^\circ$ V

对于 R：$\dot{I}_R=\frac{\dot{U}}{R}=\frac{60\angle 90^\circ}{15}=4\angle 90^\circ$ A

对于 C：$\dot{I}_C=j\omega C\dot{U}=100\times 833\times 10^{-6}\times 60\angle(90^\circ+90^\circ)=-5$ A

对于 L：$\dot{I}_L=\frac{\dot{U}}{j\omega L}=\frac{60\angle 90^\circ}{j100\times 300\times 10^{-3}}=2\angle 0^\circ$ A

∴ 总电流 $\dot{I}=\dot{I}_R+\dot{I}_C+\dot{I}_L=2\angle 0^\circ+4\angle 90^\circ-5=5\angle 127^\circ$ A

由 $\dot{I}$ 可写出表达式为

$$i(t)=5\sqrt{2}\sin(100t+127^\circ)\quad \text{A}$$

10. 在 R、L、C 并联电路中，$R=40\ \Omega$，$X_L=15\ \Omega$，$X_C=30\ \Omega$，接到外加电压 $u=120\sqrt{2}\sin\left(100\pi t+\frac{\pi}{6}\right)$ V 的电源上，求：(1)电路上的总电流；(2)电路的总阻抗。

解：(1) ∵ $\dot{U}=120\angle\frac{\pi}{6}$ V

$$\therefore \dot{I}_R=\frac{\dot{U}}{R}=\frac{120\angle\frac{\pi}{6}}{40}=3\angle\frac{\pi}{6}\ \text{A}$$

$$\dot{I}_L=\frac{\dot{U}}{\mathrm{j}X_L}=\frac{120\angle\frac{\pi}{6}}{\mathrm{j}\times 15}=8\angle-\frac{\pi}{3}\ \text{A}$$

$$\dot{I}_C=\frac{\dot{U}}{\mathrm{j}X_C}=\frac{120\angle\frac{\pi}{6}}{-\mathrm{j}\times 30}=4\angle\frac{2}{3}\pi\ \text{A}$$

∴ 总电流 $\dot{I}=\dot{I}_R+\dot{I}_L+\dot{I}_C=3\angle 30^\circ+8\angle-60^\circ+4\angle 120^\circ=5\angle-23^\circ$ A

(2) ∵ $\dot{I}=\dfrac{\dot{U}}{Z}$

$$\therefore Z=\frac{\dot{U}}{\dot{I}}=\frac{120\angle 30^\circ}{5\angle-23^\circ}=24\angle 53^\circ\text{，则}|Z|=24\ \Omega$$

11. 若加在 $L=0.5$ H 的理想电感元件上的电压为 $U=220$ V，初相为 60°，求电流有效值和初相，并计算无功功率 Q，设 $f=50$ Hz。

解：∵ $U=\omega LI$

$$\therefore\quad I=\frac{U}{\omega L}=\frac{220}{100\pi\times 0.5}\approx 1.4$$

$$\varphi_{\mathrm{i}}=-90^\circ+\varphi_{\mathrm{u}}=-90^\circ+60^\circ=-30^\circ$$

$$Q=UI=220\times 1.4=308\ \text{var}$$

12. 某一电容器 $C=63.6\ \mu$F，已知电流 $I=2$ A，$\varphi_{\mathrm{i}}=45^\circ$，设 $\omega=314$ rad/s，求：(1)电压的有效值和初相 φ_{u}；(2)无功功率 Q。

解：(1) ∵ $I=\omega CU$

$$\therefore\quad U=\frac{I}{\omega C}=\frac{2}{314\times 63.6\times 10^{-6}}\approx 100\ \text{V}$$

$$\varphi_{\mathrm{u}}=-90^\circ+\varphi_{\mathrm{i}}=-90^\circ+45^\circ=-45^\circ$$

(2) $Q=UI=200$ var

13. 在图 1.141(a)中，有一感性负载，其额定功率为 1.1 kW，功率因数 $\cos\varphi=0.5$，接在 50 Hz、220 V 的电源上，若要将功率因数提高到 0.8，问需并联多大的电容器？

解：依题意可画出各电流的相量图如图 1.141(b)所示，可有

$$I_C+I\sin\varphi=I_{\mathrm{RL}}\sin\varphi_{RL}\qquad ①$$

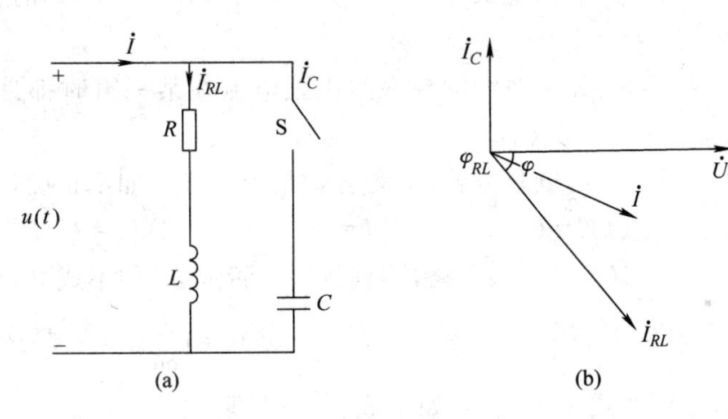

图 1.141

$\because I\cos\varphi = I_{RL}\cos\varphi_{RL}$

$\therefore I = \dfrac{I_{RL}\cos\varphi_{RL}}{\cos\varphi}$ ②

将②代入①，可得：$I_C + \sin\varphi \cdot \dfrac{I_{RL}\cos\varphi_{RL}}{\cos\varphi} = I_{RL}\sin\varphi_{RL}$

$\therefore I_C = I_{RL}\sin\varphi_{RL} - I_{RL}\cos\varphi_{RL} \cdot \dfrac{\sin\varphi}{\cos\varphi} = I_{RL}\cos\varphi_{RL}\tan\varphi_{RL} - I_{RL}\cos\varphi_{RL}\tan\varphi$

又 $\because I_{RL}\cos\varphi_{RL} = \dfrac{P}{U}$，且 $I_C = \dfrac{U}{X_C} = U\omega C$

$\therefore U\omega C = \dfrac{P}{U}(\tan\varphi_{RL} - \tan\varphi)$，即 $C = \dfrac{P}{U^2\omega}(\tan\varphi_{RL} - \tan\varphi)$

由 $\lambda_{RL} = \cos\varphi_{RL} = 0.5, \varphi_{RL} = 60°; \lambda = \cos\varphi = 0.8, \varphi = 36.9°$可得

$$C = \frac{P}{U^2\omega}(\tan\varphi_{RL} - \tan\varphi) = \frac{1100}{2\pi \times 50 \times 220^2}(\tan 60° - \tan 36.9°) \approx 71\ \mu\text{F}$$

自我检测

1. 在频率分别为 100 Hz、5 000 Hz 时求周期和角频率。

2. 已知某正弦电压在 $t=0$ 时为 220 V，其初相为 45°，问它的有效值为多少？

3. 用电流表测得一正弦电路中的电流为 10 A，则其最大值为多少？

4. 一正弦电压的初相相位为 60°，在 $t=\dfrac{T}{2}$ 时的电压值为 −465.4 V，试求它的有效值和解析式。

5. 下列等式中表达的含义是否相同？并说明理由。

(1)$I=1$ A；(2)$I_m=1$ A；(3)$\dot{I}=1$ A；(4)$i=1$ A。

6. 如图 1.142 所示，流入节点 a 的电流的瞬时值分别为 i_1、i_2、i_3。如其有效值分别为 I_1、I_2、I_3，相量值分别为 $\dot{I}_1$、$\dot{I}_2$、$\dot{I}_3$ 试说明下列各式是否正确。

(1)$i_1+i_2+i_3=0$；(2)$I_1+I_2+I_3=0$ ；(3)$\dot{I}_1+\dot{I}_2+\dot{I}_3=0$；(4)$i_1=6\sin 100t$ A，$i_2=8\sin 100t$ A，则 $i_3=-14\sin 100t$ A。

7. 两个同频率的正弦电压 $u_1(t)$、$u_2(t)$的有效值各为 50 V、30 V，在什么情况下 $u_1(t)+$

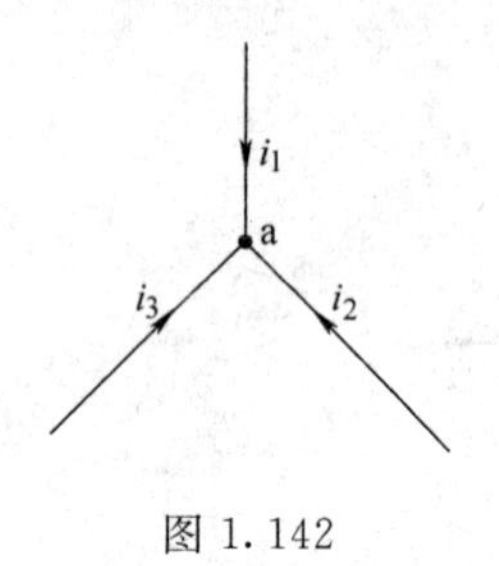

图 1.142

$u_2(t)$的有效值最小？在什么情况下 $u_1(t)+u_2(t)$的有效值最大？各是多少？

8. 如果两个同频率的正弦电流在某一瞬时都是 5 A,两者是否一定相同？其幅值是否也一定相等？

9. 对电阻电路,下列各式是否正确？如不正确,请改正。

(1)$i=U/R$　(2)$I=U_m/R$　(3)$I_m=U/R$　(4)$P=I^2R$

10. 对电感电路,下列各式是否成立,如不成立,说明原因。

(1)$\frac{u}{i}=X_L$　(2)$U_L=L\frac{di}{dt}$　(3)$i=\frac{u}{\omega L}$　(4)$I=j\frac{U}{\omega L}$　(5)$P=I^2X_L$

11. 对电容电路,下列各式是否成立,如不成立,说明原因。

(1)$u=iX_c$　(2)$\dot{I}=\dot{U}\omega C$　(3)$\dot{U}/(-jX_c)=\dot{I}$　(4)$\dot{I}=jU\omega C$

12. 电感为 10 mH 的线圈,电阻可以不计,接在 220 V、5 Hz 的交流电源上,线圈的感抗是多大？线圈的电流是多少？

13. 若将上题中的线圈换成 100 μF 的电容,结果如何？

14. 容量为 0.1 F 的电容元件所加电压为 $u=4\sin100t$　V,u、i 为关联方向,试写出通过电容的电流的解析式。

15. R、L、C 串联电路中,下列各式哪些是正确的？

(1)$U=U_R+U_L+U_C$　(2)$Z=R+\omega L1-1/\omega C$

(3)$\dot{U}=\dot{U}_R+\dot{U}_L+\dot{U}_C$　(4)$\dot{U}=\dot{U}_R+\dot{U}_L-\dot{U}_C$

(5)$|Z|=R^2+X_L^2+X_C^2$

16. R、L、C 串联电路中,当 $R=3\ \Omega$,$X_L=4\ \Omega$,$X_C=8\ \Omega$,试确定电路的性质,并求阻抗角。

17. 图 1.143 所示电路中,电流表 A_1、A_2 的读数均为 4 A,求电流表 A 的读数。

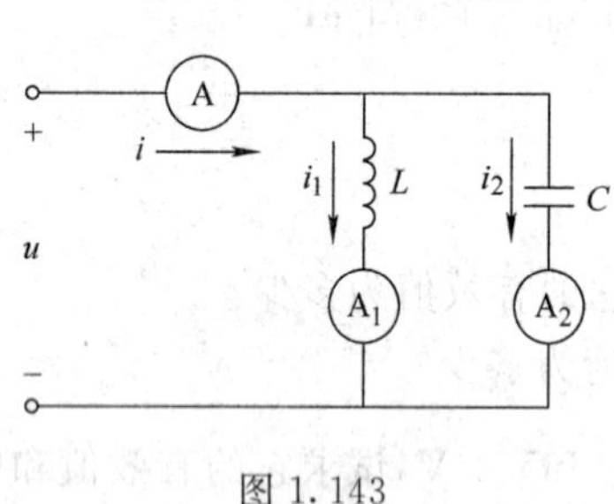

图 1.143

18. R、L、C 串联电路,已知 $R=X_L=X_C=10\ \Omega$,$I=1$ A,求电路两端电压的有效值是多少？

19. 某电路两端所加电压为 $\mu=80\sin(314t+60°)$　V,其中电流为 $I=4\sin(314t-30°)$　A,试确定该电器的阻抗,并指出该电器属于哪种性质的负载？

20. 提高功率因数,是否意味着负载消耗的功率降低了？

21. 根据提高功率因数的思想,能否设计出其他提高功率因数的途径？

22. 什么是谐振现象？串联电路的谐振条件是什么？其谐振频率和谐振角频率等于什么？

23. 串联谐振电路的基本特征是什么？为什么串联谐振也叫电压谐振？

24. 串联谐振时,在 $Q\gg1$ 的条件下,元件 L、C 上的电压均大于回路电源电压,这是否与基尔霍夫电压定律矛盾？

25. 欲提高串联谐振的品质因数 Q 值,应如何改变电路参数 R、L 和 C 的值？

26. 实际中常见的并联谐振电路模型如何？当回路的 $Q\gg l$(或 $R\ll\omega_0L$ 时),其谐振频率和谐振角频率等于什么？

27. 并联谐振电路的基本特征是什么？为什么并联谐振也叫电流谐振？

28. 当 $\omega=\frac{1}{\sqrt{LC}}$时，如图 1.144 所示电路中哪些相当于短路，哪些相当于开路？

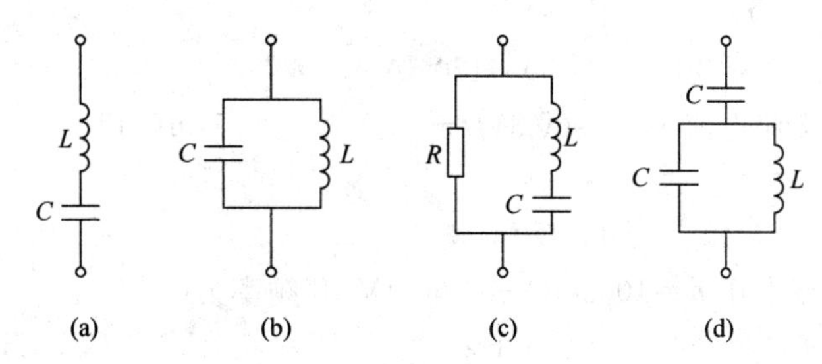

图 1.144

29. 欲提高并联谐振的品质因数 Q 值，应如何改变电路参数 R、L 和 C 的值？

30. R、L、C 并联电路，接 $I_s=50\ \mu\text{A}$ 的电流源，当 $R=200\ \Omega$、$L=400\ \mu H$、$C=100\ \text{pF}$ 时，试求谐振频率及谐振时电路的谐振电压、电容电流。

31. 什么是谐振曲线？谐振曲线的形状与 Q 值大小有何关系？

32. 谐振电路的选择性与通频带的关系如何？

33. 为了通过同样宽的频带，对长波段与短波段，哪一种波段需要较高的 Q 值，为什么？

34. 什么是电路的幅频特性和相频特性？什么是通用电压、电流谐振曲线？为什么人们喜欢将横坐标用$\frac{\omega}{\omega_0}$表示，纵坐标用$\frac{I}{I_0}$或$\frac{U}{U_0}$表示？

35. R、L、C 并联电路，如当 $\omega<\omega_0$ 时，电路呈感性还是容性？当 $\omega>\omega_0$ 时，电路呈感性还是容性？

36. 已知某正弦交流电压的周期为 10 ms，有效值为 220 V，在 $t=0$ 时正处于由正值过渡为负值的零值，则其表达式可写作（　　）。

A. $u=380\sin(100t+180°)$ V　　B. $u=-311\sin200\pi t$ V

C. $u=220\sin(628t+180°)$ V

37. 某正弦电流的有效值为 7.07 A，频率 $f=100$ Hz，初相角 $\varphi=-60°$，则该电流的瞬时表达式为（　　）。

A. $i=5\sin(100\pi t-60°)$ A　　B. $i=7.07\sin(100\pi t+30°)$ A

C. $i=10\sin(200\pi t-60°)$ A

38. 与电流相量 $\dot{I}=4+\text{j}3$ 对应的正弦电流可写作 $i=$（　　）。

A. $5\sin(\omega t+53.1°)$ A　　B. $5\sqrt{2}\sin(\omega t+36.9°)$ A　　C. $5\sqrt{2}\sin(\omega t+53.1°)$ A

39. 用幅值（最大值）相量表示正弦电压 $u=537\sin(\omega t-90°)$ V 时，可写作（　　）。

A. $\dot{U}_\text{m}=537\angle-90°$ V　　B. $\dot{U}_\text{m}=537\angle90°$ V　　C. $\dot{U}_\text{m}=537\angle(\omega t-90°)$ V

40. 将正弦电压 $u=10\sin(314t+30°)$ V 施加于电阻为 5 Ω 的电阻元件上，则通过该元件的电流 $i=$（　　）。

A. $2\sin314t$ A　　B. $2\sin(314t+30°)$ A　　C. $2\sin(314t-30°)$ A

41. 将正弦电压 $u=10\ \sin(314t+30°)$ V 施加于感抗 $X_L=5\ \Omega$ 的电感元件上，则通过该元件的电流 $i=$（　　）。

A. $50\sin(314t+90°)$ A　　B. $2\sin(314t+60°)$ A　　C. $2\sin(314t-60°)$ A

42. 如相量图 1.145 所示的正弦电压 U 施加于容抗 $X_C=5\ \Omega$ 的电容元件上，则通过该元件的电流相量 $\dot{I}=$(　　)。

A. $2\angle 120^\circ$ A　　　B. $50\angle 120^\circ$ A　　　C. $2\angle -60^\circ$ A

43. 已知两正弦交流电流 $i_1=5\sin(314t+60^\circ)$ A，$i_2=5\sin(314t-60^\circ)$ A，则二者的相位关系是(　　)。

A. 同相　　　B. 反相　　　C. 相差 120°

44. 已知正弦交流电压 $u=100\sin(2\pi t+60^\circ)$V，其频率为(　　)。

A. 50 Hz　　　B. 2π Hz　　　C. 1 Hz

45. 正弦电压波形如图 1.146 所示，其角频率 ω 为(　　) rad/s。

A. 200π　　　B. 100π　　　C. 0.02π

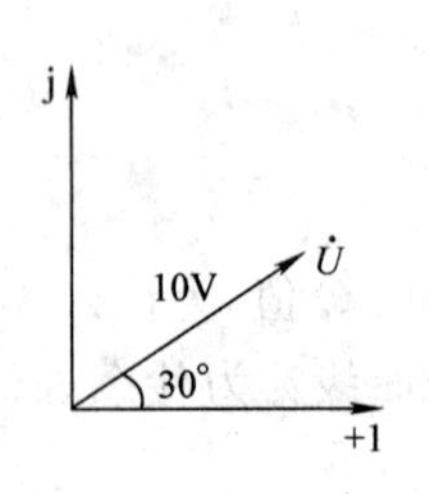

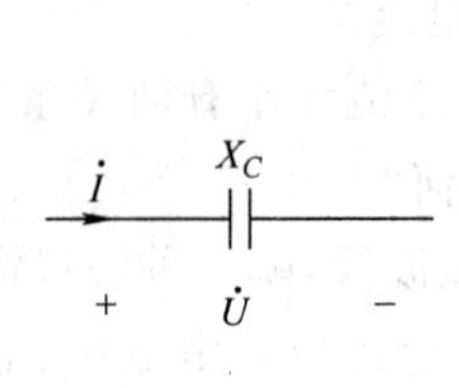

图 1.145

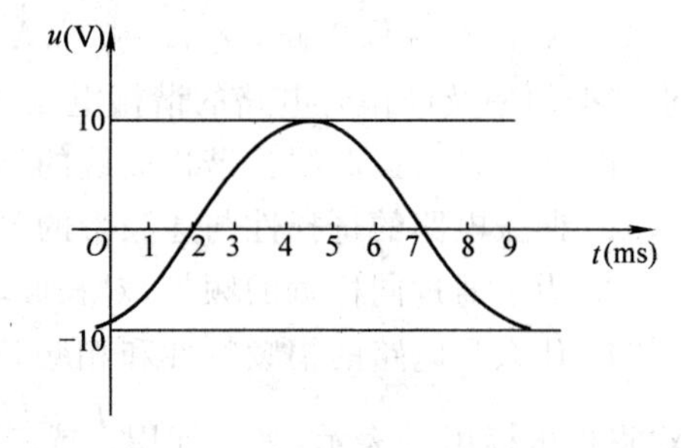

图 1.146

综合应用

1. 已知一正弦电压的振幅为 310 V，频率为 50 Hz，初相为 $-\pi/6$，试写出其解析式，并绘出波形图。

2. 写出如图 1.147 所示电压曲线的解析式。

3. 一工频正弦电压的最大值为 310 V，初始值为 −155 V，试求它的解析式。

4. 已知 $u=220\sqrt{2}\sin(314t+60^\circ)$V，当纵坐标向左移$\frac{\pi}{3}$或右移$\frac{\pi}{6}$时，初相各为多少？

5. 如图 1.148 中给出了 u_1、u_2 的波形图，试确定 u_1 和 u_2 的初相各为多少？相位差为多少？哪个超前哪个滞后？

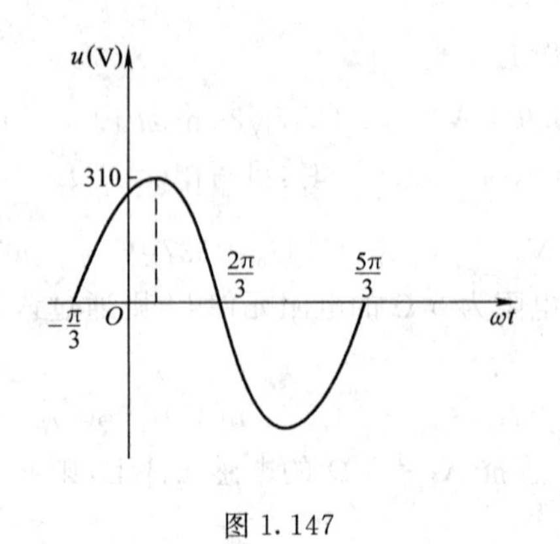

图 1.147

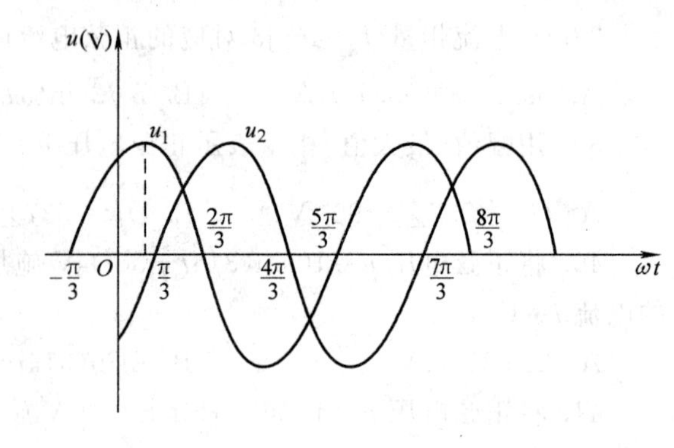

图 1.148

6. 三个正弦电流 i_1、i_2 和 i_3 的最大值分别为 1 A、2 A、3 A，已知 i_2 的初相为 30°，i_1 较 i_2 超前 60°，较 i_3 滞后 150°，试分别写出三个电流的解析式。

7. 已知两复数 $Z_1=8+j6$，$Z_2=10\angle 60°$，求 Z_1+Z_2，Z_1-Z_2，Z_1/Z_2。

8. 写出下列正弦量对应的相量。

(1)$u_1=220\sqrt{2}\sin(\omega t+120°)$ V　　(2)$i_1=10\sqrt{2}\sin(\omega t+60°)$ V

(3)$u_2=220\sqrt{2}\sin(\omega t-20°)$ V　　(4)$i_2=7.07\sin\omega t$ V

9. 写出下列相量对应的正弦量($f=50$ Hz)。

(1)$\dot{U}_1=220\angle\frac{\pi}{2}$ V　　(2)$\dot{I}_1=10\angle -60°$ A

(3)$\dot{U}_2=-j110$ V　　(4)$\dot{I}_2=6+j8$ A

10. 已知 $u_1=220\sin(\omega t+60°)$ V，$u_2=220\cos(\omega t+60°)$ V，试作 u_1、u_2 的相量图，并求 u_1+u_2，u_1-u_2。

11. 两个同频率的正弦电压的有效值分别为 30 V 和 40 V，试问：(1)什么情况下，u_1+u_2 的有效值为 70 V；(2)什么情况下，u_1+u_2 的有效值为 50 V；(3)什么情况下，u_1+u_2 的有效值为 10 V。

12. 电压 $u=100\sin(314t-60°)$ V 施加于电阻，若电阻 $R=20\ \Omega$，试写出其上电流的解析式，并做电压和电流的相量图。

13. 有一 220 V、1 000 W 的电炉，接在 220 V 的交流电流上。试求通过电炉的电流和正常工作时的电阻。

14. 已知在 10 Ω 的电阻上通过的电流为 $i_1=5\sin(314t-\frac{\pi}{6})$ A，试求电阻上电压的有效值，并求电阻吸收的功率为多少？

15. 电压 $u=220\sqrt{2}\sin(100t-30°)$ V 施加于电感，若电感 $L=0.2$ H，选定 u、i 参考方向一致，试求通过电感的电流 i，并绘出电流和电压的相量图。

16. 一个 $L=0.15$ H 的电感，先后接在 $f_1=50$ Hz 和 $f_2=1\ 000$ Hz，电压为 220 V 的电源上，分别算出两种情况下的 X_L、I_L 和 Q_L。

17. 已知在关联参考方向下，已知加于电感元件两端的电压为 $u_L=100\sin(100t+30°)$ V，通过的电流为 $i_L=10\sin(100t+\varphi_i)$ A，试求电感的参数 L 及电流的初相 φ_i。

18. 一个 $C=50\ \mu$F 的电容接于 $u=220\sqrt{2}\sin(314t+60°)$ V 的电源上，求 i_C、Q_C，绘制电流和电压的相量图。

19. 把一个 $C=100\ \mu$F 的电容，先后接于 $f_1=50$ Hz 和 $f_2=60$ Hz，电压为 220 V 的电源上，试分别计算上述两种情况下 X_C、I_C 和 Q_C。

20. 电路如图 1.149 所示，$R_1=6\ \Omega$，$R_2=8\ \Omega$，$R_3=10\ \Omega$，$C=0.4$ F，$I_S=2$ A，电路已经稳定。求电容元件的电压及储能。

21. 耐压为 250 V、容最为 0.5 μF 的三个电容器，C_1、C_2、C_3，连接如图 1.150 所示。求等效电容，并问端口电压不能超过多少？

22. 电路如图 1.151 所示，$R_1=9\ \Omega$，$R_2=R_3=8\ \Omega$，$L_1=0.3$ H，$L_2=0.6$ H，$I_S=4$ A，电路已经稳定。求电感元件的电流及储能。

23. 如图 1.152 中(a)、(b)所示电路中，已知电流表 A_1、A_2 的读数均为 20 A，求电路中电流表 A 的读数。

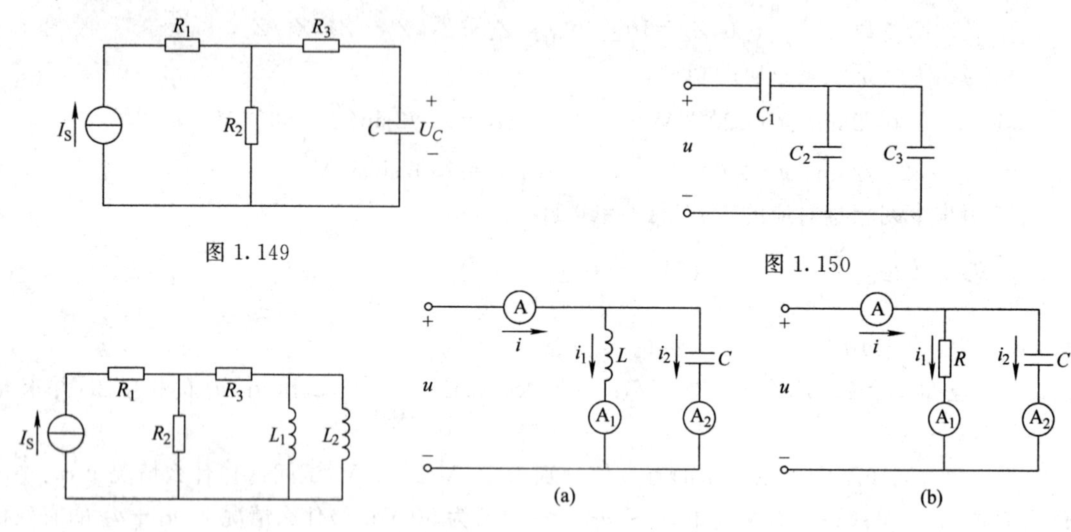

图 1.149　图 1.150　图 1.151　图 1.152

24. 如图 1.153 中(a)、(b)所示电路中，已知电压表 V_1、V_2 的读数均为 50 V，求电路中电压表 V 的读数。

25. 电路如图 1.154 所示，$R=3\ \Omega$，$X_L=4\ \Omega$，$X_C=8\ \Omega$，$\dot{I}_C=10\angle 0°\text{A}$，求 $\dot{U}$、$\dot{I}_R$、$\dot{I}_L$ 及总电流 $\dot{I}$。

26. 电路如图 1.155 所示，已知电流 $\dot{I}_C=3\angle 0°\text{A}$，求电压源 $\dot{U}_S$。

27. 电路如图 1.156 所示，已知 $X_C=50\ \Omega$，$X_L=100\ \Omega$，$R=100\ \Omega$，$I=2$ A，求 I_R 和 U。

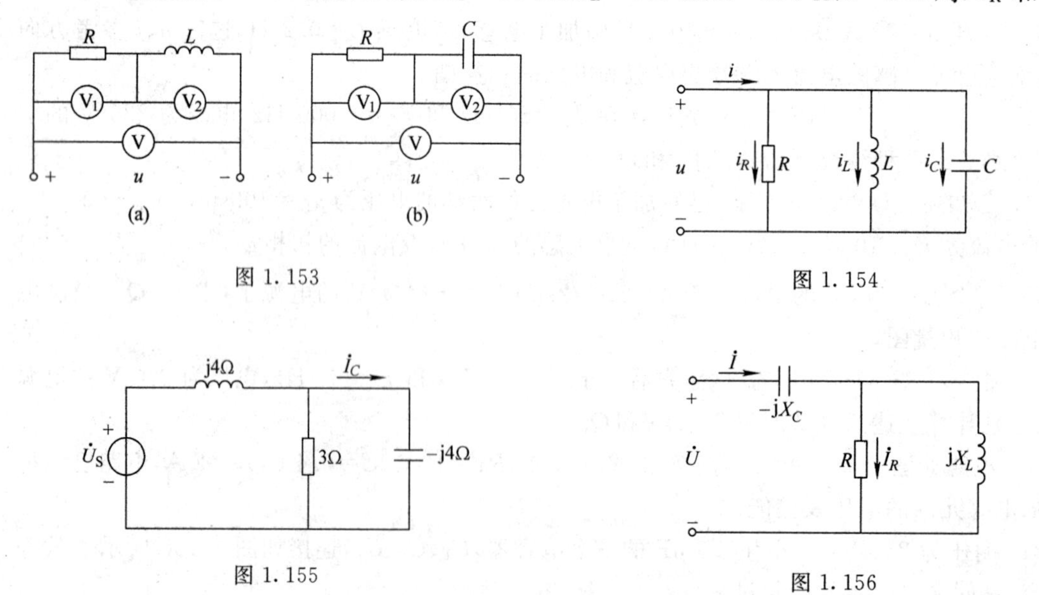

图 1.153　图 1.154

图 1.155　图 1.156

28. 一电阻 R 与一线圈串联电路如图 1.157 所示，已知 $R=28\ \Omega$，测得 $I=4.4$ A，$U=220$ V，电路总功率 $P=580$ W，频率 $f=50$ Hz，求线圈的参数 r 和 L。

29. 电阻电容串联电路，其中 $R=8\Omega$，$C=167\ \mu F$，电源电压 $u=100\sqrt{2}\sin(1\,000t+30°)$ V，试求电流 I 并绘出相量图。

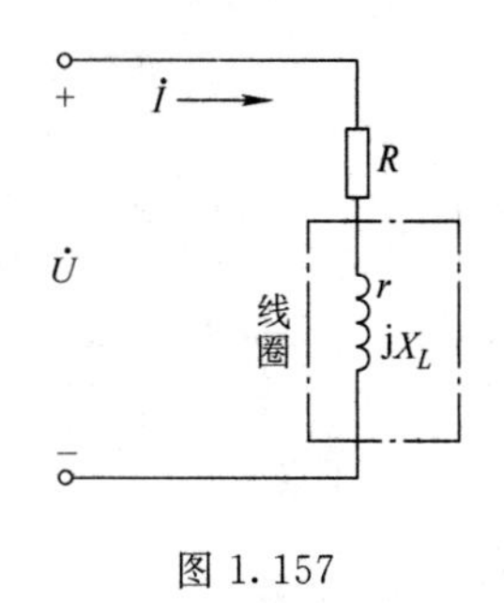

图 1.157

30. R、L、C 串联电路中，已知 $R=10\Omega$，$X_L=5\ \Omega$，$X_C=15\ \Omega$，电源电压 $u=200\sin(t+30°)$ V，试求：(1)此电路的复阻抗 Z，并说明电路的性质；(2)电流 $\dot{I}$ 和 $\dot{U}_R$、$\dot{U}_L$ 及 $\dot{U}_C$；(3)绘制电压、电流相量图。

31. R、L、C 串联电路中，已知 $R=30\ \Omega$，$L=40$ mH，$C=40\ \mu F$，$\omega=1\,000$ rad/s，$\dot{U}_L=10\angle 0°$ V，试求：(1)电路的阻抗 Z；(2)电流 $\dot{I}$ 和电压 $\dot{U}_R$、$\dot{U}_C$ 及 $\dot{U}$；(3)绘制电压、电流相量图。

32. R、L、C 串联电路中，已知 $R=10\ \Omega$，$X_L=15\ \Omega$，$X_C=5\ \Omega$，其中电流 $\dot{I}=2\angle 30°$A，试求：(1)总电压 $\dot{U}$；(2)功率因数 $\cos\varphi$；(3)该电路的功率 P、Q、S。

33. 用三表法测线圈电路，已知电源频率 $f=50$ Hz，测得数据分别是 $P=120$ W，$U=100$ V，$I=2$ A，试求：(1)该线圈的参数 R、L；(2)线圈的无功功率 Q、视在功率 S 及功率因数 $\cos\varphi$。

34. 已知某一无源网络的等效阻抗 $Z=10\angle 60°\Omega$，外加电压 $\dot{U}=220\angle 15°$V，求该网络的功率 P、Q、S 及功率因数 $\cos\varphi$。

35. 电路如图 1.158 所示，已知 $u=\sqrt{2}\sin t$ V，$i=\sin(t+45°)$ A，试求二端电路 N 的等效元件参数。

36. 已知一复阻抗上的电压电流分别为 $u=220\sqrt{2}\sin(\omega t-60°)$ V，$\dot{I}=10\angle 15°$ A，试求：(1) $|Z|$、$|Y|$；(2)阻抗角 φ 及导纳角 φ'。

37. 已知某电路的复阻抗 $Z=100\angle 30°$，求与之等效的复导纳 Y。

38. 电路如图 1.159 所示，$\dot{U}=100\angle-30°$ V，$R=40\ \Omega$，$X_L=5\ \Omega$，$X_C=15\ \Omega$，试求电流 $\dot{I}_1$、$\dot{I}_2$ 和 $\dot{I}$，并绘出相量图。

39. 电路如图 1.160 所示，列出节点 a 的节点电位方程。

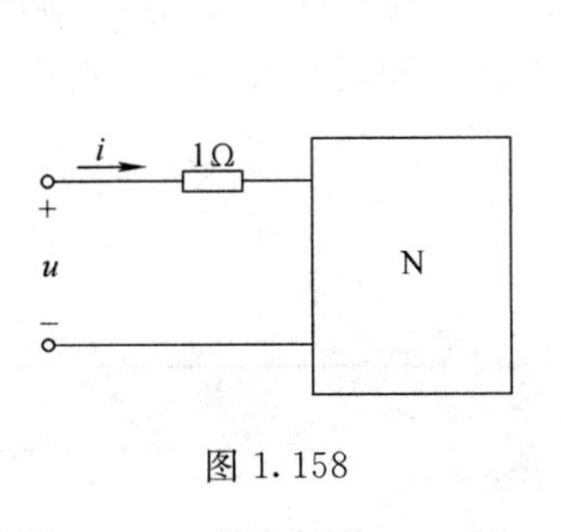

图 1.158

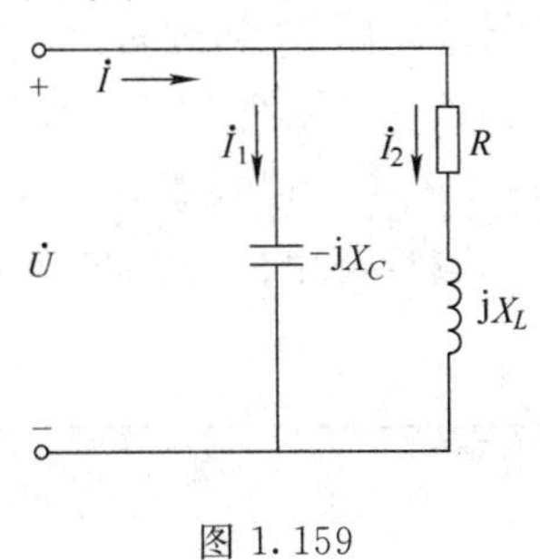

图 1.159

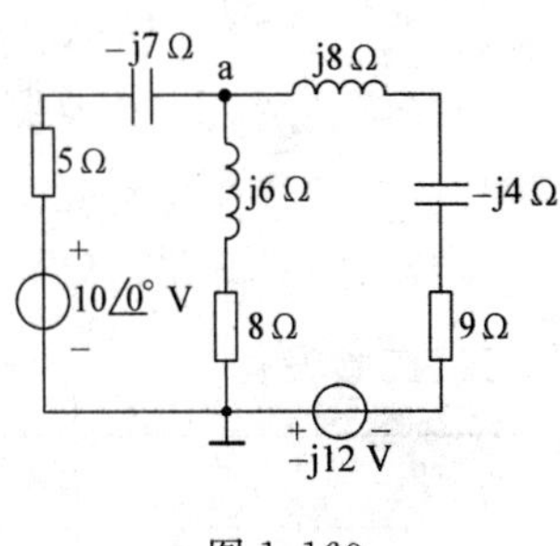

图 1.160

40. 电路如图 1.161 所示，已知 $\dot{U}_{S1}=\dot{U}_{S3}=10\angle 0°$，$\dot{U}_{S2}=j10$ V，试求：(1)列出 1、2 节点的电位方程；(2)求节点电位 V_1 和 V_2。

41. 电路如图 1.162 所示，利用戴维南定理求解电容支路的电流 $\dot{I}_1$。

42. 电路如图 1.163 所示，求二端网络 a、b 端的戴维南等效电路。

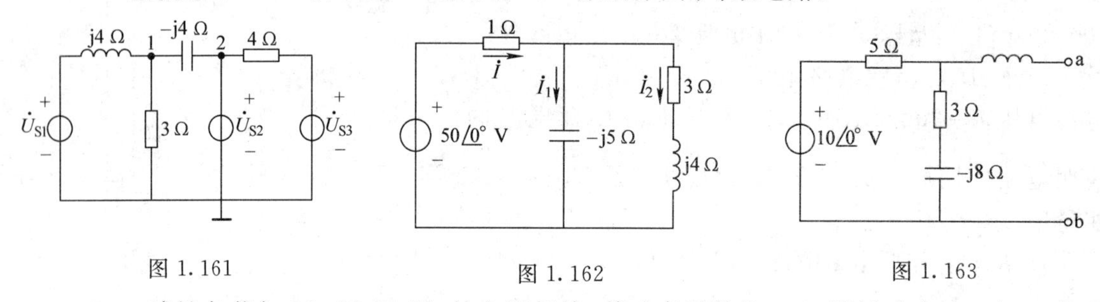

图 1.161　　图 1.162　　图 1.163

43. 一感性负载与 220 V、50 Hz 的电源相接，其功率因数为 0.6，消耗功率为 5 kW，若要把功率因数提高到 0.9，应加接什么元件？其元件值如何？

技能训练

技能训练 12　典型电信号的观察与测量

一、实验目的

(1)熟悉低频信号发生器、脉冲信号发生器各旋钮、开关的作用及其使用方法。

(2)初步掌握用示波器观察电信号波形，定量测出正弦信号和脉冲信号的波形参数。

(3)初步掌握示波器、信号发生器的使用。

二、实验说明

(1)正弦交流信号和方波脉冲信号是常用的电激励信号，可分别由低频信号发生器和脉冲信号发生器提供。正弦信号的波形参数是幅值 U_m、周期 T(或频率 f)和初相；脉冲信号的波形参数是幅值 U_m、周期 T 及脉宽 t_k。本实验装置能提供频率范围为 20 Hz～50 kHz 的正弦波及方波，并有 6 位 LED 数码管显示信号的频率。正弦波的幅度值在 0～5 V 之间连续可调，方波的幅度为 1～3.8 V 可调。

(2)电子示波器是一种信号图形观测仪器，可测出电信号的波形参数。从荧光屏的 Y 轴刻度尺并结合其量程分档选择开关(Y 轴输入电压灵敏度 V/div 分档选择开关)读得电信号的幅值；从荧光屏的 X 轴刻度尺并结合其量程分档(时间扫描速度 t/div 分挡)选择开关，读得电信号的周期、脉宽、相位差等参数。为了完成对各种不同波形、不同要求的观察和测量，它还有一些其他的调节和控制旋钮，希望在实验中加以摸索和掌握。

一台双踪示波器可以同时观察和测量两个信号的波形和参数。

三、实验设备

序号	名称	型号与规格	数量	备注
1	双踪示波器		1	
2	低频、脉冲信号发生器		1	DG03
3	交流毫伏表	0～600 V	1	D83
4	频率计		1	DG03

四、实验内容

1. 双踪示波器的自检

将示波器面板部分的“标准信号”插口，通过示波器专用同轴电缆接至双踪示波器的 Y 轴输入插口 Y_A 或 Y_B 端，然后开启示波器电源，指示灯亮。稍后，调节示波器面板上的“辉度”、“聚焦”、“辅助聚焦”、“X 轴位移”、“Y 轴位移”等旋钮，使在荧光屏的中心部位显示出线条细而清晰、亮度适中的方波波形；通过选择幅度和扫描速度，并将它们的微调旋钮旋至“校准”位置，从荧光屏上读出该“标准信号”的幅值与频率，并与标称值(1 V、1 kHz)作比较，如相差较大，请指导老师给予校准。

2. 正弦波信号的观测

(1) 将示波器的幅度和扫描速度微调旋钮旋至“校准”位置。

(2) 通过电缆线，将信号发生器的正弦波输出口与示波器的 Y_A 插座相连。

(3) 接通信号发生器的电源，选择正弦波输出。通过相应调节，使输出频率分别为 50 Hz、1.5 kHz 和 20 kHz(由频率计读出)；再使输出幅值分别为有效值 0.1 V、1 V、3 V(由交流毫伏表读得)。调节示波器 Y 轴和 X 轴的偏转灵敏度至合适的位置，从荧光屏上读得幅值及周期，记入表中。

频率计读数 所测项目	正弦波信号频率的测定		
	50 Hz	1 500 Hz	20 000 Hz
示波器“t/div”旋钮位置			
一个周期占有的格数			
信号周期(s)			
计算所得频率(Hz)			

交流毫伏表读数 所测项目	正弦波信号幅值的测定		
	0.1 V	1 V	3 V
示波器“V/div”位置			
峰一峰值波形格数			
峰一峰值			
计算所得有效值			

3. 方波脉冲信号的观察和测定

(1) 将电缆插头换接在脉冲信号的输出插口上，选择方波信号输出。

(2) 调节方波的输出幅度为 3.0 V_{P-P}(用示波器测定)，分别观测 100 Hz、3 kHz 和 30 kHz方波信号的波形参数。

(3) 使信号频率保持在 3 kHz，选择不同的幅度及脉宽，观测波形参数的变化。

五、注意事项

(1)示波器的辉度不要过亮。

(2)调节仪器旋钮时，动作不要过快、过猛。

(3)调节示波器时，要注意触发开关和电平调节旋钮的配合使用，以使显示的波形稳定。

(4)作定量测定时，“t/div” 和“V/div” 的微调旋钮应旋置“标准”位置。

(5)为防止外界干扰，信号发生器的接地端与示波器的接地端要相连(称共地)。

(6)不同品牌的示波器，各旋钮、功能的标注不尽相同，实验前请详细阅读所用示波器的说明书。

(7)实验前应认真阅读信号发生器的使用说明书。

六、预习思考题

(1)示波器面板上“t/div” 和“V/div”的含义是什么？

(2)观察本机“标准信号”时，要在荧光屏上得到两个周期的稳定波形，而幅度要求为五格，试问 Y 轴电压灵敏度应置于哪一挡位置？“t/div”又应置于哪一挡位置？

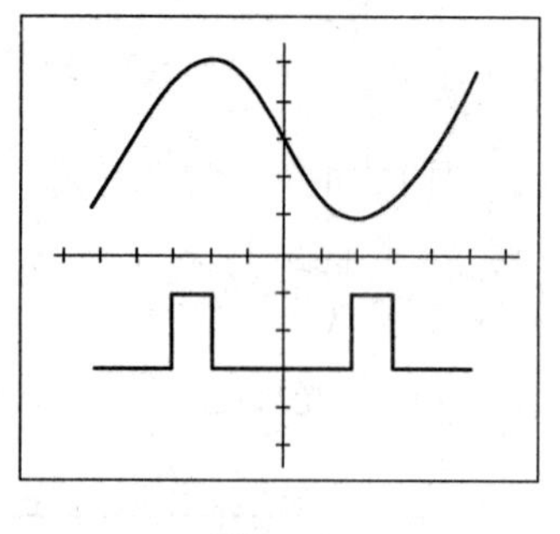

图 1.164

(3)应用双踪示波器观察到如图 1.164 所示的两个波形，Y_A 和 Y_B 轴的“V/div”的指示均为 0.5 V，“t/div” 指示为 20 μs，试写出这两个波形信号的波形参数。

七、实验报告

(1)整理实验中显示的各种波形，绘制有代表性的波形。

(2)总结实验中所用仪器的使用方法及观测电信号的方法。

(3)如用示波器观察正弦信号时，荧光屏上出现图 1.165 所示的几种情况时，试说明测试系统中哪些旋钮的位置不对？应如何调节？

(4)心得体会及其他。

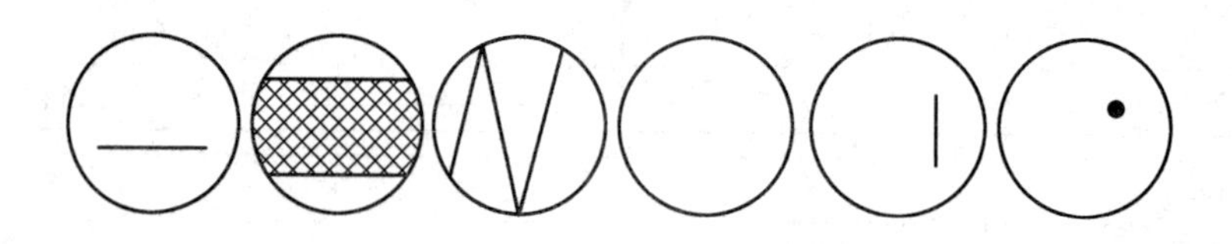

图 1.165

技能训练 13　正弦稳态交流电路相量的研究

一、实验目的

(1)研究正弦稳态交流电路中电压、电流相量之间的关系。

(2)掌握日光灯线路的接线。

(3)理解改善电路功率因数的意义并掌握其方法。

二、原理说明

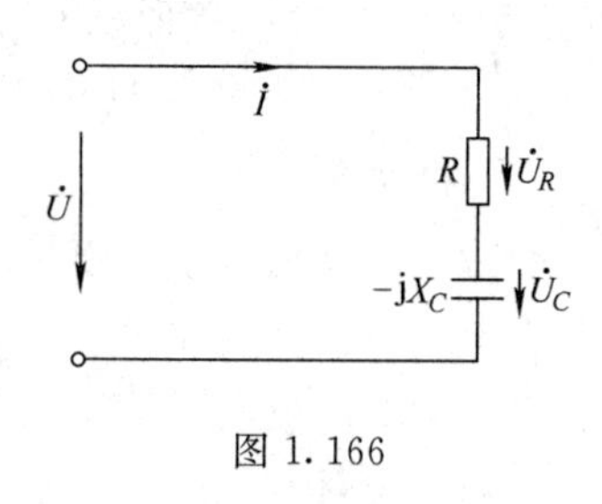

图 1.166

(1)在单相正弦交流电路中，用交流电流表测得各支路的电流值，用交流电压表测得回路各元件两端的电压值，它们之间的关系满足相量形式的基尔霍夫定律，即 $\sum\dot{I}=0$ 和 $\sum\dot{U}=0$。

(2)图 1.166 所示的 R、C 串联电路，在正弦稳态信号 U 的激励下，U_R 与 U_C 保持有 90°的相位差，即当 R 阻值改变时，U_R 的相量轨迹是一个半圆。$\dot{U}$、$\dot{U}_C$ 与 $\dot{U}_R$ 三者形成一个直角形的电压三角形，如图 1.167 所示。R 值改变时，可改变 φ 角的大小，从而达到移相的目的。

(3)日光灯线路如图 1.168 所示，图中 A 是日光灯管，L 是镇流器，S 是启辉器，C 是补偿电容器，用以改善电路的功率因数($\cos\varphi$ 值)。有关日光灯的工作原理请自行翻阅有关资料。

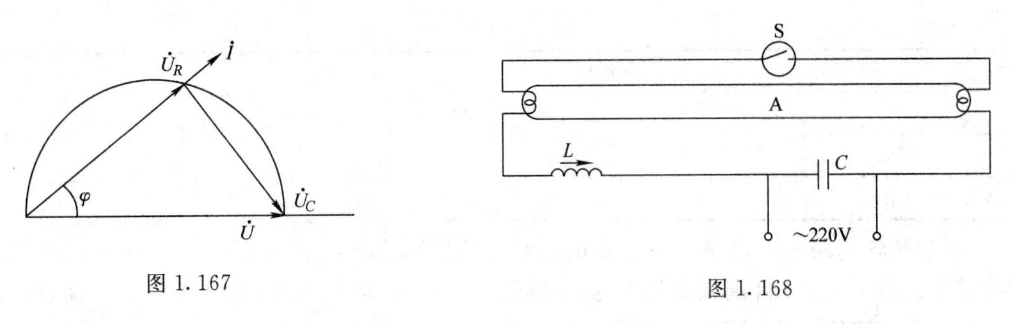

图 1.167　　　　图 1.168

三、实验设备

序号	名称	型号与规格	数量	备注
1	交流电压表	0～450 V	1	D33
2	交流电流表	0～5 A	1	D32
3	功率表		1	D34
4	自耦调压器		1	DG01
5	镇流器、启辉器	与 40 W 灯管配用	各 1	DG09
6	日光灯灯管	40 W	1	屏内
7	电容器	1 μF/500 V，2.2 μF/500 V，4.7 μF/500 V	各 1	DG09
8	白炽灯及灯座	220 V，15 W	1～3	DG08
9	电流插座		3	DG09

四、实验内容

(1)按图 1.168 接线。R 为 220 V、15 W 的白炽灯泡，电容器为 4.7 μF/450 V。经指导教师检查后，接通实验台电源，将自耦调压器输出(即 U)调至 220 V。记录 U、U_R、U_C 值，验证电压三角形关系。

测量值			计算值		
U(V)	U_R(V)	U_C(V)	U'(与 U_R，U_C 组成 RtΔ) ($U'=\sqrt{U_R^2+U_C^2}$)	$\Delta U=U'-U$(V)	$\Delta U/U$(%)

(2)日光灯线路接线与测量。按图 1.169 接线。经指导教师检查后接通实验台电源，调节自耦调压器的输出，使其输出电压缓慢增大，直到日光灯刚启辉点亮为止，记下三表的指示值。然后将电压调至 220 V，测量功率 P，电流 I，电压 U、U_L、U_A 等值，验证电压、电流相量关系。

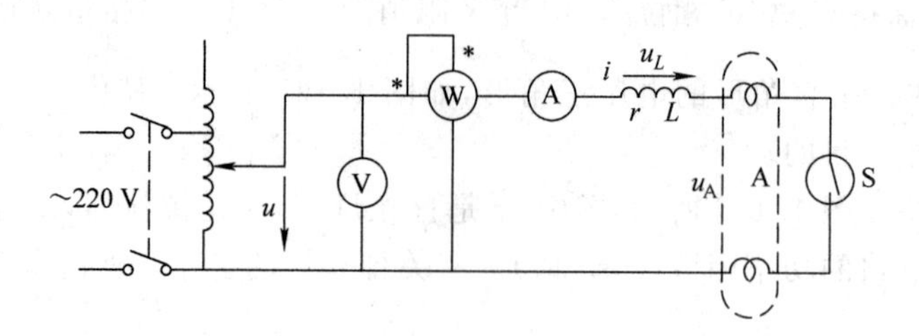

图 1.169

	测量数值						计算值	
	P(W)	$\cos\varphi$	I(A)	U(V)	U_L(V)	U_A(V)	r(Ω)	$\cos\varphi$
启辉值								
正常工作值								

(3)并联电路——电路功率因数的改善。按图 1.170 组成实验线路。经指导老师检查后，接通实验台电源，将自耦调压器的输出调至 220 V，记录功率表、电压表读数。通过一只电流表和三个电流插座分别测得三条支路的电流，改变电容值，进行三次重复测量。数据记入下页表中。

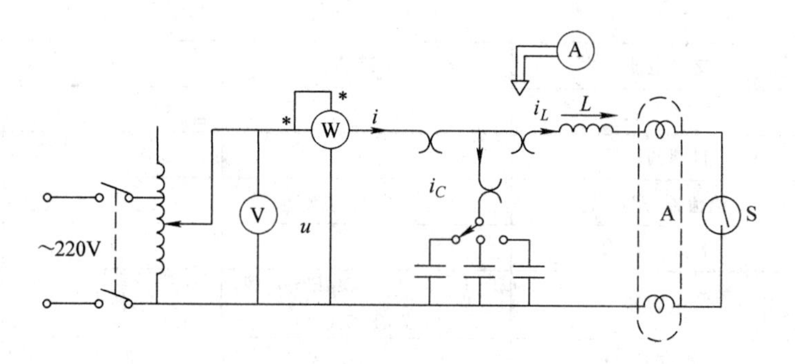

图 1.170

电容值	测量数值							计算值
(μF)	P(W)	$\cos\varphi$	U(V)	I(A)	I_L(A)	I_C(A)	I'(A)	$\cos\varphi$
0								
1								
2.2								
4.7								

五、注意事项

(1)本实验用交流市电 220 V，务必注意用电和人身安全。

(2)功率表要正确接入电路。

(3)线路接线正确，日光灯不能启辉时，应检查启辉器及其接触是否良好。

六、预习思考题

(1)参阅课外资料，了解日光灯的启辉原理。

(2)在日常生活中，当日光灯上缺少了启辉器时，人们常用一根导线将启辉器的两端短接一下，然后迅速断开，使日光灯点亮(DG09 实验挂箱上有短接按钮，可用它代替启辉器做一下试验)，或用一只启辉器去点亮多只同类型的日光灯，这是为什么？

(3)为了改善电路的功率因数，常在感性负载上并联电容器，此时增加了一条电流支路，试问电路的总电流是增大还是减小，此时感性元件上的电流和功率是否改变？

(4)提高线路功率因数为什么只采用并联电容器法，而不用串联法？所并的电容器是否越大越好？

七、实验报告

(1)完成数据表格中的计算，进行必要的误差分析。

(2)根据实验数据，分别绘出电压、电流相量图，验证相量形式的基尔霍夫定律。

(3)讨论改善电路功率因数的意义和方法。

(4)装接日光灯线路的心得体会及其他。

技能训练 14　*R*、*C* 选频网络特性测试

一、实验目的

(1)熟悉文氏电桥电路和 R、C 双 T 电路的结构特点及其应用。

(2)学会用交流毫伏表和示波器测定以上两种电路的幅频特性和相频特性。

二、原理说明

(1)文氏桥电路。

文氏电桥电路是一个 R、C 的串、并联电路，如图 1.171 所示。该电路结构简单，被广泛地用于低频振荡电路中作为选频环节，可以获得很高纯度的正弦波电压。

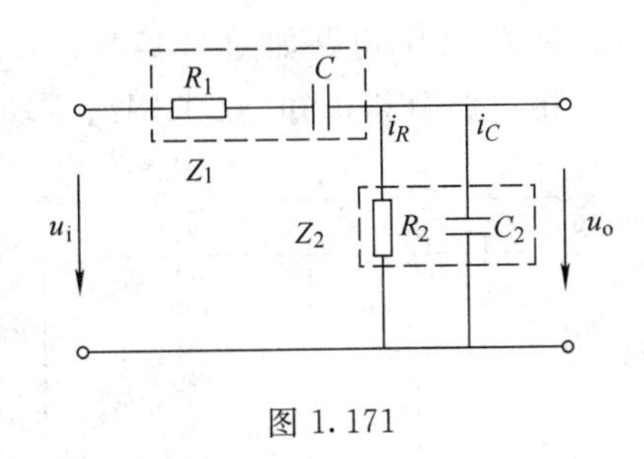

图 1.171

用函数信号发生器的正弦输出信号作为图 1.172 的激励信号 u_i，并保持 U_i 值不变的情况下，改变输入信号的频率 f，用交流毫伏表或示波器测出输出端相应于各个频率点下的输出电压 U_o 值，将这些数据画在以频率 f 为横轴，U_o 为纵轴的坐标纸上，用一条光滑的曲线连接这些点，该曲线就是上述电路的幅频特性曲线。

文氏桥电路的一个特点是其输出电压幅度不仅会随输入信号的频率而变，而且还会出现一个与输入电压同相位的最大值，如图 1.173 所示。

由电路分析得知，该网络的传递函数为

$$\beta=\frac{1}{3+\mathrm{j}(\omega RC-1/\omega RC)}$$

当角频率 $\omega=\omega_0=\dfrac{1}{RC}$ 时，

$$|\beta| = \frac{U_o}{U_i} = \frac{1}{3}$$

此时 u_o 与 u_i 同相。由图 1.172 可见 R、C 串并联电路具有带通特性。

(2)将上述电路的输入和输出分别接到双踪示波器的 Y_A 和 Y_B 两个输入端，改变输入正弦信号的频率，观测相应的输入和输出波形间的时延 τ 及信号的周期 T，则两波形间的相位差为

$$\varphi = \frac{\tau}{T} \times 360^\circ = \varphi_o - \varphi_i\text{（输出相位与输入相位之差）}$$

将各个不同频率下的相位差 φ 画在以 f 为横轴、φ 为纵轴的坐标纸上，用光滑的曲线将这些点连接起来，即是被测电路的相频特性曲线，如图 1.173 所示。

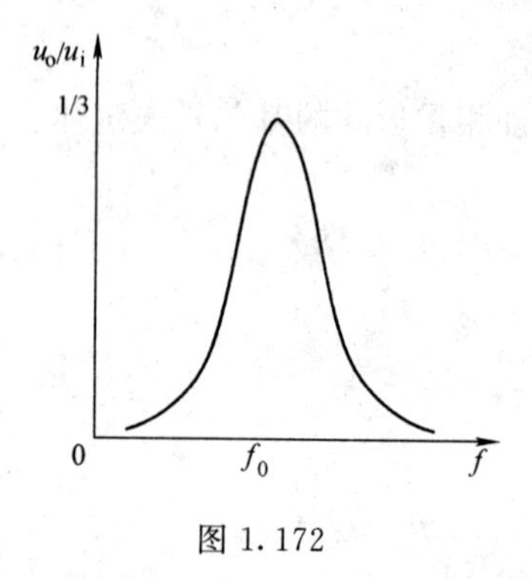

图 1.172

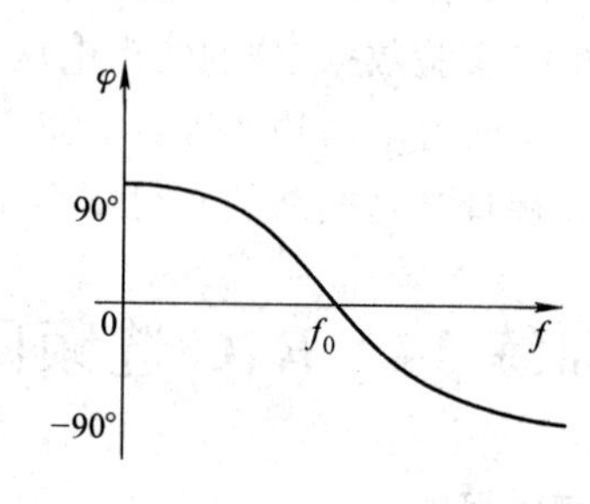

图 1.173

由电路分析理论得知，当 $\omega = \omega_0 = \frac{1}{RC}$，即 $f = f_0 = \frac{1}{2\pi RC}$时，$\varphi = 0$，即 u_o 与 u_i 同相位。

(3)R、C 双 T 电路。

R、C 双 T 电路如图 1.174 所示。

由电路分析可知，双 T 网络零输出的条件为

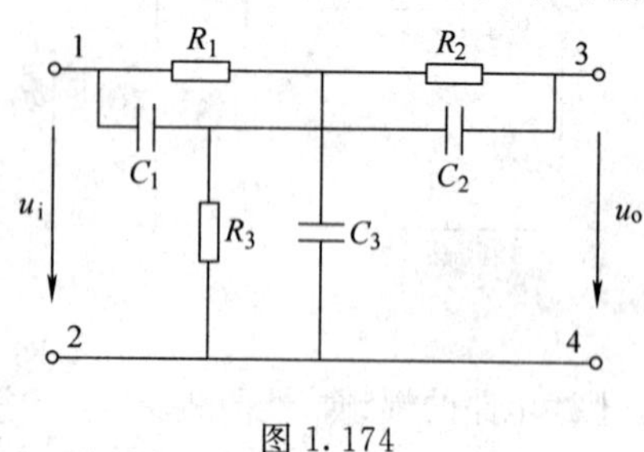

图 1.174

$$\frac{1}{R_1} + \frac{1}{R_2} = \frac{1}{R_3}, C_1 + C_2 = C_3$$

若选 $R_1 = R_2 = R_3$，$C_1 = C_2 = C_3$

则 $$R_3 = \frac{R}{2}, C_3 = 2C$$

该双 T 电路的频率特性为（令 $\omega_0 = \frac{1}{RC}$）

$$F(\omega) = \frac{\frac{1}{2}\left(R + \frac{1}{\mathrm{j}\omega C}\right)}{\frac{2R(1 + \mathrm{j}\omega RC)}{1 - \omega^2 R^2 C^2} + \frac{1}{2}\left(R + \frac{1}{\mathrm{j}\omega C}\right)} = \frac{1 - \left(\frac{\omega}{\omega_0}\right)^2}{1 - \left(\frac{\omega}{\omega_0}\right)^2 + \mathrm{j}4\frac{\omega}{\omega_0}}$$

当 $\omega = \omega_0 = \frac{1}{RC}$时，输出幅值等于 0，相频特性呈现 $\pm 90^\circ$的突跃。

参照文氏桥电路的做法，也可画出双 T 电路的幅频和相频特性曲线，分别如图 1.175 和图 1.176 所示。由图可见，双 T 电路具有带阻特性。

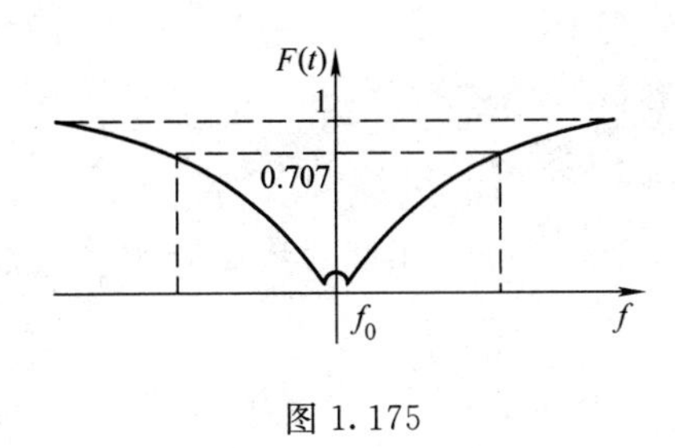

图 1.175

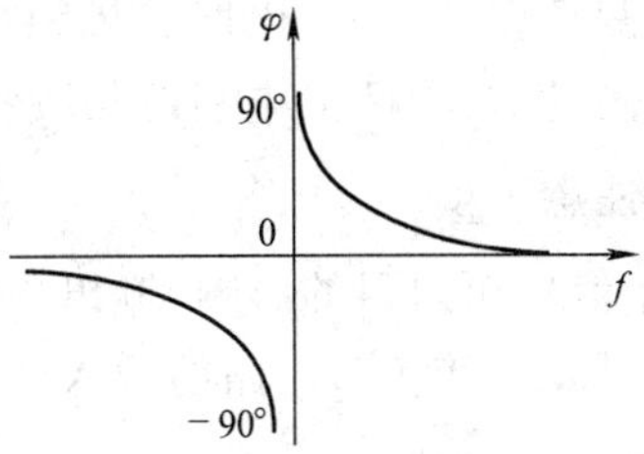

图 1.176

三、实验设备

序号	名称	型号与规格	数量	备注
1	函数信号发生器及频率计		1	DG03
2	双踪示波器		1	自备
3	交流毫伏表	0～600 V	1	
4	R、C 选频网络实验板		1	DG07

四、实验内容与步骤

(1)测量 R、C 串、并联电路的幅频特性。

①利用 DG07 挂箱上"R、C 串、并联选频网络"线路，组成图 1.172 线路。取 $R=1\ \text{k}\Omega$,$C=$ 01 μF。

②调节信号源输出电压为 3 V 的正弦信号，接入图 1.172 的输入端。

③改变信号源的频率 f(由频率计读得)，并保持 $U_i=3$ V 不变，测量输出电压 U_o(可先测量 $\beta=1/3$ 时的频率 f_0，然后再在 f_0 左右设置其他频率点测量)。

④取 $R=200\ \Omega$,$C=2.2\ \mu$F，重复上述测量。

$R=1\ \text{k}\Omega$, $C=0.1\ \mu$F	f(Hz)	
	U_o(V)	
$R=200\ \Omega$, $C=2.2\ \mu$F	f(Hz)	
	U_o(V)	

(2)测量 R、C 串、并联电路的相频特性。

将图 1.172 的输入 U_i 和输出 U_o 分别接至双踪示波器的 Y_A 和 Y_B 两个输入端，改变输入正弦信号的频率，观测不同频率点时，相应的输入与输出波形间的时延 τ 及信号的周期 T。两波形间的相位差为

$$\varphi=\varphi_o-\varphi_i=\frac{\tau}{T}\times 360^\circ$$

$R=1\ \text{k}\Omega$, $C=0.1\ \mu$F	f(Hz)	
	T(ms)	
	τ(ms)	
	φ	
$R=200\ \Omega$, $C=2.2\ \mu$F	f(Hz)	
	T(ms)	
	τ(ms)	
	φ	

(3)测量 R、C 双 T 电路的幅频特性，参照实验内容(1)。

(4)测量 R、C 双 T 电路的相频特性，参照实验内容(2)。

五、注意事项

由于信号源内阻的影响，输出幅度会随信号频率变化。因此，在调节输出频率时，应同时调节输出幅度，使实验电路的输入电压保持不变。

六、预习思考题

(1)根据电路参数，分别估算双 T 电路和文氏桥电路两组参数时的固有频率 f_0。

(2)推导 R、C 串并联电路的幅频、相频特性的数学表达式。

七、实验报告

(1)根据实验数据，绘制两种电路的幅频特性和相频特性曲线。找出 f_0，并与理论计算值比较，分析误差原因。

(2)讨论实验结果。

(3)心得体会及其他。

附：RC 选频网络特性测试电路图及 R、L、C 串联谐振电路图。

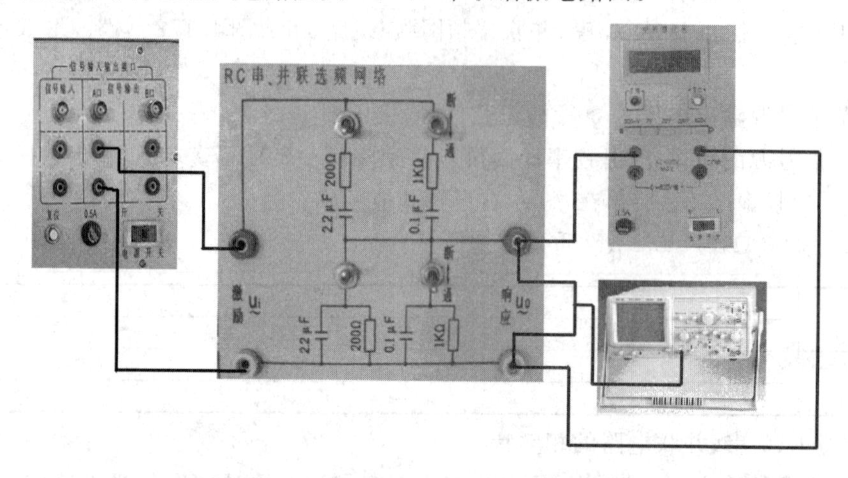

R、C 选频网络特性测试电路

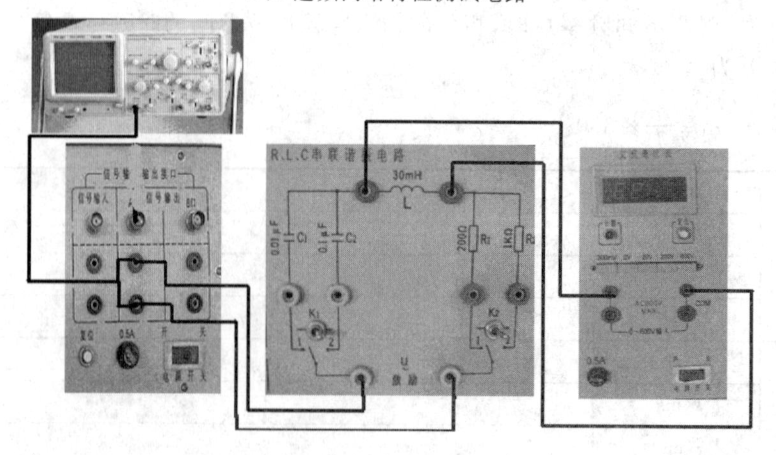

R、L、C 串联谐振电路

技能训练 15　*R*、*L*、*C* 串联谐振电路的研究

一、实验目的

(1)学习用实验方法绘制 R、L、C 串联电路的幅频特性曲线。

(2)加深理解电路发生谐振的条件、特点,掌握电路品质因数(电路 Q 值)的物理意义及其测定方法。

二、原理说明

(1)在图 1.177 所示的 R、L、C 串联电路中,当正弦交流信号源的频率 f 改变时,电路中的感抗、容抗随之而变,电路中的电流也随 f 而变。取电阻 R 上的电压 u_o 作为响应,当输入电压 u_i 的幅值维持不变时,在不同频率的信号激励下,测出 U_o 之值,然后以 f 为横坐标,以 U_o/U_i 为纵坐标(因 U_i 不变,故也可直接以 U_o 为纵坐标),绘出光滑的曲线,此即为幅频特性曲线,亦称谐振曲线,如图 1.178 所示。

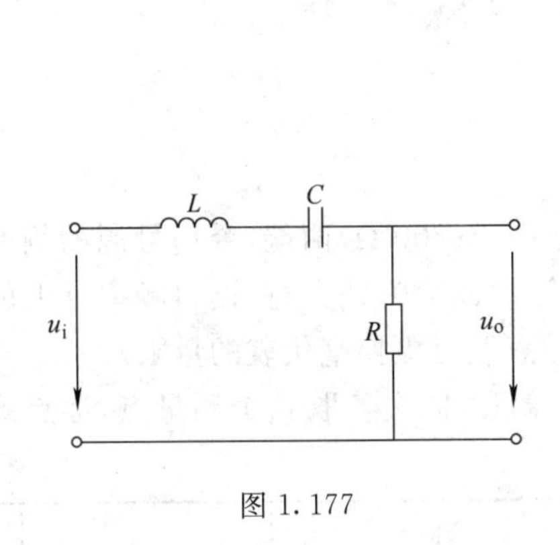

图 1.177

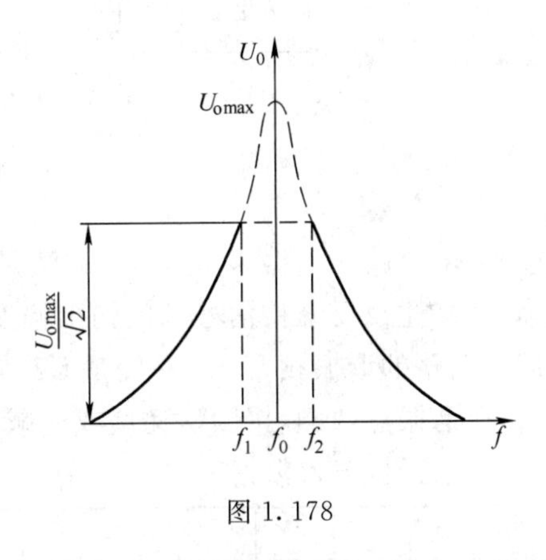

图 1.178

(2)在 $f=f_0=\dfrac{1}{2\pi\sqrt{LC}}$处,即幅频特性曲线尖峰所在的频率点称为谐振频率。此时 $X_L=X_C$,电路呈纯阻性,电路阻抗的模为最小。在输入电压 U_i 为定值时,电路中的电流达到最大值,且与输入电压 u_i 同相位。从理论上讲,此时 $U_i=U_R=U_o$,$U_L=U_C=QU_i$,式中的 Q 称为电路的品质因数。

(3)电路品质因数 Q 值的两种测量方法。

一是根据公式 $Q=\dfrac{U_L}{U_o}=\dfrac{U_C}{U_o}$测定,$U_C$ 与 U_L 分别为谐振时电容器 C 和电感线圈 L 上的电压;另一方法是通过测量谐振曲线的通频带宽度$\triangle f=f_2-f_1$,再根据 $Q=\dfrac{f_0}{f_2-f_1}$求出 Q 值。式中 f_0 为谐振频率,f_2 和 f_1 是失谐时,亦即输出电压的幅度下降到最大值的 $1/\sqrt{2}$ ($=0.707$)倍时的上、下频率点。Q 值越大,曲线越尖锐,通频带越窄,电路的选择性越好。在恒压源供电时,电路的品质因数、选择性与通频带只决定于电路本身的参数,而与信号源无关。

三、实验设备

序号	名称	型号与规格	数量	备注
1	低频函数信号发生器		1	DG03
2	交流毫伏表	0～600V	1	D83
3	双踪示波器		1	自备
4	频率计		1	DG03
5	谐振电路实验电路板	$R=200\ \Omega, 1\ k\Omega$ $C=0.01\ \mu F, 0.1\ \mu F$ $L=$约 30 mH		DG07

四、实验内容

(1)按图 1.179 组成监视、测量电路。先选用 C_1、R_1。用交流毫伏表测电压,用示波器监视信号源输出。令信号源输出电压 $U_i=4V_{P-P}$,并保持不变。

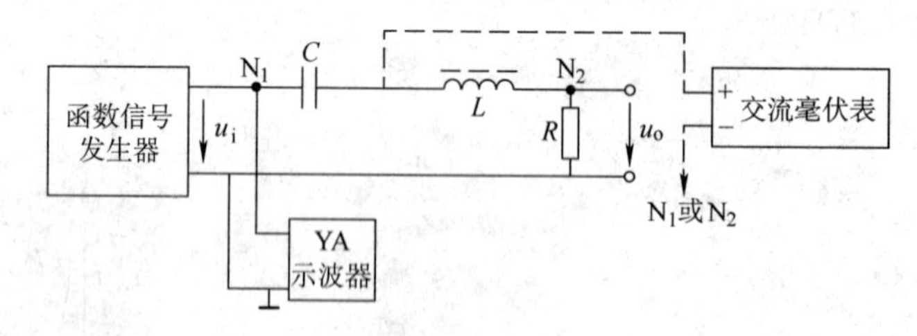

图 1.179

(2)找出电路的谐振频率 f_0,其方法是,将毫伏表接在 R(200 Ω)两端,令信号源的频率由小逐渐变大(注意要维持信号源的输出幅度不变),当 U_o 的读数为最大时,读得频率计上的频率值即为电路的谐振频率 f_0,并测量 U_C 与 U_L 的值(注意及时更换毫伏表的量限)。

(3)在谐振点两侧,按频率递增或递减 500 Hz 或 1 kHz,依次各取 8 个测量点,逐点测出 U_o,U_L,U_C 的值,记入数据表格。

f(kHz)														
U_o(V)														
U_L(V)														
U_C(V)														

$U_i=4V_{P-P}$,$C=0.01\ \mu F$,$R=200\ \Omega$,$f_0=$　　,$f_2-f_1=$　　,$Q=$

(4)将电阻改为 R_2,重复步骤(2)、(3)的测量过程。

f(kHz)														
U_O(V)														
U_L(V)														
U_C(V)														

$U_i=4V_{P-P}$,$C=0.01\ \mu F$,$R=1\ k\Omega$,$f_0=$　　,$f_2-f_1=$　　,$Q=$

(5)选 C_2,重复步骤(2)～(4),自制表格记录。

五、注意事项

(1) 测试频率点的选择应在靠近谐振频率附近多取几点。在变换频率测试前，应调整信号输出幅度(用示波器监视输出幅度)，使其维持在 $4V_{P-P}$。

(2)测量 U_C 和 U_L 数值前，应将毫伏表的量限改大，而且在测量 U_L 与 U_C 时毫伏表的"+"端应接 C 与 L 的公共点，其接地端应分别触及 L 和 C 的近地端 N_2 和 N_1。

(3)实验中，信号源的外壳应与毫伏表的外壳绝缘(不共地)。如能用浮地式交流毫伏表测量，则效果更佳。

六、预习思考题

(1)根据实验线路板给出的元件参数值，估算电路的谐振频率。

(2)改变电路的哪些参数可以使电路发生谐振，电路中 R 的数值是否影响谐振频率值？

(3)如何判别电路是否发生谐振？测试谐振点的方案有哪些？

(4)电路发生串联谐振时，为什么输入电压不能太大，如果信号源给出 3 V 的电压，电路谐振时，用交流毫伏表测 U_L 和 U_C，应该选择用多大的量限？

(5)要提高 R、L、C 串联电路的品质因数，电路参数应如何改变？

(6)本实验在谐振时，对应的 U_L 与 U_C 是否相等？如有差异，原因何在？

七、实验报告

(1)根据测量数据，绘出不同 Q 值时三条幅频特性曲线，即：$U_o=f(f)$，$U_L=f(f)$，$U_C=f(f)$。

(2)计算出通频带与 Q 值，说明不同 R 值时对电路通频带与品质因数的影响。

(3)对两种不同的测 Q 值的方法进行比较，分析误差原因。

(4)谐振时，比较输出电压 U_o 与输入电压 U_i 是否相等？试分析原因。

(5)通过本次实验，总结、归纳串联谐振电路的特性。

(6)心得体会及其他。

学习领域二

三相交流电输配、测量及应用

子学习领域1　三相交流电的特点及其在工农业中的应用

内容摘要

1. 对称三相交流电压

$$\dot{U}_U = U_P \angle 0$$

$$\dot{U}_V = U_P \angle -120^\circ$$

$$\dot{U}_W = U_P \angle 120^\circ$$

$$\dot{U}_U + \dot{U}_V + \dot{U}_W = 0$$

2. 对称三相电源的连接

Y形连接：三相四线制，有中线，提供两组电压——线电压和相电压，线电压比相应的相电压超前30°，其值是相电压的$\sqrt{3}$倍；三相三线制，无中线，提供一组电压。

△形连接：只能是三相三线制，提供一组电压，线电压为电源的相电压。

3. 三相负载的连接

Y形连接：对称三相负载接成Y形，供电电路只需三相三线制；不对称三相负载接成Y形，供电电路必须为三相四线制。每相负载的相电压对称且为相电压的$1/\sqrt{3}$，中线电流$\dot{I}_N = \dot{I}_U + \dot{I}_V + \dot{I}_W$。三相负载对称时$\dot{I}_N = 0$，中线可以省去。

△形连接：三相负载接成△形。供电电路只需三相线制，每相负载的相电压等于电源的线电压。无论负载是否对称，只要线电压对称，每相负载相电压也对称。

对于对称三相负载，线电流为相电流的$\sqrt{3}$倍，线电流比相应的相电流滞后。

4. 三相电路的功率

对于对称三相负载，有

$$P=3U_p I_p \cos\varphi=\sqrt{3}U_1 I_1 \cos\varphi$$

$$Q=3U_p I_p \sin\varphi=\sqrt{3}U_1 I_1 \sin\varphi$$

$$S=\sqrt{P^2+Q^2}=\sqrt{3}U_1 I_1$$

难题解析

1. 有一对称三相负载，每相电阻为 6 Ω，电抗为 8 Ω，电源线电压为 380 V，试计算负载星形连接和三角形连接的有功功率。

解：依题意可知每相负载的阻抗模为

$$|Z|=\sqrt{R^2+X^2}=\sqrt{6^2+8^2}=10\ \Omega$$

①负载作星形连接时

$$U_{Yp}=\frac{U_1}{\sqrt{3}}=\frac{380}{\sqrt{3}}=220\ \text{V}$$

$$I_{Yp}=I_{Yl}=\frac{U_{Yp}}{|Z|}=22\ \text{A}$$

$$\cos\varphi_p=\frac{R}{|Z|}=0.6$$

$\therefore\quad P_Y=\sqrt{3}U_1 I_1\cos\varphi_p=\sqrt{3}\times380\times22\times0.6\approx8.7\ \text{kW}$

②负载作三角形形连接时

$$U_{\Delta p}=U_1=380\ \text{V}$$

$$I_{\Delta p}=\frac{U_{\Delta p}}{|Z|}=\frac{380}{10}=38\ \text{V}$$

$$I_1=\sqrt{3}I_{\Delta p}\approx66\ \text{A}$$

$\therefore\quad P_\Delta=\sqrt{3}U_1 I_1\cos\varphi_p=\sqrt{3}\times380\times66\times0.6\approx26\ \text{kW}$

2. 如图 2.1(a)所示，每相阻抗为 $Z=105+\text{j}60\ \Omega$ 的负载，作三角形连接，接在线电压为 6 600 V电源上，每根输电线阻抗为 $Z_1=2+\text{j}4\ \Omega$。求负载相电流、线电流、负载相电压、负载消耗的功率、电源供给的功率。

解：为了求解方便，先将△形负载等效变换成 Y 形负载，如图 2.1(b)所示。

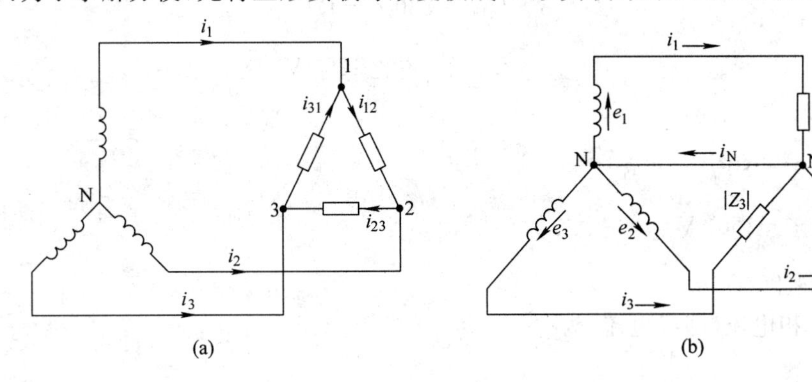

图 2.1

则Y形连接负载的等效阻抗为

$$Z'=\frac{Z}{3}=\frac{105+j60}{3}=35+j20\ \Omega$$

总阻抗为

$$Z_{总}=(2+j4)+(35+j20)=37+j24\ \Omega$$

电源线电压为 6 600 V⇒相电压为 $U_p=\frac{6\ 600}{\sqrt{3}}$ V

$$\therefore\quad I_l=\frac{U_p}{|Z_{总}|}=\frac{6\ 600/\sqrt{3}}{\sqrt{37^2+24^2}}\approx 86.4\ \text{A}$$

则 $I_p=\frac{I_l}{\sqrt{3}}=\frac{86.4}{\sqrt{3}}\approx 49.8$ A

又∵负载每相的阻抗为 $Z=105+j60\ \Omega$

∴ $|Z|=\sqrt{105^2+60^2}\approx 121\ \Omega$

∴相电压 $U_p=I_p|Z|=49.8\times 121=6\ 025.8$ V

又∵ $\cos\varphi_z=\frac{R}{|Z|}=\frac{105}{121}$

∴负载消耗的有功功率为

$$P=3P_p=3U_pI_p\cos\varphi_z=3\times 6025.8\times 49.8\times\frac{105}{121}\approx 782\ \text{kW}$$

电源提供的功率为

$$P'=3P'_p=3U_lI_l\cos\varphi_z=3\times 6\ 600\times 49.8\times\frac{107}{\sqrt{107^2+64^2}}\approx 838\ \text{kW}$$

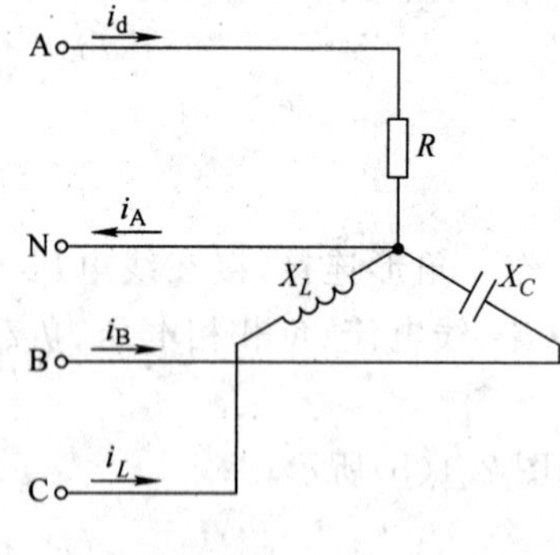

图 2.2

3. 三相电路如图 2.2 所示，已知 $R=5\ \Omega, X_L=X_C=5\ \Omega$，接在线电压为 380 V 的三相四线制电源上。求：(1)各线电流及中线电流；(2)A 线断开时的各线电流及中线电流；(3)中线及 A 线都断开时各线电流。

解：(1)设电源线电压分别为

$$\dot{U}_{AB}=380\angle 0°\ \text{V}$$

$$\dot{U}_{BC}=380\angle -120°\ \text{V}$$

$$\dot{U}_{CA}=380\angle 120°\ \text{V}$$

则各相电压为

$$\dot{U}_A=220\angle -30°\ \text{V}$$

$$\dot{U}_B=220\angle -150°\ \text{V}$$

$$\dot{U}_C=220\angle 90°\ \text{V}$$

由此可求得各相电流(即线电流)为

$$\dot{I}_A=\frac{\dot{U}_A}{jX_L}=\frac{220\angle -30°}{j}=44\angle -120°\ \text{A}$$

$$\dot{I}_B=\frac{\dot{U}_B}{-j_C}=\frac{220\angle-150^\circ}{-j5}=44\angle-60^\circ\ \text{A}$$

$$\dot{I}_C=\frac{\dot{U}_C}{R}=\frac{220\angle 90^\circ}{5}=44\angle 90^\circ$$

中线电流为

$$\dot{I}_N=\dot{I}_A+\dot{I}_B+\dot{I}_C=44\angle-120^\circ+44\angle-60^\circ+44\angle 90^\circ=32.2\angle-90^\circ\ \text{A}$$

(2)若 A 线断开,则 A 线电流为零,B、C 两相电流不变。中线电流为

$$\dot{I}_N=\dot{I}_B+\dot{I}_C=44\angle-60^\circ+44\angle 90^\circ\text{A}=22.8\angle 15^\circ\ \text{A}$$

(3)如果中线和 A 线都断开,则 B、C 两相负载串联,A 线电流为零。B、C 两电流为

$$\dot{I}_B=-\dot{I}_C=\frac{\dot{U}_{BC}}{R-jX_C}=\frac{380\angle-120^\circ}{5-j5}=53.7\angle-75^\circ\ \text{A}$$

4. 在图 2.3 所示电路中,$R_1=3.9\ \text{k}\Omega$,$R_2=5.5\ \text{k}\Omega$,$C_1=0.17\ \mu\text{F}$,$C_2=1\ \mu\text{F}$,电源对称,$\dot{U}_{AB}=380\angle 0^\circ\text{V}$,$f=50\ \text{Hz}$。试求电压 $\dot{U}_o$。

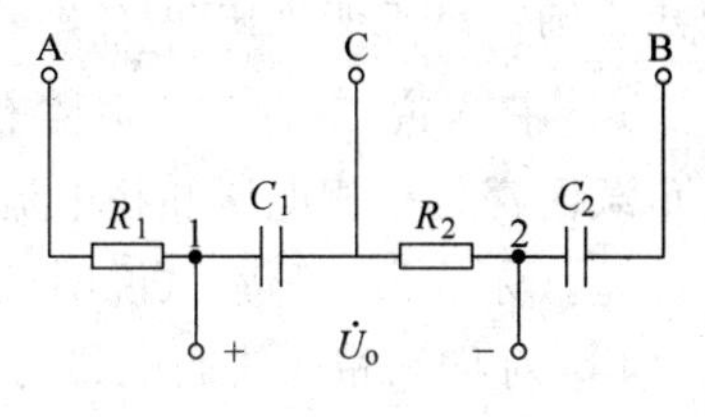

图 2.3

解:因为电源对称,所以

$$\dot{U}_{BC}=380\angle-120^\circ\ \text{V}$$

$$\dot{U}_{CA}=380\angle 120^\circ\ \text{V}$$

$$\dot{U}_{C1}=\frac{\dot{U}_{CA}}{R_1-jX_{C1}}\cdot jX_{C1}$$

$$\dot{U}_{C2}=\frac{\dot{U}_{BC}}{R_2-jX_{C2}}\cdot R_2$$

$$X_{C1}=\frac{1}{\omega C_1}=\frac{1}{2\pi f\times 0.47\times 10^{-6}}=6.8\ \text{k}\Omega$$

$$X_{C2}=\frac{1}{\omega C_2}=\frac{1}{2\pi f\times 1\times 10^{-6}}=3.2\ \text{k}\Omega$$

解得

$$\dot{U}_o=\dot{U}_{12}=-(\dot{U}_{C2}-\dot{U}_{C1})=-\frac{380\angle-120^\circ}{5.5-j3.2}\times 5.5-\frac{380\angle 120^\circ}{3.0-j6.8}\times j6.8$$

$$=-j=1\angle-90^\circ\ \text{V}$$

自我检测

1. 已知三相电源为正序,且 $U_C=220\angle 0^\circ\text{V}$,如果三相电源星形连接,但把 W 相电源首末端错误倒接,会造成什么后果?试画出线电压相量图加以说明。

2. 对称三相电源星形连接时,线电压与相电压之间有什么关系?如果三相电源为负序,则线电压与相电压之间有什么关系?

3. 当负载星形连接时,必须接中性线吗?

4. 当负载星形连接时，线电流一定等于相电流吗？

5. 当三相电源做三角形连接有一相接反时，电源回路的电压是任一相电压的两倍，试用相量图分析。

6. 当三相电源做三角形连接时，错误的连接会使电源内部产生较大的环流，用哪种简单方法可用来判断连接是否正确？说明理由。

7. 当负载做三角形连接时，线电流是否一定等于相电流的$\sqrt{3}$倍？

8. 三相不对称负载作三角形连接时，若有一相断路，对其他两相工作情况有影响吗？

9. 三相负载作三角形连接时，用电流表测出各相电流相等，则能否说三相负载是对称的？

10. 有人说三相电路的功率因数 $\cos\varphi$ 专指对称三相电路而言，你认为对吗？不对称三相电路有功率因数吗？

11. 有人说对称三相电路的功率因数角是指每相负载的阻抗角；又有人说功率因数角是相电压与相电流的相位差；还有人说功率因数角是线电压与线电流之间相位差。你认为哪些说法正确？试说明理由。

12. 有人说，对称三相电路有功功率计算公式 $P=\sqrt{3}U_l I_l\cos\varphi$ 中的功率因数对于星形连接负载而言是指相电压和相电流之间的相位差，对于三角形连接负载而言是指与线电流之间相位差。你认为对吗？试说明理由。

13. 对称三相四线制电路的平均功率可用一只功率表测定，你知道其接线方式吗？如果无中性线时怎样用一瓦计量法测定电路的平均功率？

14. 为什么对于三相三线制电路，不论负载对称与否，也不论负载以何种连接方式，均可用二瓦特计法测定平均功率？二瓦特计法的两只功率表是否可以随便接入电路？有什么要求？

15. 不对称的三相四线制电路能否用二瓦特计法测定其电路的平均功率？为什么？

16. 在三相交流电路中，负载对称的条件是(　　)。

A. $|Z_A|=|Z_B|=|Z_C|$　　B. $\varphi_A=\varphi_B=\varphi_C$　　C. $Z_A=Z_B=Z_C$

17. 某三角形连接的三相对称负载接于三相对称电源，线电流与其对应的相电流的相位关系是(　　)。

A. 线电流超前相电流 30°　　B. 线电流滞后相电流 30°　　C. 两者同相

18. 作星形连接有中线的三相不对称负载，接于对称的三相四线制电源上，则各相负载的电压(　　)。

A. 不对称　　B. 对称　　C. 不一定对称

19. 某三相电路中 A、B、C 三相的有功功率分别为 P_A、P_B、P_C，则该三相电路总的有功功率 P 为(　　)。

A. $P_A+P_B+P_C$　　B. $\sqrt{P_A^2+P_B^2+P_C^2}$　　C. $\sqrt{P_A+P_B+P_C}$

20. 对称三相电路的无功功率 $Q=\sqrt{3}U_l I_l\sin\varphi$，式中角 φ 为(　　)。

A. 线电压与线电流的相位差角　　B. 负载阻抗的阻抗角

C. 负载阻抗的阻抗角与 30°之和

21. 某三相对称电路的线电压 $u_{AB}=U_l\sqrt{2}\sin(\omega t+30°)$ V，线电流 $i_A=I_l\sqrt{2}\sin(\omega t+\varphi)$ A，正相序。负载连接成星形，每相复阻抗 $Z=|Z|\angle\varphi$。该三相电路的有功功率表达式为(　　)。

A. $\sqrt{3}U_1I_1\lambda$　　B. $\sqrt{3}U_1I_1\cos(30^\circ+\varphi)$　　C. $\sqrt{3}U_1I_1\cos30^\circ$

22. 对称星形负载接于三相四线制电源上，如图 2.4 所示。若电源线电压为 380 V，当在 D 点断开时，U_1 为(　　)。

A. 220 V　　B. 380 V　　C. 190 V

23. 某三相电源的电动势分别为 $e_A=20\sin(314t+16^\circ)$ V，$e_B=20\sin(314t-104^\circ)$，$e_C=20\sin(314t+136^\circ)$ V，当 $t=13$ s 时，该三相电动势之和为(　　)。

A. 20 V　　B. $\frac{20}{\sqrt{2}}$ V　　C. 0 V

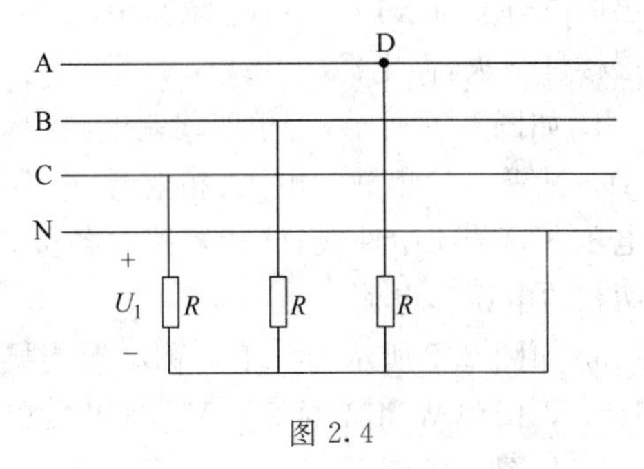

图 2.4

24. 某三相电路的三个线电流分别为 $i_A=18\sin(314t+23^\circ)$ A，$i_B=18\sin(314t-97^\circ)$ A，$i_C=18\sin(314t+143^\circ)$ A，当 $t=10$ s 时，这三个电流之和为(　　)。

A. 18 A　　B. $\frac{18}{\sqrt{2}}$ A　　C. 0 A

25. 三相交流发电机的三个绕组接成星形时，若线电压 $u_{BC}=380\sqrt{2}\sin\omega t$ V，则相电压 $u_A=$(　　)。

A. $220\sqrt{2}\sin(\omega t+90^\circ)$ V　　B. $220\sqrt{2}\sin(\omega t-30^\circ)$ V　　C. $220\sqrt{2}\sin(\omega t-150^\circ)$ V

26. 有一台三相电阻炉，各相负载的额定电压均为 220 V，当电源线电压为 380 V 时，此电阻炉应接成(　　)形。

A. Y　　B. Δ　　C. Y_0

27. 有一台星形连接的三相交流发电机，额定相电压为 660 V，若测得其线电压 $U_{AB}=660$ V，$U_{BC}=660$ V，$U_{CA}=1\,143$ V，则说明(　　)。

A. A 相绕组接反　　B. B 相绕组接反　　C. C 相绕组接反

28. 在某对称星形连接的三相负载电路中，已知线电压 $u_{AB}=380\sqrt{2}\sin\omega t$ V，则 C 相电压有效值相量 $\dot{U}_C$(　　)。

A. $220\angle90^\circ$ V　　B. $380\angle90^\circ$ V　　C. $220\angle-90^\circ$ V

29. 作三角形连接的三相对称负载，均为 R、L、C 串联电路，且 $R=10\ \Omega$，$X_L=X_C=5\ \Omega$，当相电流有效值为 $I_P=1$ A 时，该三相负载的无功功率 $Q=$(　　)。

A. 15 var　　B. 30 var　　C. 0 var

30. 某三角形连接的纯电容负载接于三相对称电源上，已知各相容抗 $X_C=6\ \Omega$，线电流为 10 A，则三相视在功率为(　　)。

A. 1 800 V·A　　B. 600 V·A　　C. 600 W

综合应用

1. 一对称三相正弦电压源的 $\dot{U}_U=127\angle90^\circ$ V。(1)试写出 $\dot{U}_V$、$\dot{U}_W$；(2)求 $\dot{U}_U-\dot{U}_W$，并与

$\dot{U}_U$ 进行比较；(3)求 $\dot{U}_V+\dot{U}_W$，并与 $\dot{U}_U$ 进行比较；(4)画相量图。

2. 一台三相发电机的绕组连成星形时线电压为 6 300 V。(1)试求发电机绕组的相电压；(2)如将绕组改成三角形连接，求线电压。

3. 某建筑物有三层楼，每层的照明分别由三相电源中的一相供电。电源电压为 380 V/220 V，每层楼装有 220 V、100 W 白炽灯 15 只。(1)画出电灯接入电源的线路图；(2)当三个楼层的电灯全部亮时，求线电流和中性线电流；(3)如一层楼电灯全部亮，二层楼只开 5 只灯，三层楼灯全灭，而电源中性线又断开，这时一、二层楼电灯两端的电压为多少？

4. 如图 2.5 所示，三相四线制电路中，电源线电压为 380 V，负载 $R_U=11\ \Omega$，$R_V=R_W=22\ \Omega$。试求：(1)负载相电压、相电流、中性线电流并作相量图；(2)若中性线断开，再求各负载相电压；(3)若无中性线，U 相短路时各负载相电压和相电流；(4)无中性线且 W 相断路时，另外两相的电压和电流。

5. 如图 2.6 所示为一不对称星形连接负载，接至 380 V 对称三相电源上，U 相为电感 $L=1$ H，V 相和 W 相都接 220 V、60 W 的灯泡。试判断 V 相和 W 相哪个灯亮，并画出相量图。

6. 如图 2.7 所示，电源线电压为 380 V，若各相负载的阻抗都是 10 Ω，中性线电流是否等于零？中性线是否可以去掉？

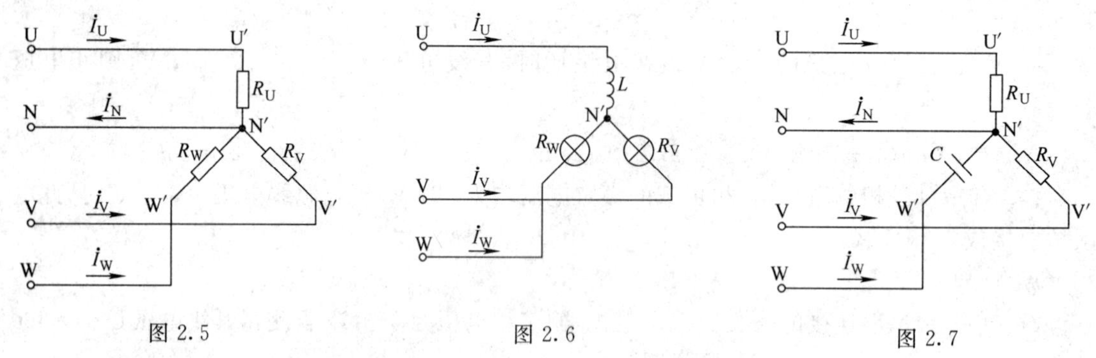

图 2.5　　图 2.6　　图 2.7

7. 一组三相对称负载，每相电阻 $R=10\ \Omega$，接在线电压为 380 V 的三相电源上，试求下面两种接法的线电流：(1)负载接成三角形；(2)负载接成星形。

8. 为了减小三相笼型异步电动机的启动电流，通常把电动机先连接成星形，转起来后改成三角形连接(称 Y－△启动)，试求：(1)Y－△启动时的相电流之比；(2)Y－△启动时的线电流之比。

9. 三相对称负载每相阻抗 $Z=(6+\mathrm{j}8)\Omega$，每相负载额定电压为 380 V。已知三相电源线电压为 380 V。问此三相负载应如何连接？试计算相电流和线电流。

10. 如图 2.8 所示电路，已知 $R_1=R_2=R_3$，若负载 R_1 断开，图中所接的两个电流表读数有无变化？为什么？

11. 如图 2.9 所示，已知电源线电压为 220 V，电流表读数为 17.3 A，每相负载的有功功率为 4.5 kW，求每相负载的电阻和电抗。

12. 线电压 $U_l=220$ V 的对称三相电源上接有两组对称三相负载，一组是接成三角形的感性负载，每相功率为 4.84 kW，功率因数 $\cos\varphi=0.8$；另一组是接成星形的电阻负载，每相阻值为 10 Ω，如图 2.10 所示。求各组负载的相电流及总的线电流。

13. 有一台三相电动机，其功率为 32 kW，功率因数 $\cos\varphi=0.8$，若该电动机接在 $U_l=$

380 V的电源上，求电动机的线电流。

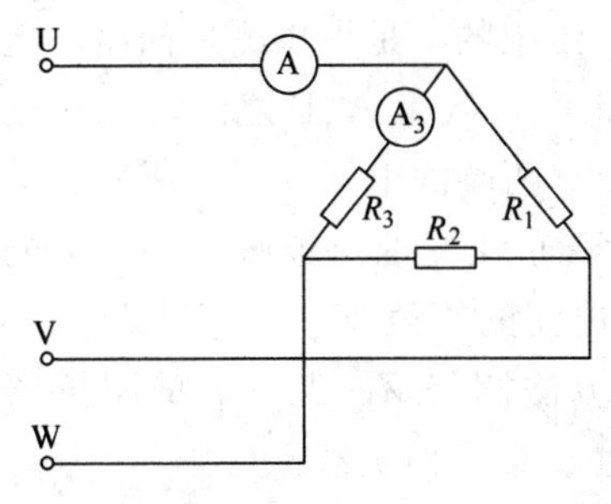

图 2.8

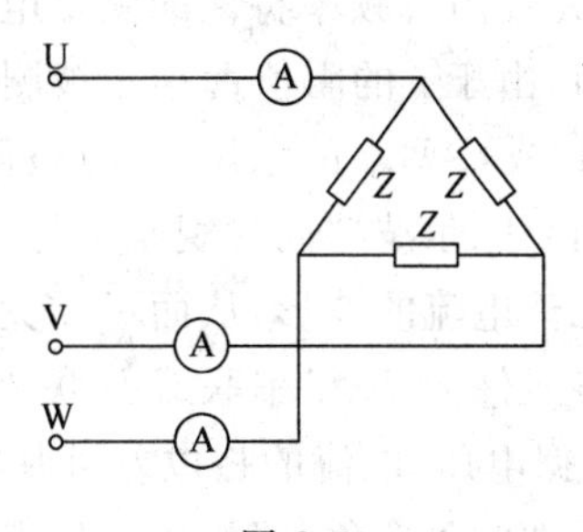

图 2.9

14. 有一台三相电动机，它的额定输出功率为 10 kW，额定电压为 380 V，效率为 0.875，功率因数 $\cos\varphi=0.88$，问在额定功率下，取用电源的电流是多少？

15. 当使用工业三相电阻炉时，常常采取改变电阻丝的接法来调节加热温度。今有一台三相电阻炉，每相电阻为 8.68 Ω，试计算：(1)线电压为 380 V 时，电阻炉为三角形和星形连接的功率各为多少？(2)线电压为 220 V 时，电阻炉为三角形连接的功率为多少？

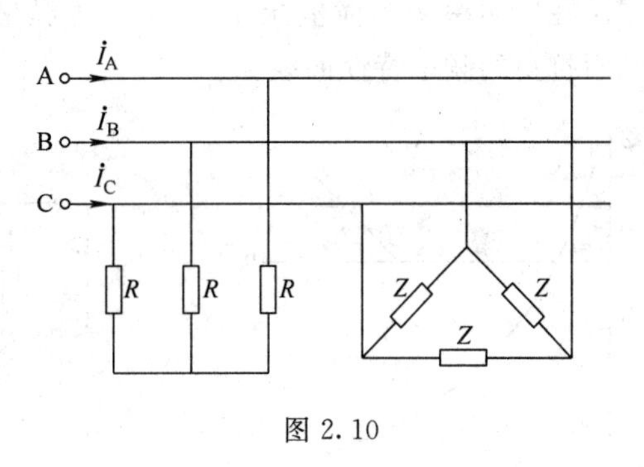

图 2.10

16. 已知对称三相负载的阻抗角为 75°(感性)接在线电压为 380 V 的三相电源上，线电流为 5.5 A，画出用“二瓦特计”法测量功率的接线图并求两功率表的读数及负载的有功功率、无功功率。

17. 三角形连接的三相对称感性负载由 $f=50$ Hz、$U_l=220$ V的三相对称交流电源供电，已知电源供出的有功功率为 3 kW，负载线电流为 10 A，求各相负载的 R、L 参数。

18. 非对称三相负载，$Z_1=5\angle 10°\,\Omega$，$Z_2=9\angle 30°\,\Omega$，$Z_3=10\angle 80°\,\Omega$，连接成如图 2.11 所示的三角形，由线电压为 380 V 的对称三相电源供电。求负载的线电流 I_A、I_B、I_C，并画出 $\dot{I}_A$、$\dot{I}_B$、$\dot{I}_C$ 的相量图。

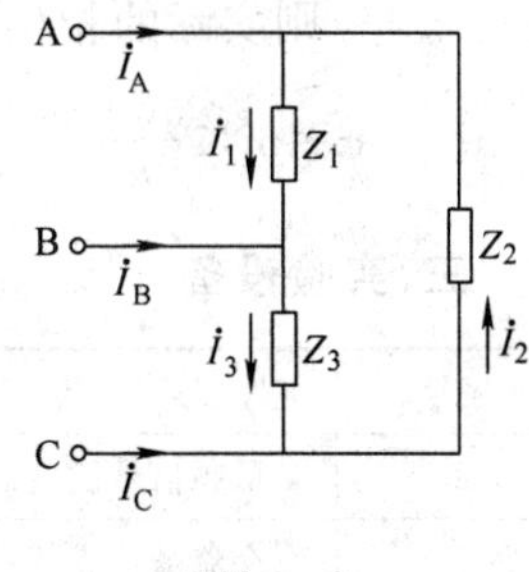

图 2.11

技能训练

技能训练 16 *R*、*L*、*C* 元件阻抗特性的测定

一、实验目的

(1)验证电阻、感抗、容抗与频率的关系，测定 $R-f$、X_L-f 及 X_C-f 特性曲线。

(2)加深理解 R、L、C 元件端电压与电流间的相位关系。

二、原理说明

(1)在正弦交变信号作用下，R、L、C 电路元件在电路中的抗流作用与信号的频率有关，它

们的阻抗频率特性 $R-f$，X_L-f，X_C-f 曲线如图 2.12 所示。

(2)元件阻抗频率特性的测量电路如图 2.13 所示。图中的 r 是提供测量回路电流用的标准小电阻，由于 r 的阻值远小于被测元件的阻抗值，因此可以认为 A、B 之间的电压就是被测元件 R、L 或 C 两端的电压，流过被测元件的电流则可由 r 两端的电压除以 r 所得。

若用双踪示波器同时观察 r 与被测元件两端的电压，亦就展现出被测元件两端的电压和流过该元件电流的波形，从而可在荧光屏上测出电压与电流的幅值及它们之间的相位差。

①将元件 R、L、C 串联或并联相接，亦可用同样的方法测得 $Z_{串}$ 与 $Z_{并}$ 的阻抗频率特性 $Z-f$，根据电压、电流的相位差可判断 $Z_{串}$ 或 $Z_{并}$ 是感性还是容性负载。

②元件的阻抗角(即相位差 φ)随输入信号的频率变化而改变，将各个不同频率下的相位差画在以频率 f 为横坐标、阻抗角 φ 为纵坐标的坐标纸上，并用光滑的曲线连接这些点，即得到阻抗角的频率特性曲线。

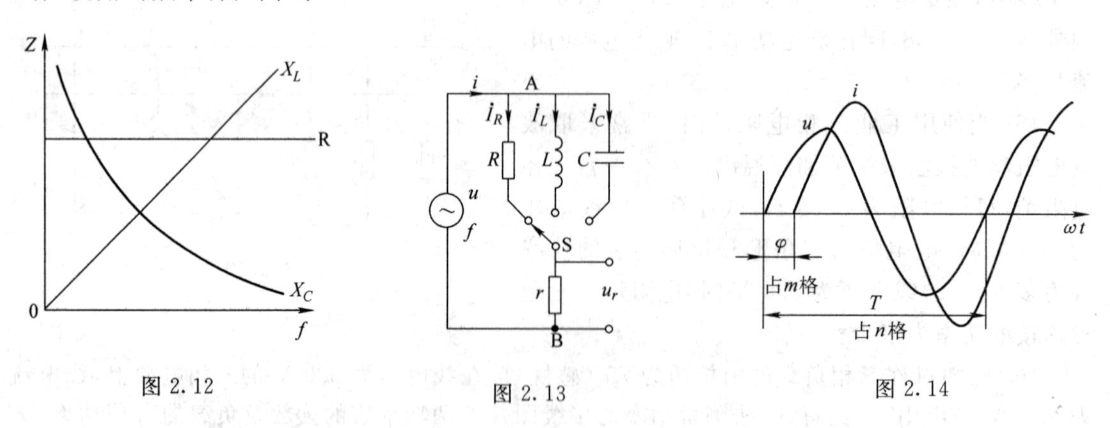

图 2.12　　图 2.13　　图 2.14

用双踪示波器测量阻抗角的方法如图 2.13 所示。从荧光屏上数得一个周期占 n 格，相位差占 m 格，则实际的相位差 φ(阻抗角)为

$$\varphi=m\times\frac{360^{\circ}}{n}$$

三、实验设备

序号	名　称	型号与规格	数量	备　注
1	低频信号发生器		1	DG03
2	交流毫伏表	0～600 V	1	D83
3	双踪示波器		1	自备
4	频率计		1	DG03
5	实验线路元件	R=1 kΩ，C=1 μF，L≈1 H	1	DG09
6	电阻	30 Ω	1	DG09

四、实验内容

(1)测量 R、L、C 元件的阻抗频率特性。

通过电缆线将低频信号发生器输出的正弦信号接至如图 2.13 的电路，作为激励源 u，并用交流毫伏表测量，使激励电压的有效值为 U=3 V，并保持不变。

使信号源的输出频率从 200 Hz 逐渐增至 5 kHz(用频率计测量)，并使开关 S 分别接通

R、L、C 三个元件，用交流毫伏表测量 U_r，并计算各频率下的 I_R、I_L 和 I_C（即 U_r/r）以及 $R=U/I_R$、$X_L=U/I_U$ 及 $X_C=U/I_C$ 之值。

注意：在接通 C 测试时，信号源的频率应控制在 200～2 500 Hz 之间。

(2)用双踪示波器观察在不同频率下各元件阻抗角的变化情况，根据图 2.14 记录 n 和 m，计算出 φ。

(3)测量 R、L、C 元件串联的阻抗角频率特性。

五、注意事项

(1)交流毫伏表属于高阻抗电表，测量前必须先调零。

(2)测 φ 时，示波器的"V/div"和"t/div" 的微调旋钮应旋置"校准"位置。

六、预习思考题

测量 R、L、C 各个元件的阻抗角时，为什么要与它们串联一个小电阻？可否用一个小电感或大电容代替？为什么？

七、实验报告

(1)根据实验数据，在方格纸上绘制 R、L、C 三个元件的阻抗频率特性曲线，从中可得出什么结论？

(2)根据实验数据，在方格纸上绘制 R、L、C 三个元件的阻抗角频率特性曲线，并总结、归纳出结论。

(3) 心得体会及其他。

技能训练 17 用三表法测量电路等效参数

一、实验目的

(1)学会用交流电压表、交流电流表和功率表测量元件的交流等效参数的方法。

(2)学会功率表的接法和使用。

二、原理说明

(1)正弦交流信号激励下的元件值或阻抗值，可以用交流电压表、交流电流表及功率表分别测量出元件两端的电压 U、流过该元件的电流 I 和它所消耗的功率 P，然后通过计算得到所求的各值，这种方法称为三表法，它是测量 50 Hz 交流电路参数的基本方法。

计算的基本公式如下。

阻抗的模 $|Z|=\frac{U}{I}$，电路的功率因数 $\cos\varphi=\frac{P}{UI}$，等效电阻 $R=\frac{P}{I^2}=|Z|\cos\varphi$，等效电抗 $X=|Z|\sin\varphi$ 或 $X=X_L=2\pi fL$，$X=X_C=\frac{1}{2\pi fC}$。

(2) 阻抗性质的判别方法：可用在被测元件两端并联电容或将被测元件与电容串联的方法来判别。其原理如下。

①在被测元件两端并联一只适当容量的试验电容，若串接在电路中电流表的读数增大，则被测阻抗为容性，电流减小则为感性。

图 2.15(a)中,Z 为待测定的元件,C'为试验电容器。图 2.15(b)是图 2.15(a)的等效电路,图中 G、B 为待测阻抗 Z 的电导和电纳,B'为并联电容 C' 的电纳。在端电压有效值不变的条件下,按下面两种情况进行分析。

a. 设 $B+B'=B''$,若 B'增大,B''也增大,则电路中电流 I 将单调地上升,故可判断 B 为容性元件。

b. 设 $B+B'=B''$,若 B'增大,而 B''先减小而后再增大,电流 I 也是先减小后上升,如图 2.16 所示,则可判断 B 为感性元件。

由以上分析可见,当 B 为容性元件时,对并联电容 C'值无特殊要求;而当 B 为感性元件时,$B'<|2B|$ 才有判定为感性的意义。$B'>|2B|$ 时,电流单调上升,与 B 为容性时相同,并不能说明电路是感性的。因此 $B'<|2B|$ 是判断电路性质的可靠条件,由此得判定条件为 $C'<|\frac{2B}{\omega}|$。

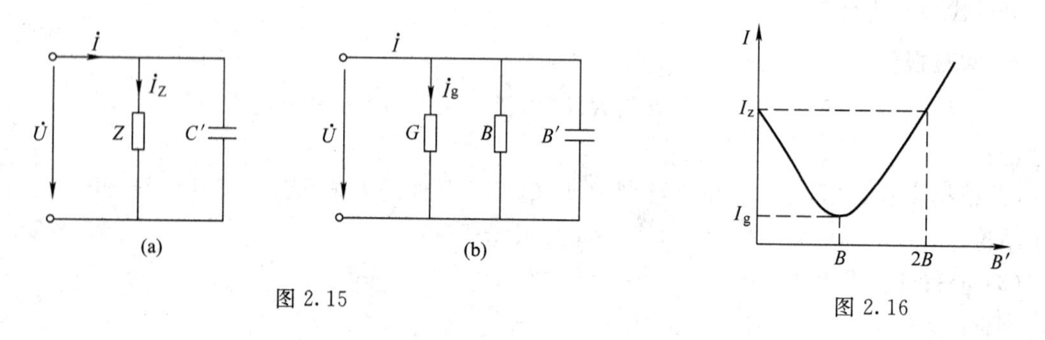

图 2.15

图 2.16

②与被测元件串联一个适当容量的试验电容,若被测阻抗的端电压下降,则判为容性,端压上升则为感性,判定条件为

$$\frac{1}{\omega C'}<|2X|$$

式中:X 为被测阻抗的电抗值;C'为串联试验电容值,此关系式可自行证明。

判断待测元件的性质,除上述借助于试验电容 C'测定法外,还可以利用该元件的电流 i 与电压 u 之间的相位关系来判断。若 i 超前于 u,为容性;若 i 滞后于 u,则为感性。

(3)本实验所用的功率表为智能交流功率表,其电压接线端应与负载并联,电流接线端应与负载串联。

三、实验设备

序号	名称	型号与规格	数量	备注
1	交流电压表	0~500 V	1	D33
2	交流电流表	0~5 A	1	D32
3	功率表		1	D34
4	自耦调压器		1	DG01
5	镇流器(电感线圈)	与 40 W 日光灯配用	1	DG09
7	电容器	1 μF, 4.7 μF/500 V	1	DG09
8	白炽灯	15 W /220 V	3	DG08

四、实验内容

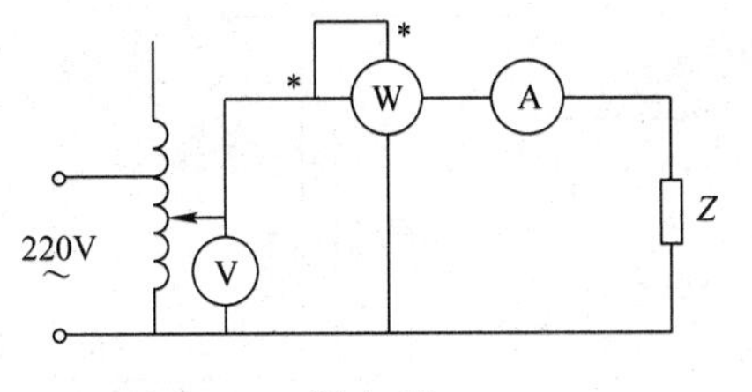

图 2.17

测试线路如图 2.17 所示。

(1)按图 2.17 接线，并经指导教师检查后，方可接通市电电源。

(2)分别测量 15 W 白炽灯(*R*)、40 W 日光灯镇流器(*L*) 和 4.7 μF 电容器(*C*)的等效参数。

(3)测量 *L*、*C* 串联与并联后的等效参数。

被测阻抗	测量值			计算值			电路等效参数		
	U(V)	*I*(A)	*P*(W)	cos*φ*	*Z*(Ω)	cos*φ*	*R*(Ω)	*L*(mH)	*C*(μF)
15 W 白炽灯 *R*									
电感线圈 *L*									
电容器 *C*									
L 与 *C* 串联									
L 与 *C* 并联									

(4)验证用串、并试验电容法判别负载性质的正确性。

实验线路同图 2.17，但不必接功率表，按下表内容进行测量和记录。

被测元件	串 1 μF 电容		并 1 μF 电容	
	串前端电压(V)	串后端电压(V)	并前电流(A)	并后电流(A)
R(3 只 15 W 白炽灯)				
C(4.7 μF)				
L(1 H)				

(5)三表法测定无源单口网络的交流参数。

①实验电路如图 2.18 所示。

实验电源取自主控屏 50 Hz 三相交流电源中的一相。调节自耦调压器，使单相交流最大输出电压为 150 V。

用本实验单元黑匣子上的 6 只开关，可变换出 8 种不同的电路：

a. K1 合(开关投向上方)，其他断；

b. K2、K4 合，其他断；

c. K3、K5 合，其他断；

d. K2 合，其他断；

e. K3、K6 合，其他断；

f. K2、K3、K6 合，其他断；

g. K2、K3、K4、K5 合，其他断；

h. 所有开关合。

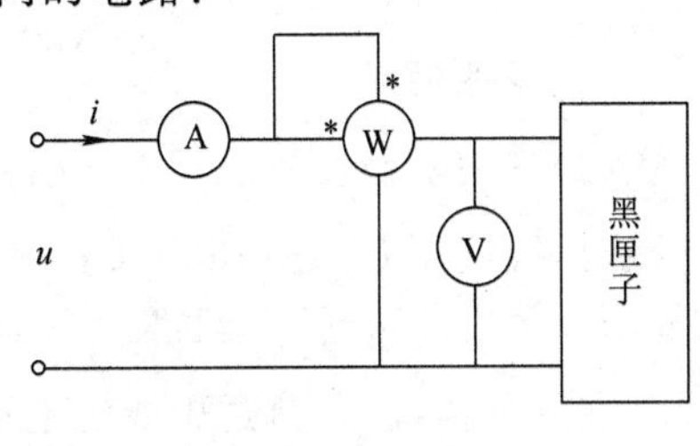

图 2.18

测出以上 8 种电路的 *U*、*I*、*P* 及 cos*φ* 的值，并列表记录。

②按图 2.19 接线。将自耦调压器的输出电压调为小于 30 V。按照步骤①中黑匣子的 8

种开关组合，观察和记录 u、i(即 r 上的电压和电流)的相位关系。

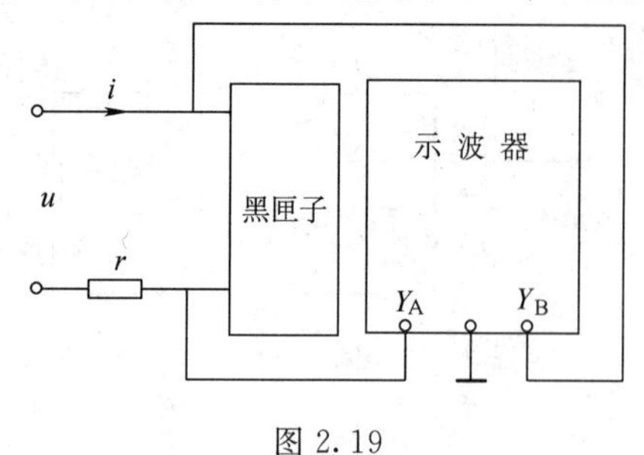

图 2.19

五、实验注意事项

(1) 本实验直接用市电 220 V 交流电源供电，实验中要特别注意人身安全，不可用手直接触摸通电线路的裸露部分，以免触电，进实验室应穿绝缘鞋。

(2)自耦调压器在接通电源前，应将其手柄置在零位上，调节时，使其输出电压从零开始逐渐升高。每次改接实验线路、换拨黑匣子上的开关及实验完毕，都必须先将其旋柄慢慢调回零位，再断电源。必须严格遵守这一安全操作规程。

(3) 实验前应详细阅读智能交流功率表的使用说明书，熟悉其使用方法。

六、预习思考题

(1) 在 50 Hz 的交流电路中，测得一只铁芯线圈的 P、I 和 U，如何算得它的阻值及电感量？

(2) 如何用串联电容的方法来判别阻抗的性质？试用 I 随 X_C'(串联容抗)的变化关系作定性分析，证明串联试验时，C'满足 $\frac{1}{\omega C'} < |2X|$ 。

七、实验报告

(1) 根据实验数据，完成各项计算。

(2) 完成预习思考题

(3) 根据实验内容(5)的观察测量结果，分别作出等效电路图，计算出等效电路参数并判定负载的性质。

(4) 心得体会及其他。

技能训练 18　三相交流电路电压、电流的测量

一、实验目的

(1) 掌握三相负载作星形连接、三角形连接的方法，验证这两种接法下线、相电压及线、相电流之间的关系。

(2)充分理解三相四线供电系统中中线的作用。

二、原理说明

(1)三相负载可接成星形(又称“Y”接)或三角形(又称“△”接)。当三相对称负载作 Y 形连接时，线电压 U_l 是相电压 U_P 的$\sqrt{3}$倍。线电流 I_l 等于相电流 I_P，即

$$U_l=\sqrt{3}U_P, I_l=I_P$$

在这种情况下，流过中线的电流 $I_0=0$，所以可以省去中线。

当对称三相负载作△形连接时，有 $I_l=\sqrt{3}I_p$，$U_l=U_P$。

(2)不对称三相负载作 Y 连接时，必须采用三相四线制接法，即 Y_0 接法。而且中线必须牢固连接，以保证三相不对称负载的每相电压维持对称不变。

倘若中线断开，会导致三相负载电压的不对称，致使负载轻的那一相的相电压过高，使负

载遭受损坏；负载重的一相相电压又过低，使负载不能正常工作。尤其是对于三相照明负载，无条件地一律采用 Y_0 接法。

(3)当不对称负载作△连接时，$I_l \neq I_p$，但只要电源的线电压 U_l 对称，加在三相负载上的电压仍是对称的，对各相负载工作没有影响。

三、实验设备

序号	名称	型号与规格	数量	备注
1	交流电压表	0～500 V	1	D33
2	交流电流表	0～5 A	1	D32
3	万用表		1	自备
4	三相自耦调压器		1	DG01
5	三相灯组负载	220 V,15 W 白炽灯	9	DG08
6	电门插座		3	DG09

四、实验内容

(1)三相负载星形连接(三相四线制供电)。

按图 2.20 线路组接实验电路。即三相灯组负载经三相自耦调压器接通三相对称电源。将三相调压器的旋柄置于输出为 0 V 的位置(即逆时针旋到底)。经指导教师检查合格后，方可开启实验台电源，然后调节调压器的输出，使输出的三相线电压为 220 V，并按下述内容完成各项实验，分别测量三相负载的线电压、相电压、线电流、相电流、中线电流、电源与负载中点间的电压。将所测得的数据记入下表中，并观察各相灯组亮暗的变化程度，特别要注意观察中线的作用。

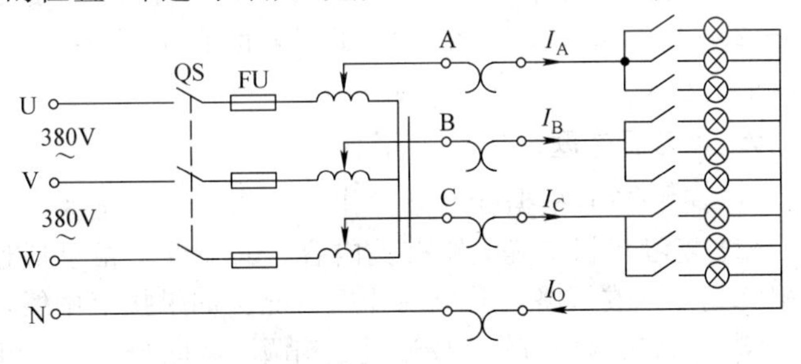

图 2.20

测量数据 实验内容 (负载情况)	开灯盏数			线电流(A)			线电压(V)			相电压(V)			中线电流 I_0(A)	中点电压 U_{N0}(V)
	A 相	B 相	C 相	I_A	I_B	I_C	U_{AB}	U_{BC}	U_{CA}	U_{A0}	U_{B0}	U_{C0}		
Y_0 连接平衡负载	3	3	3											
Y 连接平衡负载	3	3	3											
Y_0 连接不平衡负载	1	2	3											
Y 连接不平衡负载	1	2	3											
Y_0 连接 B 相断开	1		3											
Y 连接 B 相断开	1		3											
Y 连接 B 相短路	1		3											

(2)负载三角形连接(三相三线制供电)。

按图 2.21 改接线路，经指导教师检查合格后接通三相电源，并调节调压器，使其输出线电压为 220 V，并按下表的内容进行测试。

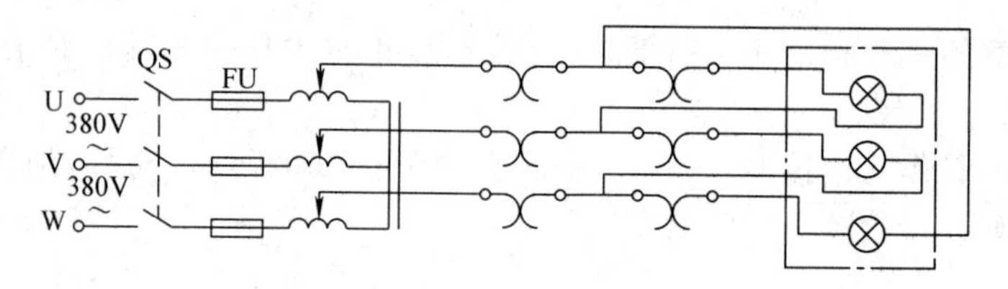

图 2.21

测量数据 负载情况	开灯盏数			线电压＝相电压(V)			线电流(A)			相电流(A)		
	A—B相	B—C相	C—A相	U_{AB}	U_{BC}	U_{CA}	I_A	I_B	I_C	I_{AB}	I_{BC}	I_{CA}
三相平衡	3	3	3									
三相不平衡	1	2	3									

五、注意事项

(1)本实验采用三相交流市电，线电压为 380 V，应穿绝缘鞋进入实验室。实验时要注意人身安全，不可触及导电部件，防止意外事故发生。

(2)每次接线完毕，同组同学应自查一遍，然后由指导教师检查后，方可接通电源，必须严格遵守“先断电、再接线、后通电；先断电、后拆线”的实验操作原则。

(3)星形负载作短路实验时，必须首先断开中线，以免发生短路事故。

(4)为避免烧坏灯泡，DG08 实验挂箱内设有过压保护装置。当任一相电压大于 245～250 V时，即声光报警并跳闸。因此，在做 Y 连接不平衡负载或缺相实验时，所加线电压应以最高相电压小于 240 V 为宜。

六、预习思考题

(1) 三相负载根据什么条件作星形或三角形连接？

(2) 复习三相交流电路有关内容，试分析三相星形连接不对称负载在无中线情况下，当某相负载开路或短路时会出现什么情况？如果接上中线，情况又如何？

(3) 本次实验中为什么要通过三相调压器将 380 V 的市电线电压降为 220 V 的线电压使用？

七、实验报告

(1) 用实验测得的数据验证对称三相电路中的$\sqrt{3}$关系。

(2) 用实验数据和观察到的现象，总结三相四线供电系统中中线的作用。

(3) 不对称三角形连接的负载，能否正常工作？实验是否能证明这一点？

(4) 根据不对称负载三角形连接时的相电流值作相量图，并求出线电流值，然后与实验测得的线电流作比较，分析之。

(5) 心得体会及其他。

技能训练 19　三相电路功率的测量

一、实验目的

(1) 掌握用一瓦特表法、二瓦特表法测量三相电路有功功率与无功功率的方法。

(2) 进一步熟练掌握功率表的接线和使用方法。

二、原理说明

(1)对于三相四线制供电的三相星形连接的负载(即 Y_0 接法)，可用一只功率表测量各相的

有功功率 P_A、P_B、P_C，则三相负载的总有功功率 $\Sigma P=P_A+P_B+P_C$。这就是一瓦特表法，如图 2.22 所示。若三相负载是对称的，则只需测量一相的功率，再乘以 3 即得三相总的有功功率。

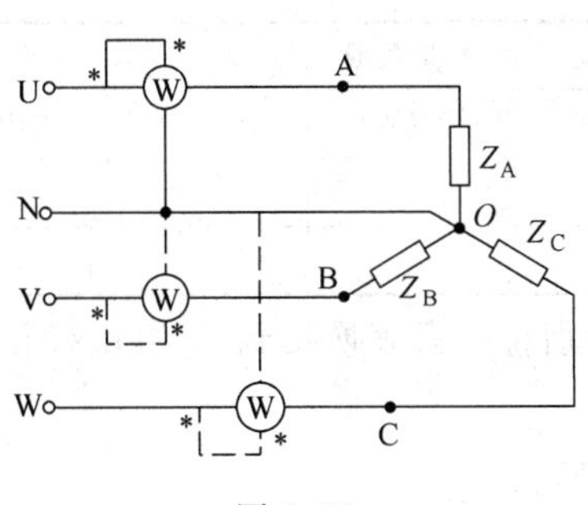

图 2.22

U
V
W
W
W
P_1
P_2
三相负载

图 2.23

(2) 三相三线制供电系统中，不论三相负载是否对称，也不论负载是 Y 连接还是△连接，都可用二瓦特表法测量三相负载的总有功功率。测量线路如图 2.23 所示。若负载为感性或容性，且当相位差 $\varphi>60°$ 时，线路中的一只功率表指针将反偏(数字式功率表将出现负读数)，这时应将功率表电流线圈的两个端子调换(不能调换电压线圈端子)，其读数应记为负值。而三相总功率 $\sum P=P_1+P_2$(P_1、P_2 本身不含任何意义)。

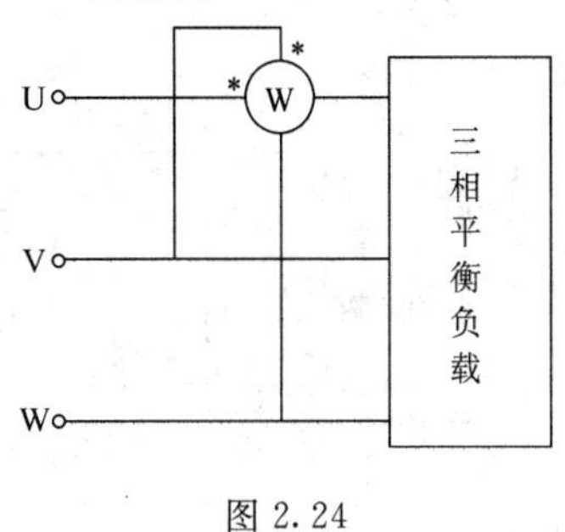

图 2.24

除图 2.23 的 I_A、U_{AC} 与 I_B、U_{BC} 接法外，还有 I_B、U_{AB} 与 I_C、U_{AC} 以及 I_A、U_{AB} 与 I_C、U_{BC} 两种接法。

(3) 对于三相三线制供电的三相对称负载，可用一瓦特表法测得三相负载的总无功功率 Q，测试原理线路如图 2.24 所示。

图示功率表读数的 $\sqrt{3}$ 倍，即为对称三相电路总的无功功率。除了此图给出的一种连接法(I_U、U_{VW})外，还有另外两种连接法，即接成(I_V、U_{UW})或(I_W、U_{UV})。

三、实验设备

序号	名　称	型号与规格	数量	备注
1	交流电压表	0～500 V	2	D33
2	交流电流表	0～5 A	2	D32
3	单相功率表		2	D34
4	万用表		1	自备
5	三相自耦调压器		1	DG01
6	三相灯组负载	220 V，15 W 白炽灯	9	DG08
7	三相电容负载	1 μF/500 V，2.2 μF/500 V，4.7 μF/ 500 V	各 3	DG09

四、实验内容

(1) 用一瓦特表法测定三相对称 Y_0 连接以及不对称 Y_0 连接负载的总功率 ΣP。实验按图 2.25 线路接线。线路中的电流表和电压表用以监视该相的电流和电压，不要超过功率表电压和电流的量程。

经指导教师检查后，接通三相电源，调节调压器输出，使输出线电压为 220 V，按下表的要求进行测量及计算。

负载情况	开灯盏数			测量数据			计算值
	A 相	B 相	C 相	P_A(W)	P_B(W)	P_C(W)	ΣP(W)
Y_0 连接对称负载	3	3	3				
Y_0 连接不对称负载	1	2	3				

首先将三只表按图 2.25 接入 B 相进行测量，然后分别将三只表换接到 A 相和 C 相，再进行测量。

(2) 用二瓦特表法测定三相负载的总功率。

①按图 2.26 接线，将三相灯组负载接成 Y 形连接。

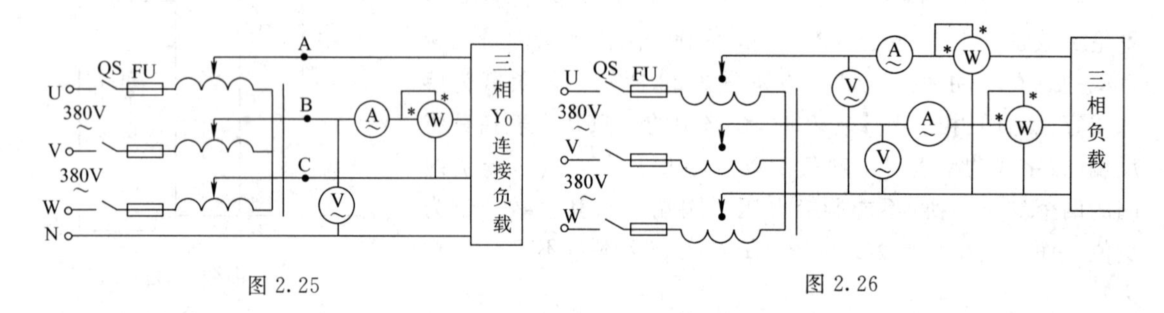

图 2.25　　　　图 2.26

经指导教师检查后，接通三相电源，调节调压器的输出线电压为 220V，按实验内容(1)表中内容进行测量。

②将三相灯组负载改成△形接法，重复①的测量步骤，数据记入下表中。

负载情况	开灯盏数			测量数据		计算值
	A 相	B 相	C 相	P_1(W)	P_2(W)	ΣP(W)
Y 连接平衡负载	3	3	3			
Y 连接不平衡负载	1	2	3			
△连接不平衡负载	1	2	3			
△连接平衡负载	3	3	3			

③将两只瓦特表依次按另外两种接法接入线路，重复①、②的测量(表格自拟)。

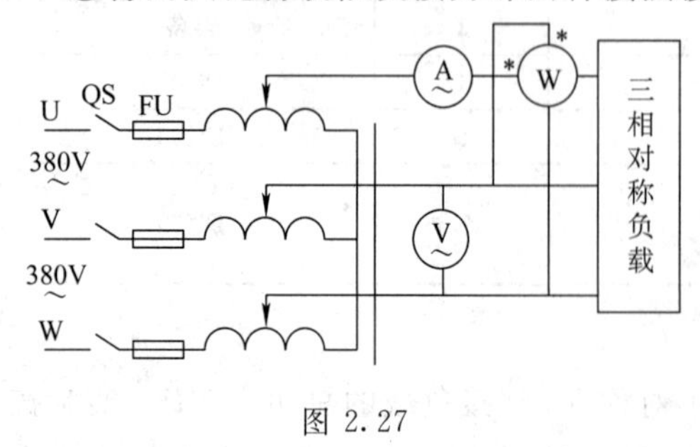

图 2.27

(3) 用一瓦特表法测定三相对称星形负载的无功功率，按图 2.27 所示的电路接线。

①每相负载由白炽灯和电容器并联而成，并由开关控制其接入。检查接线无误后，接通三相电源，将调压器的输出线电压调到 220 V，读取三表的读数，并计算无功功率 ΣQ，记入下表。

②分别按 I_V、U_{UW} 和 I_W、U_{UV} 接法，重复①的测量，并比较各自的 ΣQ 值。

接法	负载情况	测量值		计算值	
		U(V)	I(A)	Q(var)	$\Sigma Q=\sqrt{3}Q$
I_U，U_{VW}	(1) 三相对称灯组(每相开 3 盏)				
	(2) 三相对称电容器(每相 4.7 μF)				
	(3) (1)、(2)的并联负载				
I_V，U_{VW}	(1) 三相对称灯组(每相开 3 盏)				
	(2) 三相对称电容器(每相 4.7 μF)				
	(3) (1)、(2)的并联负载				
I_W，U_{VW}	(1) 三相对称灯组(每相开 3 盏)				
	(2) 三相对称电容器(每相 4.7 μF)				
	(3) (1)、(2)的并联负载				

五、注意事项

每次实验完毕，均需将三相调压器旋柄调回零位。每次改变接线，均需断开三相电源，以确保人身安全。

六、预习思考题

(1)复习二瓦特表法测量三相电路有功功率的原理。

(2)复习一瓦特表法测量三相对称负载无功功率的原理。

(3)测量功率时为什么在线路中通常都接有电流表和电压表？

七、实验报告

(1)完成数据表格中的各项测量和计算任务。比较一瓦特表和二瓦特表法的测量结果。

(2)总结、分析三相电路功率测量的方法与结果。

(3)心得体会及其他。

技能训练 20　功率因数及相序的测量

一、实验目的

(1)掌握三相交流电路相序的测量方法。

(2)熟悉功率因数表的使用方法，了解负载性质对功率因数的影响。

二、原理说明

图 2.28 为相序指示器电路，用以测定三相电源的相序 A、B、C(或 U、V、W)。它是由一个电容器和两个电灯联接成的星形不对称三相负载电路。如果电容器所接的是 A 相，则灯光较亮的是 B 相，较暗的是 C 相。相序是相对的，任何一相均可作为 A 相。但 A 相确定后，B 相和 C 相也就确定了。

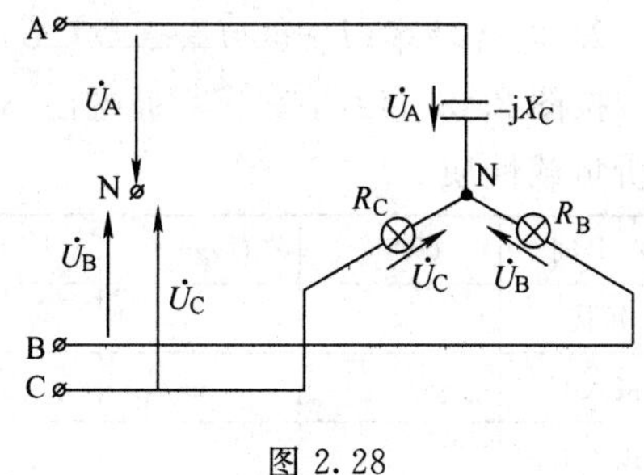

图 2.28

为了分析问题简单起见，设 $X_C=R_B=R_C=R$，$\dot{U}_A=U_P\angle 0°$，则

$$\dot{U}_{N'N}=\frac{U_P(\frac{1}{-jR})+U_P(-\frac{1}{2}-j\frac{\sqrt{3}}{2})(\frac{1}{R})+U_P(-\frac{1}{2}+j\frac{\sqrt{3}}{2})(\frac{1}{R})}{-\frac{1}{jR}+\frac{1}{R}+\frac{1}{R}}$$

$$\dot{U}_B'=\dot{U}_B-\dot{U}_{N'N}=U_P(-\frac{1}{2}-j\frac{\sqrt{3}}{2})-U_P(-0.2+j0.6)$$

$$=U_P(-0.3-j1.466)=1.49\angle-101.6°U_P$$

$$\dot{U}_C'=\dot{U}_C-\dot{U}_{N'N}=U_P(-\frac{1}{2}+j\frac{\sqrt{3}}{2})-U_P(-0.2+j0.6)$$

$$=U_P(-0.3+j0.266)=0.4\angle-138.4°U_P$$

由于$\dot{U}'_B>\dot{U}'_C$，故B相灯光较亮。

三、实验设备

序号	名　　称	型号与规格	数量	备注
1	单相功率表			D34
2	交流电压表	0～500 V		D33
3	交流电流表	0～5 A		D32
4	白炽灯组负载	15 W/220 V	3	DG08
5	电感线圈	40 W镇流器	1	DG09
6	电容器	1 μF，4.7 μF		DG09

四、实验内容

1. 相序的测定

(1)用220 V、15 W白炽灯和1 μF/500 V电容器，按图2.29接线，经三相调压器接入线电压为220 V的三相交流电源，观察两只灯泡的亮、暗，判断三相交流电源的相序。

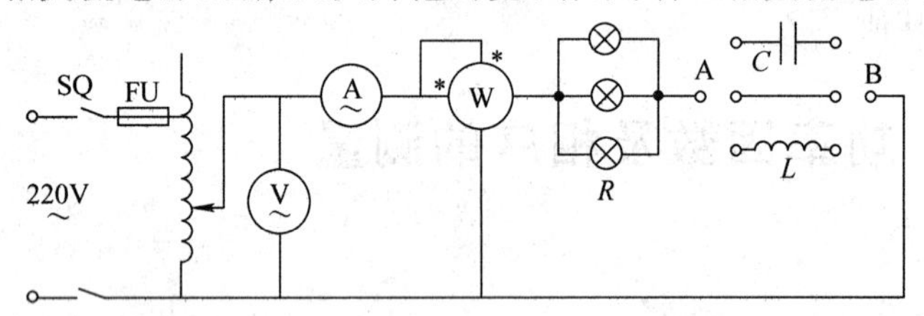

图2.29

(2)将电源线任意调换两相后再接入电路，观察两灯的明亮状态，判断三相交流电源的相序。

2. 电路功率(P)和功率因数($\cos\varphi$)的测定

按图2.29接线，按下表所述在A、B间接入不同器件，记录$\cos\varphi$表及其他各表的读数，并分析负载性质。

A、B间	U(V)	U_R(V)	U_L(V)	U_C(V)	I(A)	P(W)	$\cos\varphi$	负载性质
短接								
接入C								
接入L								
接入L和C								

说明：C为4.7 μF/500 V；L为40 W日光灯镇流器。

五、实验注意事项

每次改接线路都必须先断开电源。

六、预习思考题

根据电路理论，分析图 2.28 检测相序的原理。

七、实验报告

(1)简述实验线路的相序检测原理。

(2)根据 U、I、P 三表测定的数据，计算出 $\cos\varphi$，并与 $\cos\varphi$ 表的读数比较，分析误差原因。

(3)分析负载性质与 $\cos\varphi$ 的关系。

(4)心得体会及其他。

子学习领域 2　互感耦合电路的分析及其在输配电系统中的应用

内容摘要

(1)一个线圈通过电流，所产生的磁通穿过另一个线圈的现象，称为互感现象或磁耦合。

(2)互感系数定义为 $M_{21}=\dfrac{\psi_{21}}{i_1}$ 或 $M_{12}=\dfrac{\psi_{12}}{i_2}$，一般情况下 $M=M_{12}=M_{21}$。互感 M 取决于两个线圈的几何尺寸、匝数、相对位置和磁介质。当磁介质为非铁磁性物质时，M 是常数。

(3)耦合系数 k 表示两个线圈磁耦合的紧密程度，定义为 $k=\dfrac{M}{\sqrt{L_1L_2}}$。

(4)同名端即同极性端，对耦合电路的分析极为重要。同名端与两线圈绕向和它们的相对位置有关。工程实际常用实验方法判别同名端，有直流判别法和交流判别法。

(5)两互感线圈串联时的等效电感 $L=L_1+L_2\pm2M$，顺向串联时取“＋”号，反向串联时取“－”号。

(6)两互感线圈并联时的等效电感：$L_{并}=\dfrac{L_1L_2-M^2}{L_1+L_2\mp2M}$

同侧并联：$L_{tc}=\dfrac{L_1L_2-M^2}{L_1+L_2-2M}$

异侧并联：$L_{yc}=\dfrac{L_1L_2-M^2}{L_1+L_2+2M}$

(7) T 形电路的去耦法：当两个线圈具有一个公共节点时，应用如图 2.30 所示互感消去法的规则，可将含互感电路等效变换为无互感电路，然后求解。

(8)互感系数的测量方法：等效电感法和开路电压法。

等效电感法：由 $M=\dfrac{L_s-l_f}{4}$ 计算。

开路电压法：由 $M=\dfrac{U_{20}}{\omega I_1}$ 计算 。

(9)空心变压器电路的分析有两种方法：一是先列写一、二次回路的 KVL 方程，再联立求解得一二次回路电流；二是先求出空心变压器一次回路等效电路，从电源端看进去可用输入阻

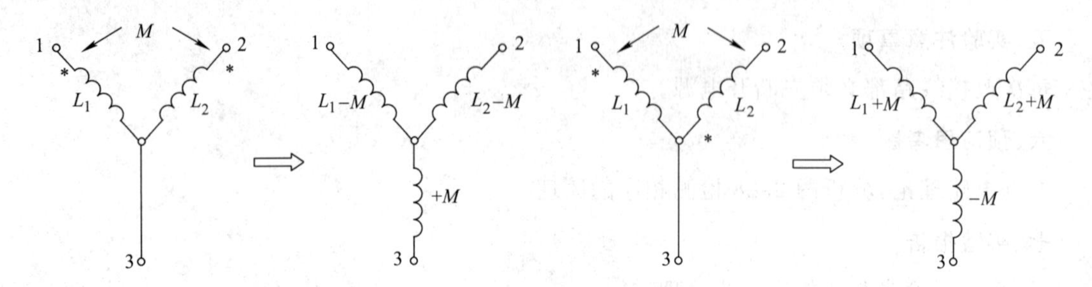

图 2.30

抗 $Z_i=\dfrac{\dot{U}_s}{\dot{I}_1}=Z_{11}+Z_{fs}$来表达，其中反射阻抗 $Z_{fs}=\dfrac{\omega^2M^2}{Z_{22}}$反映空心变压器具有反转阻抗的功能，即把二次回路感性阻抗转变成容性阻抗，而容性阻抗可转变成感性阻抗。

难题解析

1. 如图 2.31 所示电路中，$L_1=10$ mH，$L_2=22.5$ mH，耦合电感的耦合系数 $k=0.8$。当线圈 2 短接，求线圈 1 端的等效电感 L。

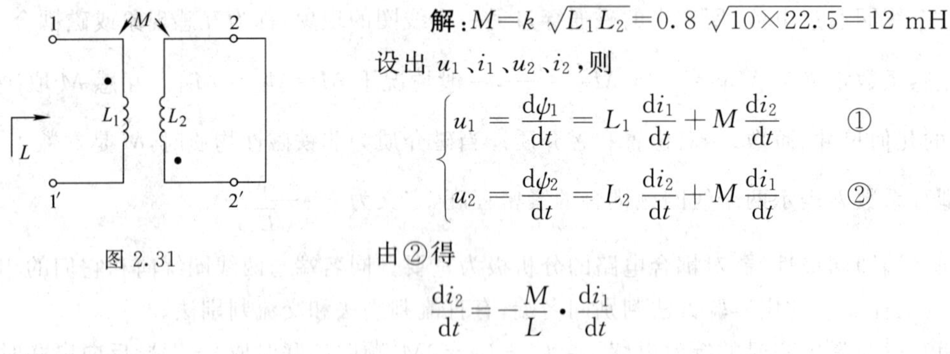

图 2.31

解：$M=k\sqrt{L_1L_2}=0.8\sqrt{10\times22.5}=12$ mH

设出 u_1、i_1、u_2、i_2，则

$$\begin{cases}u_1=\dfrac{d\psi_1}{dt}=L_1\dfrac{di_1}{dt}+M\dfrac{di_2}{dt} & ①\\ u_2=\dfrac{d\psi_2}{dt}=L_2\dfrac{di_2}{dt}+M\dfrac{di_1}{dt} & ②\end{cases}$$

由②得

$$\frac{di_2}{dt}=-\frac{M}{L}\cdot\frac{di_1}{dt}$$

代入①可得

$$u_1=L_1\frac{di_1}{dt}-\frac{M^2}{L^2}\cdot\frac{di_1}{dt}=\left(L_1-\frac{M^2}{L_2}\right)\frac{di_1}{dt}$$

∴等效电感 $L=L_1-\dfrac{M^2}{L^2}=10-\dfrac{12^2}{22.5}=3.6$ mH

2. 图 2.32(a)所示正弦稳态电路，已知 $u_S(t)=2\cos(2t+45°)$ V，$L_1=L_2=1.5$ H，$M=0.5$ H，负载电阻 $R_L=1\ \Omega$。求 R_L 吸收的功率。

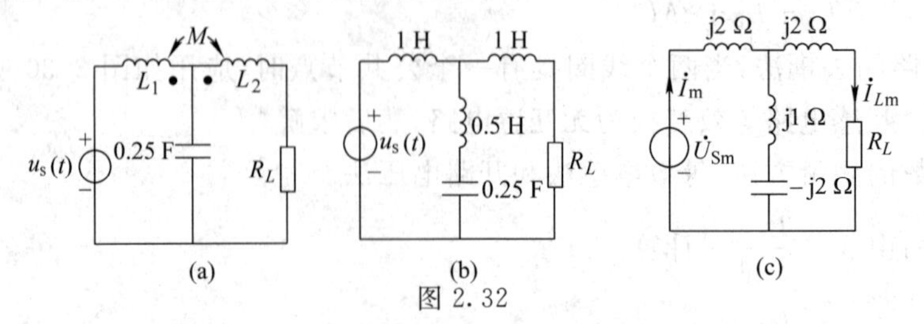

图 2.32

解：应用 T 型去耦等效将图(a)等效为图(b)，再画出向量模型图(c)，由阻抗串并联求得

$$\dot{I}_m=\frac{\dot{U}_{sm}}{(1+j2)\,||\,[j1+(-j2)]}=\frac{2\angle45°}{1/\sqrt{2}\angle45°}=2\sqrt{2}\angle0°\text{ A}$$

应用分流公式，有

$$I_{Lm}=\frac{j1-j2}{1+j2+j1-j2}\times\dot{I}_m=\frac{-j1}{1+j1}\times2\sqrt{2}\angle0^\circ=2\angle-135^\circ\ A$$

$$\therefore P_L=\frac{1}{2}I_{Lm}^2R_L=2\ W$$

3. 如图 2.33 所示电路，求 ab 端的等效电感 L。已知 $L_1=0.1$ H，$L_2=0.4$ H，$M=0.12$ H。

解：用 Z_{ref} 表示反映阻抗，则初级等效阻抗为

$$Z=j\omega L_1+Z_{ref}=j\omega L_1+\frac{\omega^2M_2}{j\omega L_2}$$

$\therefore$等效电感为 $L=L_1-\dfrac{M_2}{L_2}=0.1-\dfrac{0.12^2}{0.4}=64$ H

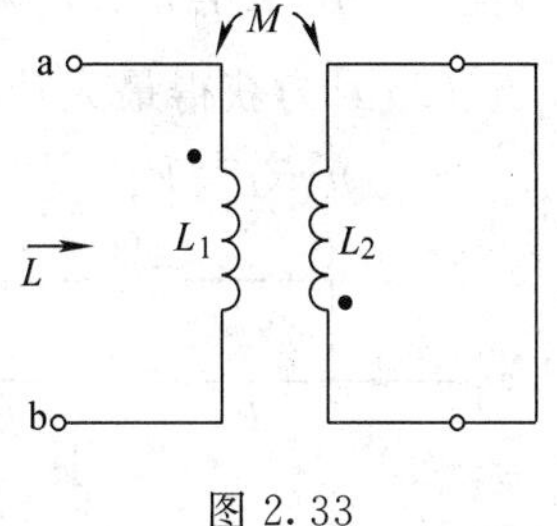

图 2.33

4. 图 2.34 所示电路中 $\dot{U}_2=100\angle0^\circ$ V，$R_0=100\ \Omega$，$R_L=1\ \Omega$，$n=5$。求 $\dot{I}_1$、$\dot{I}_2$ 及吸收的功率 P_{RL}。

解：$\dot{U}_S=R_0\dot{I}_1+\dot{U}_1$　①

输入电阻：$R_i=\dfrac{\dot{U}_i}{\dot{I}_1}=n^2R_L$　②

②代入①有

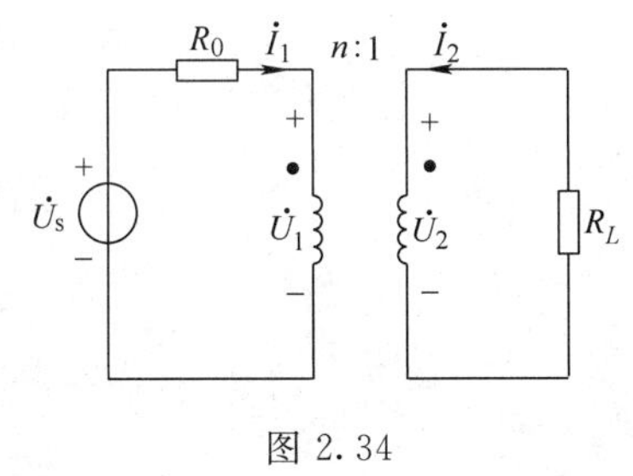

图 2.34

$$\dot{U}=R_0\dot{I}_1+n^2R_L\dot{I}_1$$

$$\dot{I}_1=\frac{\dot{U}_S}{R_0+n^2R_L}=\frac{100\angle0^\circ}{100+5\times5\times1}=0.8\angle0^\circ$$

$$\dot{I}_2=-n\dot{I}_1=-n\frac{\dot{U}_S}{R_0+n^2R_L}=\frac{100\angle0^\circ}{100+5\times5\times1}$$

$$=-5\times0.8\angle0^\circ=4\angle180^\circ$$

$$\therefore P_{RL}=I_2^2R_L=4^2\times1=16\ W$$

5. 图 2.35(a)所示正弦稳态电路，$\dot{U}_S(t)=\sqrt{28}\cos t$ V。(1)若 $n=2$，求电流 $\dot{I}_1$ 并求 R_L 上消耗的平均功率 P_L；(2)若 n 可调，问 n 为多少时可使 R_L 上获最大功率，并求出该 $P_{L\max}$。

解：

(1)　$$Z_{ab}=\frac{1}{Y_{ab}}=\frac{1}{\dfrac{1}{R_L}-j\dfrac{1}{\omega L}+j\omega C}=\frac{1}{1-j+j}=1\ \Omega$$

输入阻抗

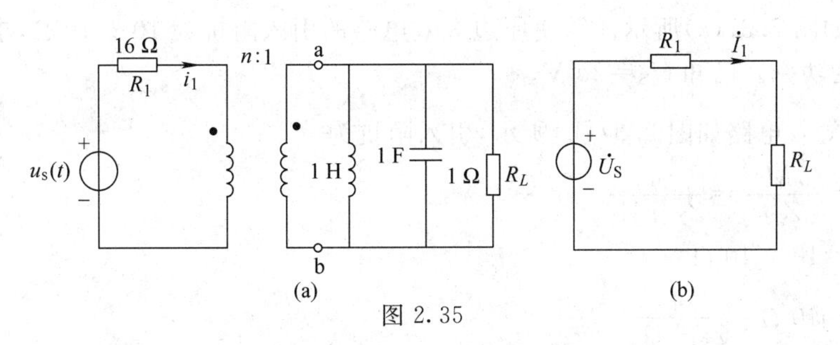

图 2.35

$$Z_i = n^2 Z_{ab} = 2^2 \times 1 = 4\ \Omega$$

即 $R_i = Z_i = 4\ \Omega$

初级电路向量图如图 2.35(b)所示,则有

$$\dot{I}_1 = \frac{\dot{U}_S}{R_1 + R_i} = \frac{8\angle 0^\circ}{16+4} = 0.4\angle 0^\circ\ \text{A}$$

$$P_L = I_1^2 R_i = 0.4^2 \times 4 = 0.64\ \text{W}$$

(2)因为获得最大功率时有

$$n^2 R_L = R_1$$

所以 $n = \sqrt{\frac{R_1}{R_L}} = \sqrt{16} = 4$

所以 $P_{L\max} = \frac{\dot{U}_S^2}{4R_L} = \frac{8^2}{4\times 16} = 1\ \text{W}$

图 2.36

6. 图 2.36 所示电路中,求 a、b 端等效电阻 R_{ab}。

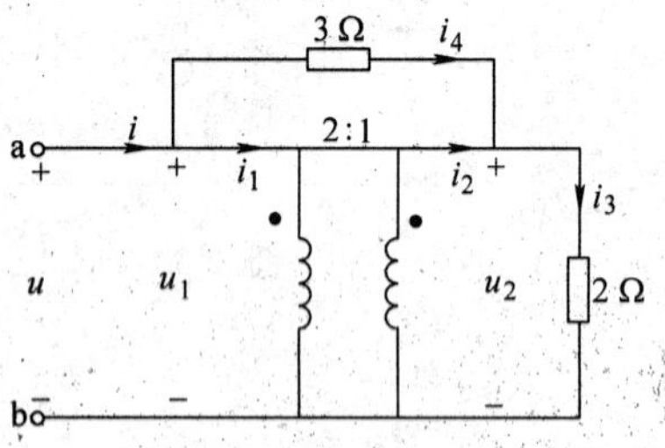

解:设各电流电压方向如图所示,根据题意得

$$\frac{u_1}{u_2} = n = 2$$

所以 $u_2 = \frac{1}{2}u \quad u_1 = u$

则 $i_3 = \frac{u_2}{2} = \frac{1}{4}u$

由 KVL 有

$$3i_4 + u_2 - u_1 = 0$$

所以 $i_4 = \frac{u_1 - u_2}{3} = \frac{u - \frac{1}{2}u}{3} = \frac{1}{6}u$

$$i_2 = i_3 - i_4 = \frac{1}{4}u - \frac{1}{6}u = \frac{1}{12}u$$

由电流关系及 KCL 得

$$i_1 = \frac{1}{2}i_2 = \frac{1}{2} \times \frac{1}{12}u = \frac{1}{24}u$$

$$i = i_4 + i_1 = \frac{1}{6}u + \frac{1}{24}u = \frac{5}{24}u$$

$$R_{ab} = \frac{u}{i} = \frac{24}{5} = 4.8\ \Omega$$

7. 电路如图 2.37(a)所示。欲使原边等效电路的引入阻抗为 10−j10 Ω,求所需的 Z_X,并求负载获得的功率。已知 $U_S = 20$ V。

解:原边等效电路如图 2.37(b)所示,引入阻抗为

$$Z_1 = \frac{(\omega M)^2}{Z_{22}} = \frac{4}{Z_X + \text{j}10}$$

∵ $Z'_1 = 10 - \text{j}10\ \Omega$

∴ $10 - \text{j}10\ \Omega = \frac{4}{Z_X + \text{j}10}$

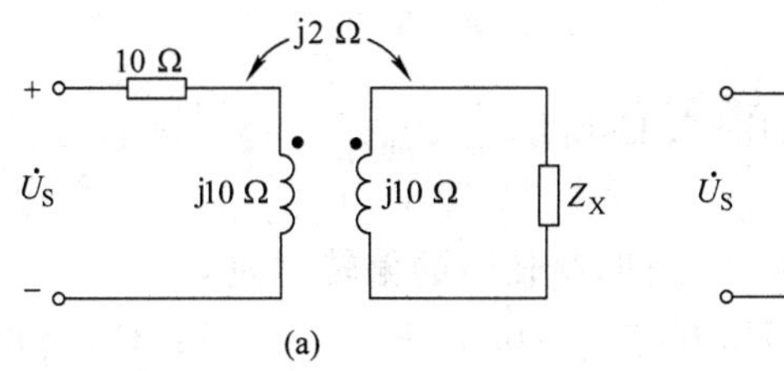

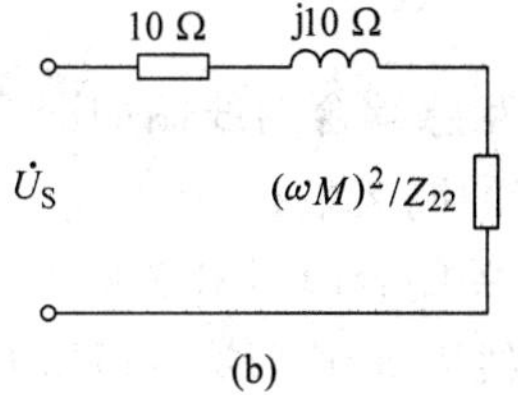

图 2.37

$$\therefore \qquad Z_X=\frac{4}{10-j10}-j10=0.2-j0.98\ \Omega$$

即 $$P=\left(\frac{U_S}{10+10}\right)^2\cdot 10=10\ \mathrm{W}$$

自我检测

1. 互感系数 M 的大小与哪些因素有关？

2. 为了使收音机中的电源变压器与输出变压器彼此不发生互感现象，即 $k=0$，应采取什么措施？

3. 两耦合线圈的 $L_1=0.01$ H、$L_2=0.04$ H、$M=0.01$ H，试求其耦合系数 k。

4. 对两个互感线圈同名端进行测试，其中一个线圈加上低压交流 U_1，串接两个互感线圈并测量其总电压，当电压表读数 $U_1>U_2$，试问相接的两个端钮是否为同名端？

5. 求图 2.38 中的互感电压 u_{M1}、u_{M2} 的表达式。

6. 两个线圈串联如图 2.39 所示，设两线圈的电感分别为 L_1 和 L_2，互感为 M，试求其等效电感。

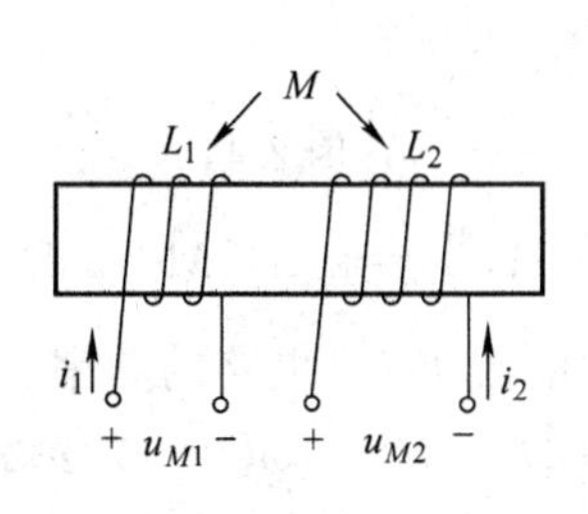

图 2.38

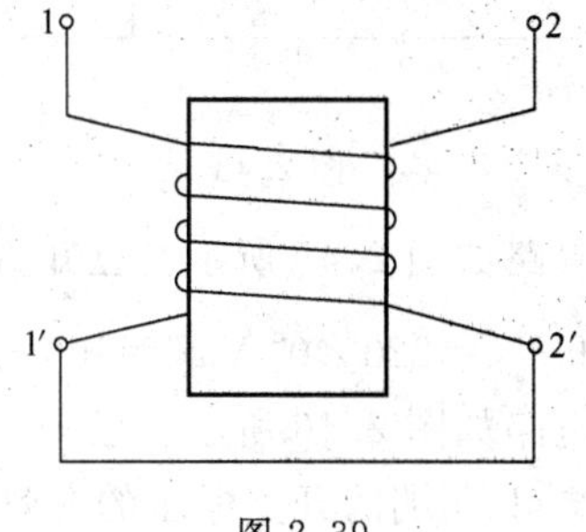

图 2.39

7. 电路如图 2.40 所示，利用去耦法求出其等效电路。

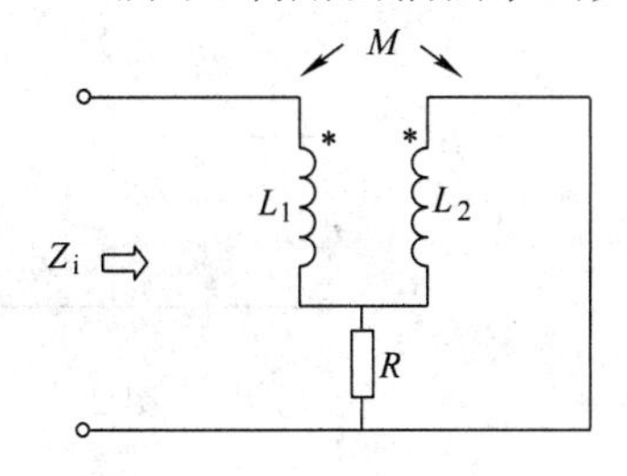

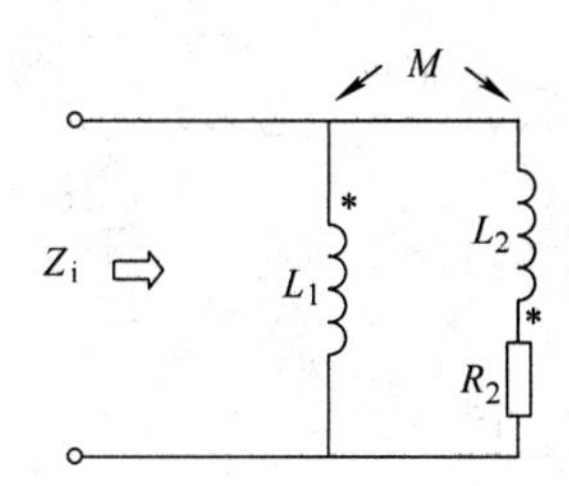

图 2.40

8. 利用开路电压法测互感系数 M 时，已知电流表读数为 1 A，电压表读数为 31.4 V，电源频率，$f=500$ Hz。求两线圈的互感 M。

综合应用

1. 已知具有互感耦合的线圈如图 2.41 所示。

(1)标出它们的同名端；

(2)试判断开关闭合时或开关断开瞬间，毫伏表的偏转方向。

2. 有一互感线圈如图 2.42 所示，互感 $M=0.01$ H，$i_1=10\sin(314t-30°)$ A，求电压 u_{34}。

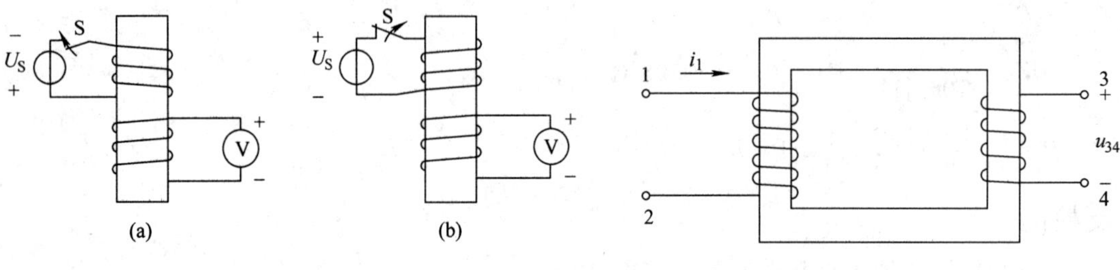

图 2.41　　　图 2.42

3. 电路如图 2.43 所示，已知 $R_1=1\ \Omega$，$L_1=L_2=0.1$ H，耦合系数 $k=0.5$，$u_s=10\sin(314t)$ V，求：(1)u_{12}、u_{34}；(2)若 $R=0\ \Omega$，$u_{34}=$?。

4. 两线圈串联电路如图 2.44 所示。已知 $R_1=R_2=100\ \Omega$，$L_1=3$ H，$L_2=10$ H，$M=5$ H，电源电压 $U_S=220\angle 0°$ V，$\omega=100$ rad/s，试求：(1)电路的电流 I；(2)电路的功率。

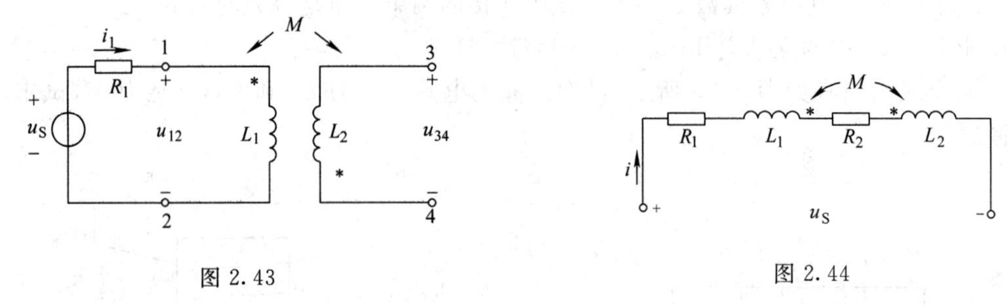

图 2.43　　　图 2.44

5. 电路如图 2.45 所示。已知 $R_1=R_2=225\ \Omega$，$L_1=6$ H，$L_2=10$ H，$M=5$ H，$C=5$ mF，电源电压 $\dot{U}_S=220\angle 0°$ V，$\omega=100$ rad/s，试求：(1)电路的电流 I；(2)电路的功率。

6. 电路如图 2.46 所示。已知正弦交流电压的有效值 $U_1=10$ V，$\omega L_1=\omega L_2=8\ \Omega$，$\omega M=4\ \Omega$，试求 ab 两端的开路电压的有效值 U_{ab}。

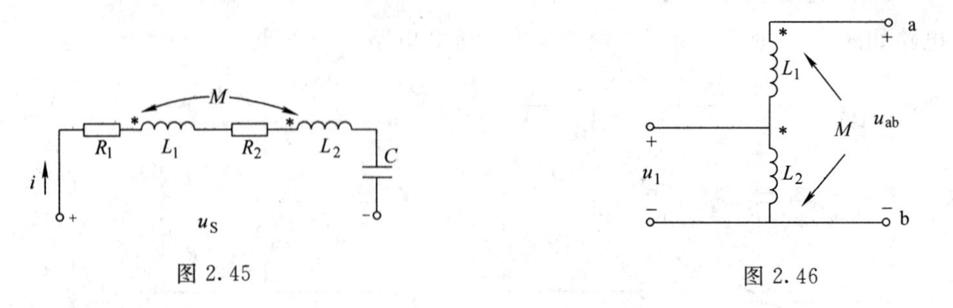

图 2.45　　　图 2.46

7. 求图 2.47 所示电路的输入阻抗 Z_i。

8. 求图 2.48 所示电路的总电流及电路消耗功率。

9. 将两个线圈串联起来接到工频 220 V 的正弦电源上。顺串时电流 $I=2.7$ A，吸收的功率为 21.8 W；反串时电流 $I=7$ A。求互感 M。

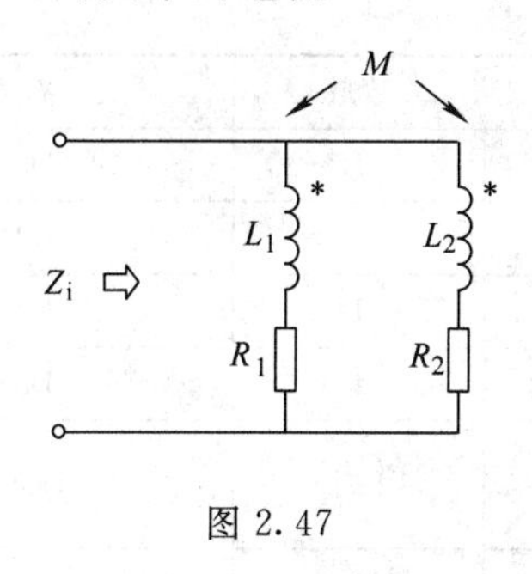

图 2.47

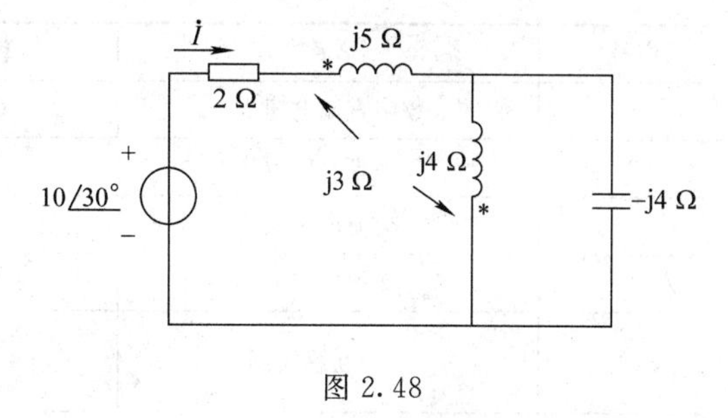

图 2.48

技能训练

技能训练 21　互感电路观测

一、实验目的

(1)学会互感电路同名端、互感系数以及耦合系数的测定方法。

(2)理解两个线圈相对位置的改变，以及用不同材料作线圈芯时对互感的影响。

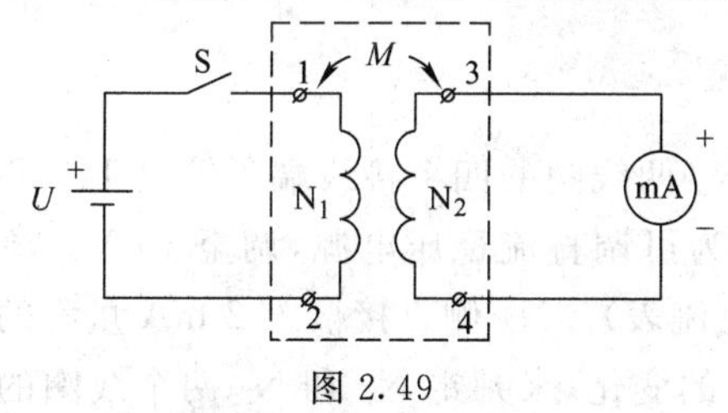

图 2.49

二、原理说明

1. 判断互感线圈同名端的方法

(1)直流法。

如图 2.49 所示，当开关 S 闭合瞬间，若毫安表的指针正偏，则可断定“1”、“3”为同名端；指针反偏，则“1”、“4”为同名端。

(2)交流法。

如图 2.50 所示，将两个绕组 N_1 和 N_2 的任意两端(如 2、4 端)联在一起，在其中的一个绕组(如 N_1)两端加一个低电压，另一绕组(如 N_2)开路，用交流电压表分别测出端电压 U_{13}、U_{12} 和 U_{34}。若 U_{13} 是两个绕组端压之差，则 1、3 是同名端；若 U_{13} 是两绕组端电压之和，则 1、4 是同名端。

2. 两线圈互感系数 M 的测定

在图 2.50 的 N_1 侧施加低压交流电压 U_1，测出 I_1 及 U_2。根据互感电势 $E_{2M}\approx U_{20}$ ωMI_1，可算得互感系数为 $M=\dfrac{U_2}{\omega I_1}$

3. 耦合系数 k 的测定。

两个互感线圈耦合松紧的程度可用耦合系数 k 来表示

$$k=M/\sqrt{L_1L_2}$$

如图 2.50 所示，先在 N_1 侧加低压交流电压 U_1，测出 N_2 侧开路时的电流 I_1；然后再在 N_2 侧加电压 U_2，测出 N_1 侧开路时的电流 I_2，求出各自的自感 L_1 和 L_2，即可算得 k 值。

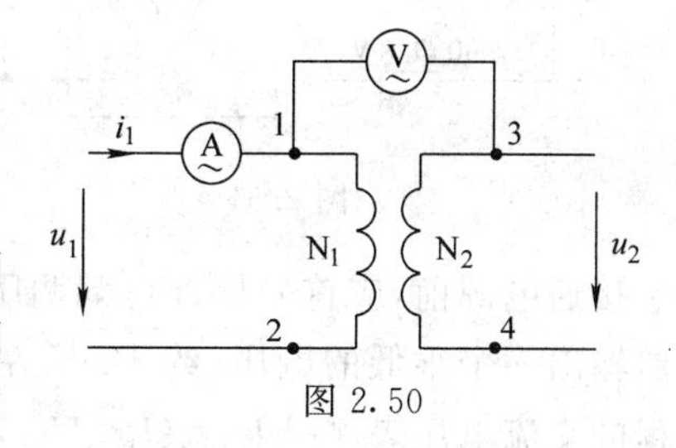

图 2.50

三、实验设备

序号	名称	型号与规格	数量	备注
1	数字直流电压表	0～200 V	1	D31
2	数字直流电流表	0～200 mA	2	D31
3	交流电压表	0～500 V	1	D32
4	交流电流表	0～5 A	1	D32
5	空心互感线圈	N_1 为大线圈 N_2 为小线圈	1 对	DG08
6	自耦调压器		1	DG01
7	直流稳压电源	0～30 V	1	DG04
8	电阻器	30 Ω/8 W 510 Ω/8 W	各 1	DG09
9	发光二极管	红或绿	1	DG09
10	粗、细铁棒、铝棒		各 1	
11	变压器	36 V/220 V	1	DG08

四、实验内容

(1)分别用直流法和交流法测定互感线圈的同名端。

①直流法。实验线路如图 2.51 所示。先将 N_1 和 N_2 两线圈的四个接线端子编以 1、2 和 3、4 号。将 N_1、N_2 同心地套在一起，并放入细铁棒。U 为可调直流稳压电源，调至 10 V。流过 N_1 侧的电流不可超过 0.4 A(选用 5 A 量程的数字电流表)。N_2 侧直接接入 2 mA 量程的毫安表。将铁棒迅速拨出和插入，观察毫安表读数正、负的变化，来判定 N_1 和 N_2 两个线圈的同名端。

②交流法。本方法中，由于加在 N_1 上的电压仅 2 V 左右，直接用屏内调压器很难调节，因此采用如图 2.52 所示的线路来扩展调压器的调节范围。图中 W、N 为主屏上的自耦调压器的输出端，B 为 DG08 挂箱中的升压铁芯变压器，此处作降压用。将 N_2 放入 N_1 中，并在两线圈中插入铁棒。A 为 2.5 A 以上量程的电流表，N_2 侧开路。

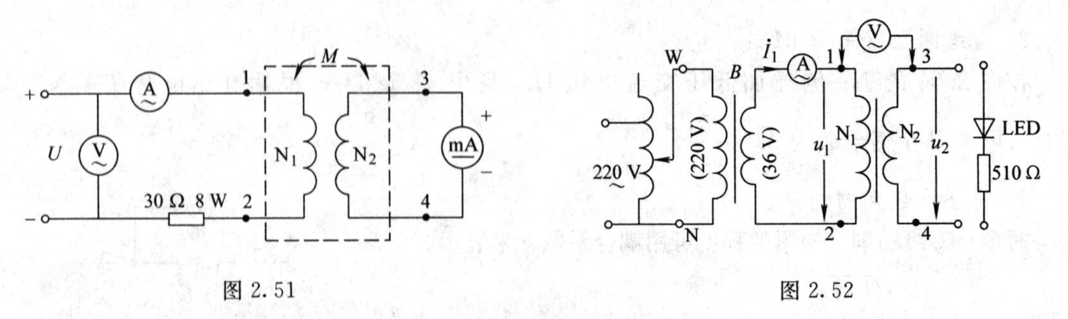

图 2.51　　　　图 2.52

接通电源前，应首先检查自耦调压器是否调至零位，确认后方可接通交流电源，令自耦调压器输出一个很低的电压(约 12 V 左右)，使流过电流表的电流小于 1.4 A，然后用 0～30 V 量程的交流电压表测量 U_{13}、U_{12}、U_{34}，判定同名端。

拆去 2、4 连线，并将 2、3 相接，重复上述步骤，判定同名端。

(2)拆除2、3连线,测U_1、I_1、U_2,计算出M。

(3)将低压交流加在N_2侧,使流过N_2侧电流小于1 A,N_1侧开路,按步骤(2)测出U_2、I_2、U_1。

(4)用万用表的$R\times2$挡分别测出N_1和N_2线圈的电阻值R_1和R_2,计算k值。

(5)观察互感现象。

在图2.52的N_2侧接入LED发光二极管与510 Ω串联的支路。

①将铁棒慢慢地从两线圈中抽出和插入,观察LED亮度的变化及各电表读数的变化,记录现象。

②将两线圈改为并排放置,并改变其间距,以及分别或同时插入铁棒,观察LED亮度的变化及仪表读数。

③改用铝棒替代铁棒,重复①、②的步骤,观察LED的亮度变化,记录现象。

五、注意事项

(1)整个实验过程中,注意流过线圈N_1的电流不得超过1.4 A,流过线圈N_2的电流不得超过1 A。

(2)测定同名端及其他测量数据的实验中,都应将小线圈N_2套在大线圈N_1中,并插入铁芯。

(3)作交流试验前,首先要检查自耦调压器,要保证手柄置在零位。因实验时加在N_1上的电压只有2~3 V左右,因此调节时要特别仔细、小心,要随时观察电流表的读数,不得超过规定值。

六、预习思考题

(1)用直流法判断同名端时,可否以及如何根据S断开瞬间毫安表指针的正、反偏来判断同名端?

(2)本实验用直流法判断同名端是用插、拨铁芯时观察电流表的正、负读数变化来确定的(应如何确定?),这与实验原理中所叙述的方法是否一致?

七、实验报告

(1)总结对互感线圈同名端、互感系数的实验测试方法。

(2)自拟测试数据表格,完成计算任务。

(3)解释实验中观察到的互感现象。

(4)心得体会及其他。

子学习领域3　非正弦周期电流电路的特点及生产、生活中消除谐波的方法

内容摘要

(1)在电子工程中大量遇到非正弦周期信号。产生非正弦波周期波的原因通常有两种:①电源电压为非正弦电压;②电路中存在非线性元件。

(2)非正弦周期信号(满足狄里赫利条件的周期函数)可以分解为傅里叶级数,即

$$f(t)=A_0+\sum_{k=1}^{\infty}A_{km}\sin(k\omega t+\varphi k)$$

或 $$f(t)=\frac{a_0}{2}+\sum_{k=1}^{\infty}a_k\cos k\omega t+\sum_{k=1}^{\infty}b_k\sin k\omega t$$

由此引出了谐波及谐波分析的概念。

(3)对傅里叶级数展开式的求解是较复杂的数学工作,利用波形的对称性质,可以判断傅里叶级数展开式中不含哪些项,使展开式的求解工作得以简化。

(4)周期信号的频谱有振幅频谱和相位频谱,一般常用的是振幅频谱。即傅里叶级数展开式中的直流分量和各次谐波分量的幅值在频谱图中用相应长度的线段表示,各线段在横坐标上的位置是相应谐波频率。这样可以一目了然地看出这个信号包含哪些谐波分量以及每个分量所占的比重。

(5)一个非正弦周期电量的有效值定义为

$$I=\sqrt{\frac{1}{T}\int_0^T[i(t)]^2\mathrm{d}t}\qquad \text{计算式 } I=\sqrt{I_0^2+I_1^2+I_2^2+\cdots}$$

$$U=\sqrt{\frac{1}{T}\int_0^T[u(t)]^2\mathrm{d}t}\qquad \text{计算式 } U=\sqrt{U_0^2+U_1^2+U_2^2+\cdots}$$

$$E=\sqrt{\frac{1}{T}\int_0^T[e(t)]^2\mathrm{d}t}\qquad \text{计算式 } E=\sqrt{E_0^2+E_1^2+E_2^2+\cdots}$$

即非正弦周期电量的有效值等于各次谐波分量有效值平方和的平方根值。

(6)非正弦周期量的平均值也就是非正弦周期量的直流分量。定义为

$$I_{\mathrm{av}}=\frac{1}{T}\int_0^T|i|\,\mathrm{d}t$$

$$U_{\mathrm{av}}=\frac{1}{T}\int_0^T|u|\,\mathrm{d}t$$

$$E_{\mathrm{av}}=\frac{1}{T}\int_0^T|e|\,\mathrm{d}t$$

(7)非正弦周期量的平均功率定义为

$$P=\frac{1}{T}\int_0^T p\mathrm{d}t=\frac{1}{T}\int_0^T ui\,\mathrm{d}t\qquad \text{计算式 } P=U_0I_0+\sum_{k=1}^{\infty}U_kI_k\cos\varphi_k$$

即非正弦周期量的平均功率为各次谐波功率之和。

(8)对于非正弦周期信号作用下的线性电路,其分析和计算方法的理论基础是傅里叶级数和叠加原理。

非正弦周期电压作用下的线性电路的分析计算步骤如下:

①给出展开式 $u=U_0+u_1+u_2+u_3+\cdots\cdots$,具体计算时,一般取谐波 3～5 项;

②分别计算 U_0、u_1、u_2、u_3、……单独作用于电路时的谐波 Z_k。注意频率对原件电抗的影响,$X_{\mathrm{L}k}=k\omega L$,$X_{\mathrm{C}k}=\dfrac{1}{k\omega C}$对直流、电感相当于短路,对电容相当于开路;

③算出电流 I_0、i_1、i_2、i_3、……,叠加 $I_0+i_1+i_2+i_3+\cdots\cdots$得总电流 i。

(9)滤波器是一种选频网络。在电子技术中,具有非常广泛的应用。根据通带和阻带的范

围，滤波器可分为低通滤波器、高通滤波器、带通滤波器、带阻滤波器等。

难题解析

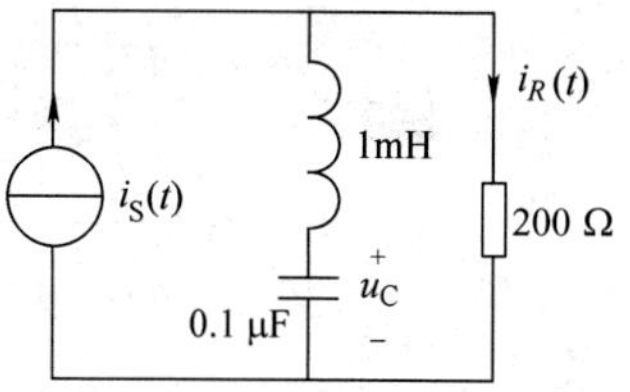

1. 在图 2.53 所示电路中，$i_S(t)=2+10\sin\omega t+3\sin 2\omega t$ mA，若 $\omega=10^5$ rad/s。求电流 $i_R(t)$ 和电容电压有效值 U_C。

图 2.53

解：(1)直流分量作用：

$$I_{R0}=2\text{ mA}\qquad U_{C0}=200\times 0.002=0.4\text{ V}$$

(2)一次谐波作用：

L、C 支路阻抗

$$Z_1=\text{j}10^5\times 10^{-3}-\text{j}\frac{1}{10^5\times 0.1\times 10^{-6}}=0$$

$$i_{R1}=0\qquad U_{C1}=I_{C1}X_{C1}=0.71\text{ V}$$

(3)二次谐波作用：

L、C 支路阻抗

$$Z_2=\text{j}2\times 10^5\times 10^{-3}-\text{j}\frac{1}{2\times 10^5\times 0.1\times 10^{-6}}=\text{j}150\ \Omega$$

$$I_{R2\text{m}}=3\angle 0^\circ\times\frac{\text{j}150}{200+\text{j}150}=1.8\angle 53.1^\circ\text{ mA}$$

$$\dot{I}_{LC}=3\angle 0^\circ\times\frac{200}{200+\text{j}150}=2.4\angle -36.9^\circ\text{ mA}$$

$$\dot{U}_{C2\text{m}}=-\text{j}\frac{1}{2\times 10^5\times 0.1\times 10^{-6}}\times 2.4\angle -36.9^\circ\times 10^{-3}$$

$$=0.12\angle -126.9^\circ\text{ V}$$

$$i_R(t)=2+1.8\sin(2\omega t+53.1^\circ)\text{ mA}$$

$$U_C=\sqrt{0.4^2+0.71^2+\left(\frac{0.12}{\sqrt{2}}\right)^2}=0.82\text{ V}$$

2. 图 2.54 电路中，已知 $u_S(t)=311\sin(314t+20^\circ)$ V，$i_S(t)=2.83\sin 942t$ A，$R_1=50\ \Omega$，$R_2=20\ \Omega$，$L=225.4$ mH，$C=5\ \mu$m。求电压源和电流源各发出多少功率？

解：由题意可知，只要求出 $u_S(t)$ 单独作用时通过 $u_S(t)$ 的基波电流，即可求出 $u_S(t)$ 发出的功率。同理 $i_S(t)$ 为 3 次谐波，只要求出 $i_S(t)$ 单独作用时 $i_S(t)$ 的两端电压，即可求出 $i_S(t)$ 发出的功率。因为不同频率的电压和电流不产生功率。

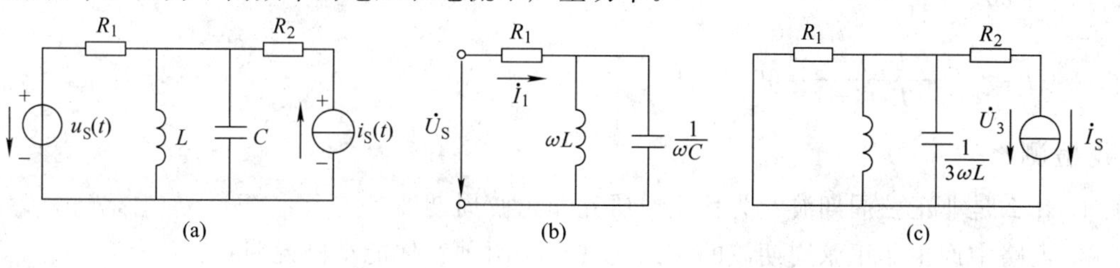

图 2.54

$$\omega L=314\times 225.4\times 10^{-3}=70.8\ \Omega\qquad 3\omega L=212\ \Omega$$

$$\frac{1}{\omega C}=\frac{10^6}{314\times 5}=637\ \Omega\qquad \frac{1}{3\omega C}=212\ \Omega$$

$u_S(t)$单独作用时，取$\dot{U}_S=220\angle 20°$ V，则

$$\dot{I}_1=\frac{\dot{U}_S}{R_1+\dfrac{j\omega L\left(-j\dfrac{1}{\omega C}\right)}{j\omega L-j\dfrac{1}{\omega C}}}=\frac{220\angle 20°}{50-j79.7}=2.34\angle 78°\ \text{A}$$

所以　$i_1=2.34\sqrt{2}\sin(314t+78°)$ A

$u_S(t)$发出的功率为

$P_u=U_SI_1\cos\varphi_1$

$P_u=220\times 2.34\cos 58°=274$ W

$i_S(t)$单独作用时，如图(b)所示，则

$$\dot{I}_S=\frac{2.83}{\sqrt{2}}\angle 0°=2\angle 0°\ \text{A}$$

因为$3\omega L=\dfrac{1}{3\omega C}$，所以通过$R_1$的电流也是$\dot{I}_S$，则

$$\dot{U}_3=\dot{I}_S(R_1+R_2)=2(50+20)=70\times 2=140\angle 0°\ \text{V}$$

所以　$u_3=140\sqrt{2}\sin 942t$ V

$i_S(t)$发出的平均功率为

$$P_1=U_3I_3\cos\varphi_3=140\times 2\cos 0°=280\ \text{W}$$

3. 如图 2.55 所示电路为滤波电路，要求4ω的谐波电流能传送至负载，而基波电流无法达到负载。如果$C=1\ \mu$F，$\omega=1\ 000$/s，求L_1和L_2。

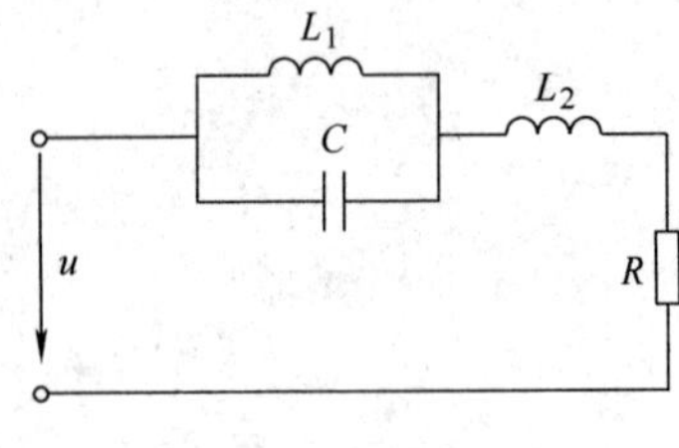

图 2.55

解：若基波电流无法达到负载R_L，则L_1和C并联电路必定产生并联谐振，即

$$\omega L_1=\frac{1}{\omega C}\qquad L_1=\frac{1}{\omega^2 C}=\frac{1}{1\ 000^2\times 10^{-6}}=1\ \text{H}$$

若满足4ω谐波电流传送至负载R_L，则必有$Z(4\omega)=0$，电路对于4ω谐波产生串联谐振，即

$$\frac{j4\omega L_1\cdot\dfrac{1}{j4\omega C}}{j4\omega L_1+\dfrac{1}{j4\omega C}}+j4\omega L_2=0$$

解得　$L_2=\dfrac{L_1}{16\omega^2L_1C-1}=66.7$ mH

自我检测

1. 什么是非正弦周期波？为什么要研究非正弦周期波？

2. 电路中产生非正弦周期波的原因通常有哪两种？你能举例说明吗？

3. 什么叫非正弦周期量的谐波分析法？什么是直流分量、交流分量、基波、高次谐波、奇次谐波、偶次谐波？什么是正弦量、余弦量？

4. 已知某非正弦周期信号的周期$T=10\ \mu$s，试求这个信号的基波频率、三次谐波频率、五次谐波频率。

5. 什么样的非正弦周期信号不含直流分量和偶次谐波分量。

6. 任意一个周期函数 $f(t)$，若将其向上平移某一数值后，其傅里叶级数展开式中，哪些分量有变化？

7. 试计算正弦电流 $u=3\ 141\sin 314t$ V 的平均值。

8. 设某个非正弦周期电流作用于线性电阻 R，其平均功率可否用 $P=P_0+P_1+P_2+\cdots=I_0^2R+I_1^2R+I_2^2R+\cdots\cdots$ 表示？

9. 测量非正弦周期电流的有效值、整流平均值、平均值（恒定分量）各应选用什么类型测量仪表？

10. 非正弦周期电压 $u=U_0+u_1+u_2+u_3+\cdots\cdots$ 和电流 $i=I_0+i_1+i_2+i_3+\cdots\cdots$，可否用 $\dot{U}=\dot{U}_0+\dot{U}_1+\dot{U}_2+\dot{U}_3+\cdots\cdots$ 或 $\dot{I}=\dot{I}_0+\dot{I}_1+\dot{I}_2+\dot{I}_3+\cdots\cdots$ 来表达？

11. 已知某支路电压直流分量 $U_0=10$ V，基波分量 $\dot{U}_1=5\angle 20°$ V，二次谐波分量 $\dot{U}_2=3\angle 20°$ V。试写出该支路电压的解析式。

12. 施加一非正弦电压 $u=10\sin(\omega t+60°)+6\sin(3\omega t-30°)$ V 于电感元件上。若其感抗 $\omega L=2\ \Omega$，求电流为多少？试写解析式。

13. 容抗 $X_C=27\ \Omega$，接到电流源 $i=3\sin\omega t-2\sin(3\omega t+18°)$ A 时，其电压为多少？

14. 为什么滤波器具有选频特性，举一例说明滤波器是如何选频的。

15. 在电子技术中，常见的滤波器有哪几种？

16. 非正弦周期交流电路为 R、L、C 串联形式，则该电路对 k 次谐波发生谐振的条件是什么？此时 A 次谐波谐波阻抗如何？

17. 非正弦周期交流电路为 L、C 并联形式，则该电路对 k 次谐波发生谐振的条件是什么？此时 k 次谐波阻抗如何？

18. 某周期为 0.02 s 的非正弦周期信号，分解成傅里叶级数时，角频率为 300π rad/s 的项称为（　　）。

A. 3 次谐波分量　　B. 6 次谐波分量　　C. 基波分量

19. 应用叠加原理分析非正弦周期电流电路的方法适用于（　　）。

A. 线性电路　　B. 非线性电路　　C. 线性和非线性电路均适用

20. 非正弦周期电流的有效值 I 用公式表示即（　　）。

A. $I=I_0+I_1+I_2+I_3+L+I_N+L$　　B. $I=(I_0+I_1+I_2+L+I_N+L)^{\frac{1}{2}}$

C. $I=(I_0^2+I_1^2+I_2^2+L+I_N^2+L)^{\frac{1}{2}}$

21. 图 2.56 中非正弦周期电流的频率为（　　）。

A. 0.05 kHz　　B. 0.1 kHz　　C. 10 kHz

22. 图 2.57 中周期电压的频率为（　　）。

A. 500 kHz　　B. 1 000 kHz　　C. 0.5 kHz

23. 某周期为 0.02 s 的非正弦电流，其 5 次谐波频率 f_5 为（　　）。

A. 10 Hz　　B. 250 Hz　　C. 50 Hz

24. 已知电流 $i=10\sqrt{2}\sin\omega t+3\sqrt{2}\sin(3\omega t+30°)$ A，当它通过 5 Ω 线性电阻时消耗的功率 P 为（　　）。

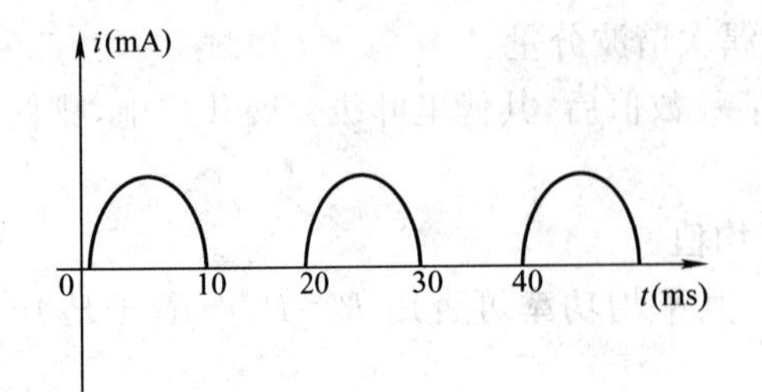

图 2.56

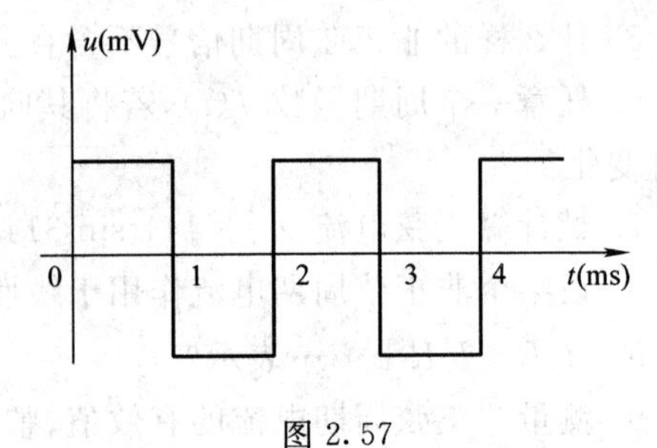

图 2.57

A. 845 W　　　　B. 325 W　　　　C. 545 W

25. R、L、C 串联交流电路在 $\omega=\omega_0$ 时发生谐振，u_L 的最大值发生在(　　)。

A. $\omega=\omega_0$ 时　　　　B. ω 略高于 ω_0 时　　　　C. ω 略低于 ω_0 时

26. 图 2.58 所示电路中，电流 $i_1=3+5\sin\omega t$ A，$i_2=3\sin\omega t-2\sin 3\omega t$ A，则 1 Ω 电阻两端电压 u_R 的有效值为(　　)。

A. $\sqrt{13}$ V　　　　B. $\sqrt{30}$ V　　　　C. $\sqrt{5}$ V

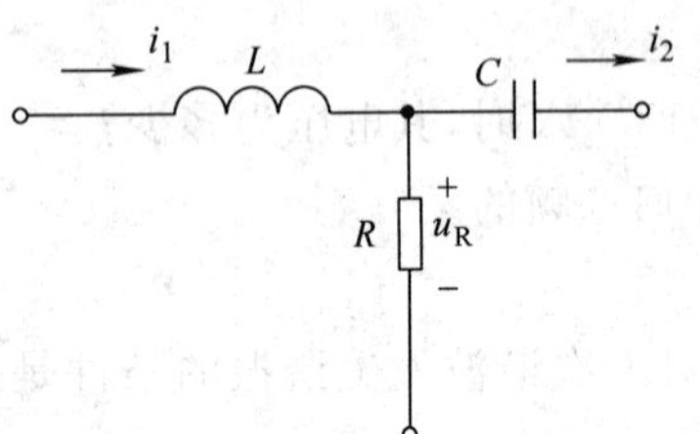

图 2.58

综合应用

1. 已知某非正弦周期信号的周期 $T=25\ \mu s$，试求这个信号的基波频率、3 次谐波频率、5 次谐波频率。

2. 已知某单相全波整流的傅里叶级数展开式为

$$u=0.9u+0.6U\cos 2\omega t-0.12U\cos 4\omega t+\cdots\cdots$$

试计算其有效值。(忽略 6 次以上的谐波分量)

3. 某非正弦电源电压为 $u=40+180\sin\omega t+60\sin(3\omega t+45°)$ V，试求其有效值 U。

4. 铁芯线圈是一种非线性元件，因此加上正弦电压 $u=311\sin 314t$ V 后，其中电流 $i=0.8\sin(314t-85°)+0.25\sin(942t-105°)$ A 的非正弦量。试求等效正弦电流值(有效值)。

5. 已知非正弦周期电压的直流分量为 28 V，基波为 $\dot{U}_{1m}=5\angle 71°$ V，二次谐波为 $\dot{U}_{2m}=3\angle 24°$V，三次谐波 $\dot{U}_{3m}=3\angle -150°$V，求瞬时值 u 的表达式及有效值 U。

6. 试计算正弦电流 $i=I_m\sin(\omega t+90°)$ A 的平均值。

7. 已知非正弦周期电流的表达式为

$$i=10+5\sqrt{2}\sin(\omega t+36.9°)-2\sqrt{2\sin(3\omega t+53.1°)}\ \text{A}$$

试计算该电流的有效值和平均值。

8. 已知一无源二端网络的端电压、端电流分别为

$$u=100\sin(\omega t+60°)+50\sin(3\omega t+30°)+25\sin 5\omega t\ \text{V}$$

$$i=20\sin(\omega t+60°)+15\sin(3\omega t+60°)+10\sin(5\omega t-30°)\ \text{A}$$

求该网络吸收的功率。

9. R、L、C 串联电路，已知：$R=10\ \Omega$，$L=31.8$ mH，$C=35.3$ mF，$\omega=314$ rad/s。电路电流为 $i=0.25\sin(\omega t+60°)+\sin 3\omega t$ A。试求电压的有效值及电路消耗的功率 P。

10. R、C 并联电路，已知：$R=10\ \Omega$，$X_C=5\ \Omega$，电路外加电压为 $u=20+100\sqrt{2}\sin(\omega t+30°)$ V。试求：电压的有效值、电流的有效值及电路消耗的功率 P。

11. R、L、C 串联电路，已知：$R=10\ \Omega$，$X_L=2\ \Omega$，$X_C=18\ \Omega$。电源电压 $u=10+51\sqrt{2}\sin(\omega t+30°)+17\sqrt{2}\sin 3\omega t$ V。试求电流的有效值。

13. 一无源二端刚络的端电压、端电流分别为

$$u=50+20\sqrt{2}\sin(\omega t+20°)+6\sqrt{2}\sin(2\omega t+80°)$$

$$i=20+10\sqrt{2}\sin(\omega t-10°)+5\sqrt{2}\sin(2\omega t+20°)$$

试求：(1)电压、电流的有效值；(2)各次谐波阻抗；(3)网络消耗的功率 P_u。

学习领域三

动态电路、磁路、异步电动机及应用

子学习领域1　线性动态电路分析

内容摘要

1. 电路动态过程产生的原因

内因是电路含有储能元件，外因是换路。其实质是能量不能跃变。

2. 换路定律

换路时电容两端的电压和电感中的电流不能跃变，即

$$u_C(0_+)=u_C(0_-)$$

$$i_L(0_+)=i_L(0_-)$$

3. 一阶动态电路

(1)一阶电路的零输入响应：

R、C 放电电路

$$u_C=U_0\mathrm{e}^{-\frac{1}{\tau}}\qquad(t\geqslant 0_+)$$

R、L 电路短接

$$i_L=I_\mathrm{S}\mathrm{e}^{-\frac{1}{\tau}}\qquad(t\geqslant 0_+)$$

(2)一阶电路的零状态响应：

R、C 充电电路

$$u_C=U_\mathrm{S}(1-\mathrm{e}^{-\frac{1}{\tau}})\qquad(t\geqslant 0_+)$$

R、L 电路接通直流电源

$$i_L=\frac{U_\mathrm{S}}{R}(1-\mathrm{e}^{-\frac{1}{\tau}})\qquad(t\geqslant 0_+)$$

(3)一阶电路的全响应：

全响应＝零输人响应＋零状态响应，即

$$f(t)=f(0_+)e^{-\frac{1}{\tau}}+f(\infty)[1-e^{-\frac{1}{\tau}}]\qquad (t\geqslant 0_+)$$

或
$$f(t)=f(\infty)+[f(0_+)-f(\infty)](1-e^{-\frac{1}{\tau}})\qquad (t\geqslant 0_+)$$

全响应＝稳态分量＋瞬态分量

(4)一阶电路的变化规律是按指数规律衰减或增加，如果 $f(0_+)>f(\infty)$，$f(t)$ 按 $e^{-\frac{1}{\tau}}$ 规律衰减；$f(0_+)<f(\infty)$，$f(t)$ 按 $(1-e^{-\frac{1}{\tau}})$ 规律增加。$f(t)$ 衰减或增加时，其中时间常数 τ 与电路结构和参数有关，R、C 电路的 $\tau=RC$，R、L 电路的 $\tau=\frac{L}{R}$。

4. 一阶电路的三要素法

直流激励下的三要素公式为

$$f(t)=f'(t)+[f(0_+)-f'(0_+)](1-e^{-\frac{1}{\tau}})\qquad (t\geqslant 0_+)$$

正弦激励下的三要素公式为

$$f(t)=f(\infty)+[f(0_+)-f(\infty)](1-e^{-\frac{1}{\tau}})\qquad (t\geqslant 0_+)$$

三要素法的关键是确定 $f(0_+)$、$f(\infty)$（或 $f'(t)$）和 τ，其求解方法如下。

(1)初始值 $f(0_+)$，利用换路定理和 $t=0_+$ 的等效电路求得。

(2)新稳态值 $f(\infty)$[或 $f'(t)$]，由换路后 $t=\infty$ 的等效电路求出。

(3)时间常数 τ 只与电路的结构和参效有关，R、C 电路的 $\tau=RC$，R、L 的电路 $\tau=\frac{L}{R}$，其中电阻 R 为换路后动态元件两端戴维宁等效电路的内阻。

直流激励下三要素法的解题要点如下。

(1)由 $t=0_-$ 时的等效电路确定 $u_C(0_-)$、$i_L(0_-)$，如 $t=0_-$ 时电路稳定，则电容 C 相当于开路，电感 L 相当于短路。

(2)根据换路定律，即 $u_C(0_+)=u_C(0_-)$，$i_L(0_+)=i_L(0_-)$，作出 $t=0_+$ 时的等效电路图。等效电路对电容、电感的处理如图 3.1 所示。

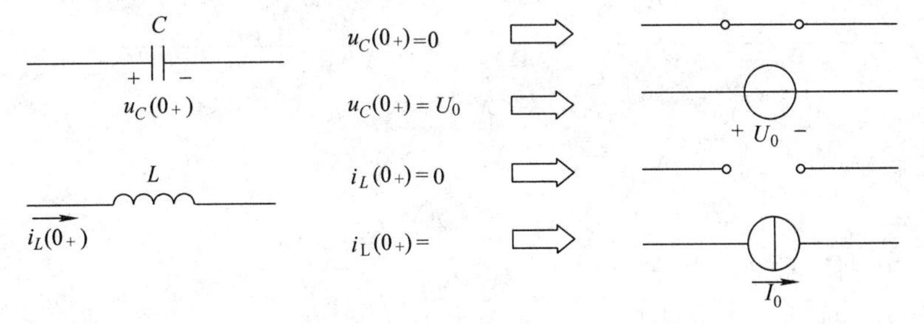

图 3.1

(3)稳态值是动态电路换路后，电路达到新的稳定状态时的电压、电流值。此时电容 C 相当于开路，电感 L 相当于短路。

(4)时间常数 τ 是对换路后的电路而言。R、C 电路的 $\tau=RC$，R、L 电路的 $\tau=\frac{L}{R}$，其中电阻 R 是将电路中所有独立源置零后，动态元件 C 或 L 两端看进去的等效电阻。

正弦激励下三要素法则应注意：稳态分量 $f'(t)$ 按正弦电路计算，$f'(0_+)$ 是 $f'(t)$ 的初始值，响应中的瞬态分量的大小与换路时电压源的初相 φ_u 有关。

5. 微分电路与积分电路

1)微分电路

$$u_2 \approx RC\frac{\mathrm{d}u_1}{\mathrm{d}t}$$

构成 R、C 微分电路的条件如下。

(1)R、C 串联电路,从电阻 R 输出电压。

(2)输入脉冲的宽度 t_P 要比电路的时间常数 τ 大得多,即 $t_P \geqslant \tau$(在矩形脉冲作用期间,电路的动态过程已经结束)。

2)积分电路

$$u_2 \approx \frac{1}{RC}\int u_1 \mathrm{d}t$$

构成 R、C 积分电路的条件是:

(1)R、C 串联电路,从电容 C 输出电压;

(2)电路的时间常数 τ 要比输入脉冲的宽度 t_P 大得多,即 $\tau \geqslant t_P$。

难题解析

1. 如图 3.2(a)所示电路,$t<0$ 时电路已达稳态,$t=0$ 时开关 S 由 1 扳向 2,求 $i_L(0_+)$,$u_L(0_+)$,$u_R(0_+)$。

解:$t<0$ 时电路处于稳态(S 在 1 处)

$$i_L(0_-)=\frac{3}{3+6}\times 3=1\ \mathrm{A}$$

$t=0_+$ 时刻(S 在 2 处)的等效电路如图(b)所示。

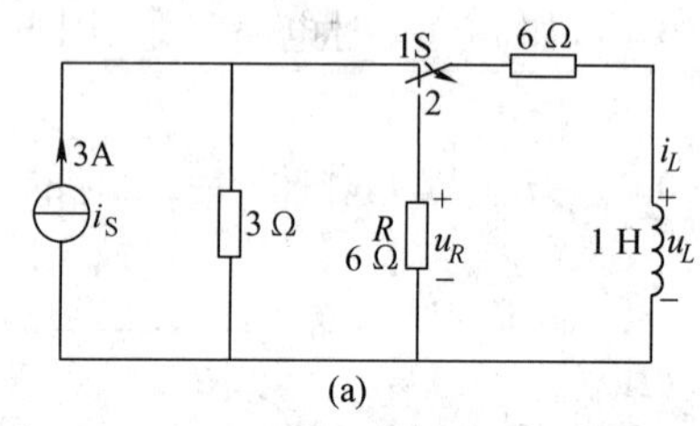

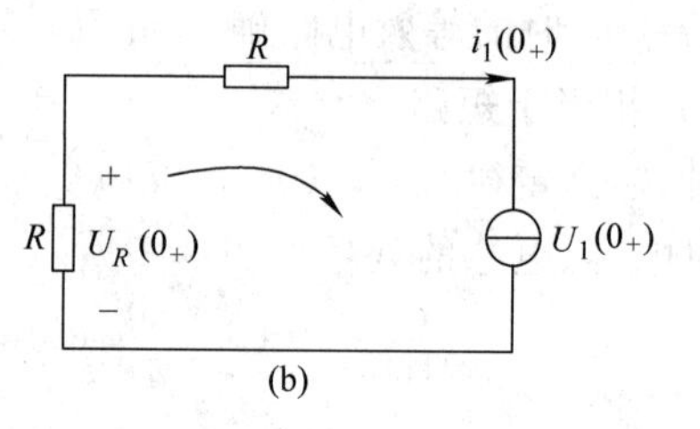

图 3.2

$$i_L(0_+)=i_L(0_-)=1\ \mathrm{A}$$

$$u_R(0_+)=-i_L(0_+)R=(-1)\times 6=-6\ \mathrm{V}$$

由 KVL:$6i_L(0_+)+u_L(0_+)-u_R(0_+)=0$

得 $u_L(0_+)=u_R(0_+)-6i_L(0_+)=-12\ \mathrm{V}$

2. 如图 3.33(a)所示电路,$t=0$ 时开关闭合,已知 $u_C(0_-)=4\ \mathrm{V}$,求 $i_C(0_+)$,$u_R(0_+)$。

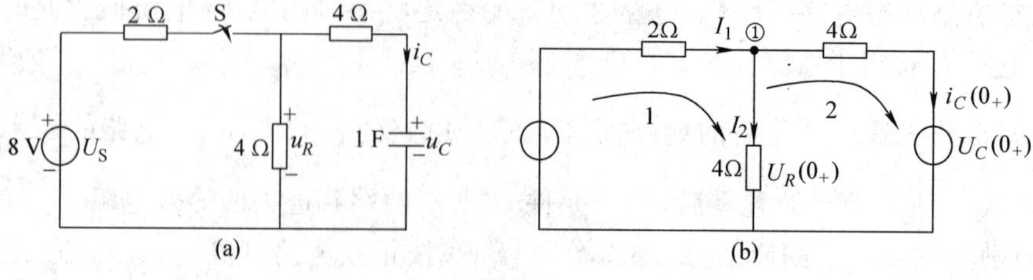

图 3.3

解：$t=0_+$ 时刻（S 闭合）的等效电路如图（b）所示。

$u_C(0_+)=u_C(0_-)=4\ \text{V}$

对节点①由 KCL　　$I_1=I_2+i_C(0_+)$　　(1)

对回路 1 由 KVL　　$2I_1+4I_2-8=0$　　(2)

对回路 2 由 KVL　　$4i_C(0_+)+u_C(0_+)-4I_2=0$　　(3)

将三式联立代入数据得 $I_2=I_C(0_+)+1$，代入得 $I_1=I-I_C(0_+)$

上两式同时代入（1）式得 $i_C(0_+)=0.25\ \text{A}$

∴　　$I_2=1.25\ \text{A}$

∴　　$u_R(0_+)=4I_2=5\ \text{V}$

3. 如图 3.4 所示电路，$t=0$ 时开关 S 由 1 扳向 2，在 $t<0$ 时电路已达稳态。求初始值 $i(0_+)$、$i_C(0_+)$和 $u_L(0_+)$。

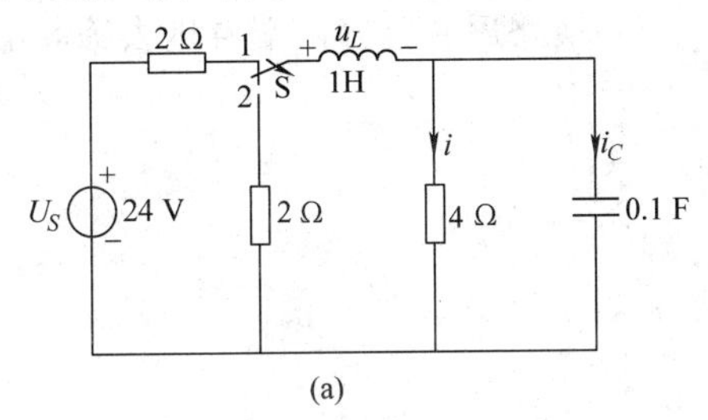

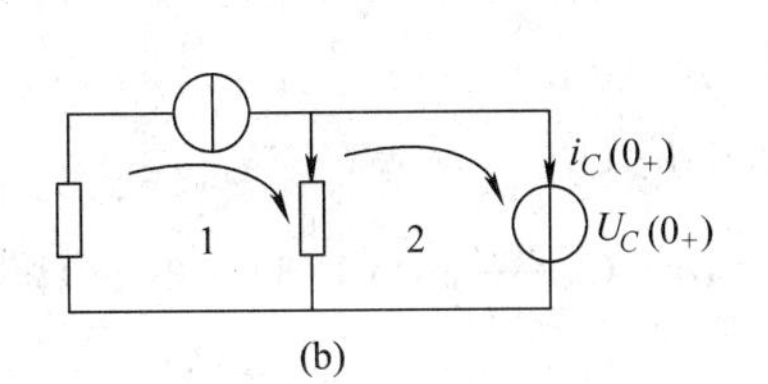

图 3.4

解：$t=0_-$（S 在 1）L 视为短路，C 视为开路

$i_L(0_-)=U_S\div(2+4)=24\div 6=4\ \text{A}$

$U_C(0_-)=4i_L(0_-)=16\ \text{V}$

$T=0_+$ 时刻等效电路如图 3.4（b）所示。

$i_L(0_+)=I_C(0_-)=4\ \text{A}$

$U_C(0_+)=U_C(0_-)=16\ \text{V}$

对接点①由 KCL　　$i_L(0_+)=i(0_-)+i_C(0_+)$

对回路 1 由 KVL　　$U_L(0_+)+4i(0_+)+2i_L(0_+)=0$

对回路 2 由 KVL　　$U_C(0_+)-4i(0_+)=0$

由（3）得　　$i(0_+)=U_C(0_+)/4=16/4=4\ \text{A}$

代入（2）　　$i_C(0_+)=4-4=0\ \text{A}$

由（2）式　　$U_L(0_+)=4\times4-2\times4=-24\ \text{V}$

4. 如图 3.5 所示电路，开关动作前电路已达稳态，$t=0$时开关 S 由 1 扳向 2，求 $t\geqslant 0_+$ 时的 $i_L(t)$和 $u_L(t)$。

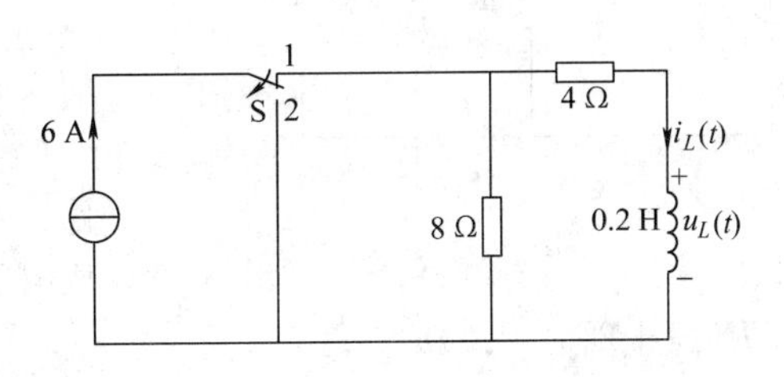

图 3.5

解：$t=0_-$ 时电路处于稳态，电路视为短路

$i_L(0_-)\ =(8/(8+4))\times6=4\ \text{A}$

∴　　$i_L(0_+)=i_L(0_-)=4\ \text{A}$

换路后从电感两端看进去等效电路

$R=4+8=12\ \Omega$

$\therefore \quad \tau=L/R=0.2/12=1/60\ \text{s}$

零输入响应为 $i_L(t)=4e^{-60t}$ A

$\therefore U_L(t)=L\dfrac{di_L(t)}{dt}=0.2\times(-60)\times4e^{-60t}=-48e^{-60t}$ V

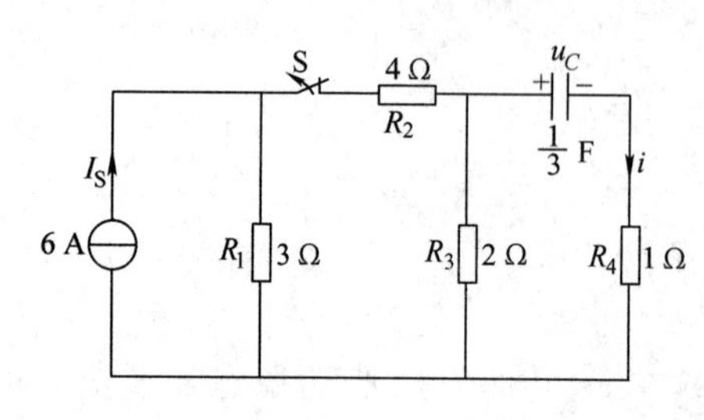

图 3.6

5. 如图 3.6 所示电路，$t=0_-$ 时电路已达稳态，$t=0$ 时开关 S 打开，求 $t>=0$ 时的电压 u_C 和电流 i。

解：$t=0_-$ 电路处于稳态电容视为开路

$I=(3/(3+4+2))\times6=2$ A

$U_C(0_-)=2I=2\times2=4$ V

$\therefore \quad U_C(0_+)=U_C(0_-)=4$ V

换路后从电容两端看进去等效电阻

$R=R_3+R_4=2+1=3\ \Omega$

$\therefore \quad \tau=RC=3\times(1/3)=1$ s

零输入响应 $U_C(t)=4e^{-t}$

$\therefore \quad i=i_C=C\dfrac{du(t)}{dt}=(1/3)\times(-1)\times4e^{-t}=-(4/3)e^{-t}$

6. 如图 3.7 所示电路，$t=0$ 时开关闭和，求 $t\geqslant0$ 时的 $i_L(t)$和 $u_L(t)$。

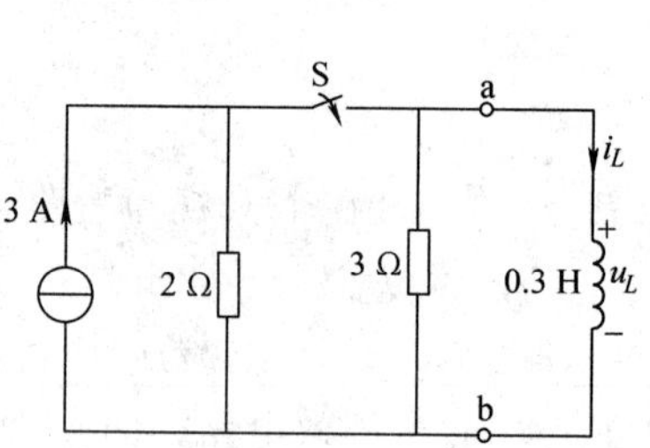

图 3.7

解：$i_L(0_-)=0$

换路并稳定后，电容视为短路

$i_L(\infty)=3$

且 $i_L(0_+)+i_L(0_-)=0$

从电容两端看进去等效电阻

$R=2\parallel3=6/5\ \Omega$

$\therefore \quad \tau=L/R=0.3\times\dfrac{5}{6}=0.25$ s

零状态响应为：$i_L(t)=i_L(\infty)(1-4e^{-4t})=3(1-4e^{-4t})$ A

$\therefore u_L(t)=L\dfrac{di_L(t)}{dt}=0.3\times(-3)\times(-4)e^{-4t}$

$=3.6e^{-4t}$ V

7. 求如图 3.8 所示电路的阶越响应 u_C。

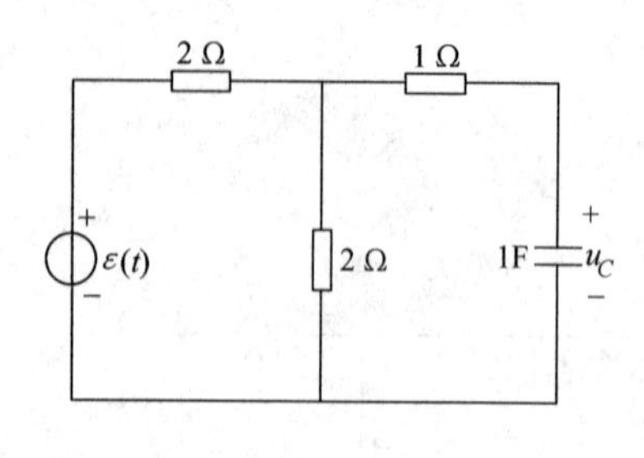

图 3.8

解：$u_C(0_-)=0$

加入阶跃了函数 $\varepsilon(t)$并稳定后，电容视为开路

$u_C(\infty)=(1/2)\varepsilon(t)$V

且 $u_C(0_+)=u_C(0_-)=0$

从电容两端看进去等效电阻

$R=1+2\parallel2=2\ \Omega$

$\because \quad \tau=RC=2\times1=2$ s

$\therefore \quad$ 阶跃响应 $u_C(t)=u_C(\infty)(1-4e^{-\frac{t}{\tau}})=0.5(1-4e^{-0.5t})\varepsilon(t)$ V

8. 如图 3.9 所示电路，开关闭和前电路已达稳态，求开关闭合后的 u_L。

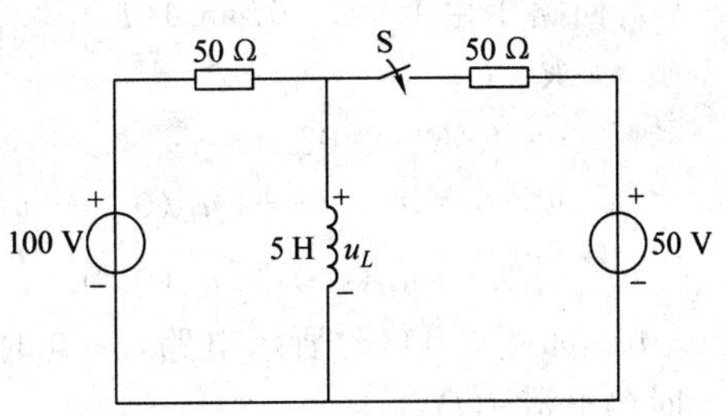

图 3.9

解：用三要素法。

开关闭合前稳态，电容视为短路

$$i_L(0_-)=100/50=2\ \text{A}$$

$t=0_+$ 时刻等效电路图为

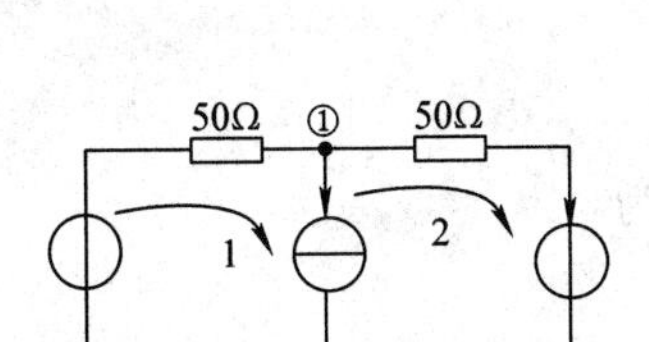

$$i_L(0_+)=i_L(0_-)=2\ \text{A}$$

对接点①由 KCL　$I_1+I_2=i_L(0_+)$　(1)

对回路 1 由 KVL　$50I_1+U_L(0_+)-100=0$　(2)

对回路 2 由 KVL　$50I_2+U_L(0_+)-50=0$　(3)

上三式联立解得 $I_1=1.5\text{A}, I_2=0.5\text{A}, U_L(0_+)=25\text{V}$

换路稳定后，电容视为短路

∴　$U_L(\infty)=0$

从电容两端看进去的等效电阻

$$R=50||50=25\ \Omega$$

∴　$\tau=L/R=5/25=0.2\ \text{s}$

∴　$U_L=U_L(\infty)+[U_L(0_+)-U_L(\infty)]\text{e}^{-\frac{t}{\tau}}=25\text{e}^{-5t}\ \text{V}$

9. 如图 3.10(a)所示电路，已知 $i_L(0_-)=6\text{A}$，试求 $t\geqslant 0_+$ 时的 $u_L(t)$，并定性画出 $u_L(t)$的波形。

解：用三要素法。

$t=0_+$ 时等效电路如图 3.10(b)所示，$i_L(0_+)=i_L(0_-)=6\ \text{A}$

对节点①由 KCL　$i_1(0_+)=i_L(0_+)+0.1u_L(0_+)=0$

由上两式联立解得　$u_L(0_+)=100\ \text{V}$

电路稳定后，电感视为短路

$$u_L(\infty)=0$$

从电感两端看进去等效电阻 R，如图 3.10(c)所示。

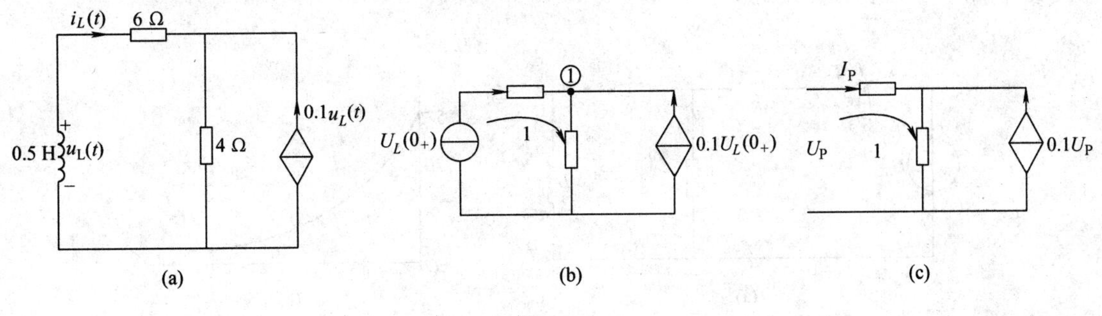

图 3.10

对回路 1 由 KVL　$6I_P+4(I_P+0.1U_P)-U_P=0$

$R=U_P/I_P=50/3\ \Omega$

$\tau=L/R=0.03\ \text{s}$

$u_L(t)=u_L(\infty)+[u_L(0_+)-u_L(\infty)]$

∴　$u_L(t)=u_L(\infty)+[u_L(0_+)-u_L(\infty)]e^{-\frac{t}{\tau}}=100\ e^{-t/0.03}\ \text{V}$

10. 如图 3.11(a)所示电路，$t=0$ 时开关 S_1 闭合、S_2 打开，$t<0$ 时电路已达稳态，求 $t\geqslant 0_+$时的电流 $i(t)$。

解:使用三要素法。

$t=0_-$ 电路处于稳态电容视为开路，等效电路为

$U_C(0_-)=(3/(3+1))\times 8=6\ \text{V}$

$T=0_+$ 时刻等效电路如图 3.11(b)所示。

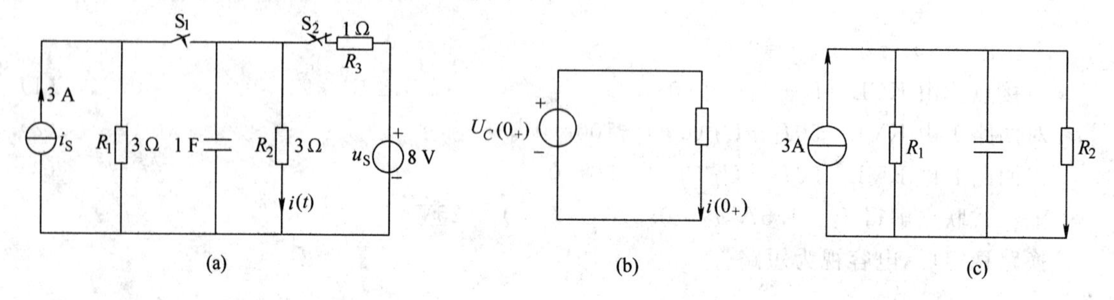

图 3.11

$U_C(0_+)=U_C(0_-)=6\ \text{V}$

$i(0_+)=U_C(0_+)/3=6/3=2\ \text{A}$

换路稳定后，电容视为开路，如图 3.11(c)所示。

$i(\infty)=(1/2)\times 3=1.5\ \text{V}$

从电容两端看进去等效电阻

$R=3||3=1.5\ \Omega$

∴　$\tau=RC=1.5\times 1=1.5\ \text{s}$

∴　$i(t)=i(\infty)+[i(0_+)-i(\infty)]e^{-\frac{t}{\tau}}=1.5+0.5e^{-2t/3}\ \text{A}$

11. 图 3.12(a)所示电路原已稳定，$t=0$ 时将开关 S 断开，已知 $R=50\ \Omega$，$R_1=12.5\ \Omega$，$L=125\ \text{mH}$，$U_S=150\ \text{V}$。求 S 断开后的电流 $i_L(t)$，并画出其变化曲线。

解：$i_L=Ae^{pt}$

其中：$p=-\dfrac{R_1+R}{L}=-500$

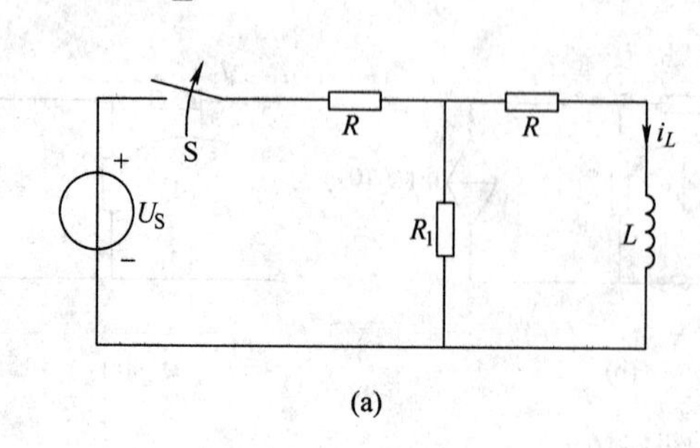

(a)

i_L(A)　0.5　O　t(s)

(b)

图 3.12

$$A=i_L(0_+)=i_L(0_-)=\frac{U_S}{R+\dfrac{RR_1}{R+R_1}}\times\frac{R_1}{R+R_1}=0.5\ \text{A}$$

$$i_L(t)=0.5\text{e}^{-500t}\ \text{A}$$

$i_L(t)$变化曲线如图 3.12(b)所示。

12. 图 3.13 所示电路原已稳定，$t=0$ 时开关 S 由“1”换接到“2”。已知：$R_1=1\ \Omega$，$R_2=R_3=2\ \Omega$，$L=2\ \text{H}$，$U_S=2\ \text{V}$。求换路后的电流 $i_L(t)$及电压 $u_L(t)$。

解：$i_L=A\text{e}^{pt}$

其中：$p=-\dfrac{R_2+R_3}{L}=-2$

$$A=i_L(0_+)=i_L(0_-)=\frac{U_S}{R_1+R_2}=\frac{2}{3}\ \text{A}$$

$$i_L(t)=\frac{2}{3}\text{e}^{-2t}\ \text{A}$$

$$u_L(t)=-i_L(t)(R_3+R_2)=-\frac{8}{3}\text{e}^{-2t}\ \text{V}$$

13. 图 3.14 所示电路原已稳定，$t=0$ 时将开关 S 闭合。已知：$R=1\ \Omega$，$R_1=2\ \Omega$，$R_2=3\ \Omega$，$C=5\ \mu\text{F}$，$U_S=6\ \text{V}$。求 S 闭合后的 $u_C(t)$和 $i_C(t)$。

解：$u_C=A\text{e}^{pt}$

$$p=-\frac{1}{\dfrac{R_1R_2}{R_1+R_2}C}=-\frac{1}{6\times10^{-6}}$$

其中：

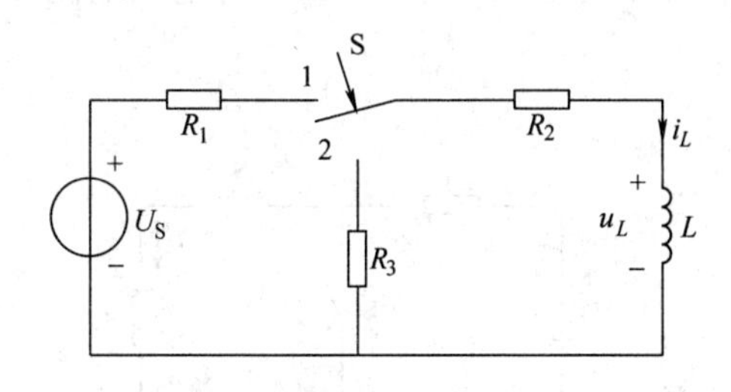

图 3.13

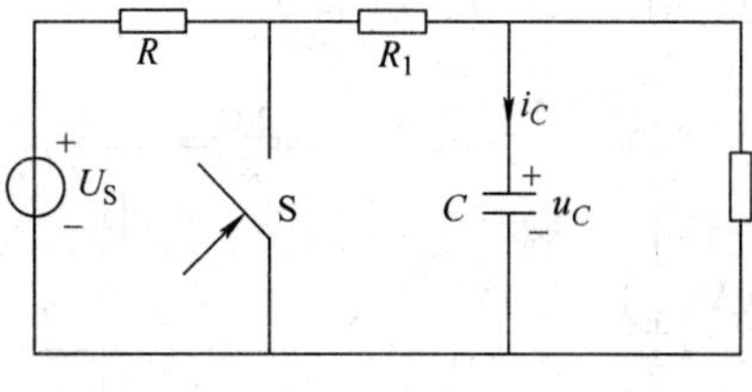

图 3.14

$$A=u_C(0_+)=u_C(0_-)=\frac{R_2}{R+R_1+R_2}U_S=3\ \text{V}$$

$$u_C(t)=3\text{e}^{-\frac{10^6}{6}t}\ \text{V}$$

$$i_C(t)=-\frac{u_C(t)}{\dfrac{R_1R_2}{R_1+R_2}}=-2.5\text{e}^{-\frac{10^6}{6}t}\ \text{A}$$

自我检测

1. 分别判断图 3.15 所示各电路，当开关 S 动作后，电路中是否产生过渡过程？并说明为什么？

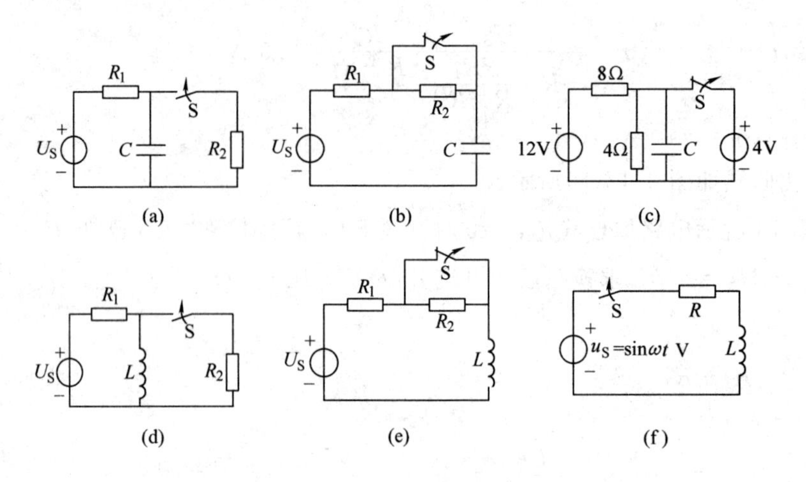

图 3.15

2. 电容储存电场能量及电感储存磁场能量的公式是如何表示的?

3. 什么是换路定律? 在一般情况下,为什么在换路瞬间电容电压和电感电流不能跃变?

4. 如果电容两端有电压,电容中就会有电流,这种说法是否正确?

5. 如果电感线圈两端电压为零,它储存的磁能也一定为零,这种说法是否正确?

6. 在分析动态电路求初始值的等效电路时,若电容、电感无储能,电容、电感可分别视作什么? 若电容、电感有储能,电容、电感可分别视作什么? 直流激励下的动态电路,当电路到达新的稳定状态时,电容、电感又分别视为什么?

7. 电路如图 3.16 所示,当开关 S 断开前电路处于稳态,试求 S 断开时电容电压和电流的初始值 $U_C(0_+)$、$i_C(0_+)$。

8. 电路如图 3.17 所示,当开关 S 断开前电路处于稳定状态,试求 S 断开时电感电流和电压的初始值 $i_L(0_+)$、$u_L(0_+)$。

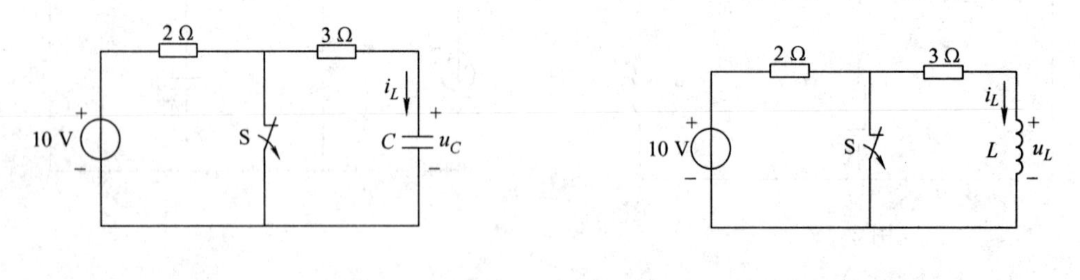

图 3.16　　　　图 3.17

9. 电路如图 3.18 所示,当开关 S 闭合前电路无储能,试求 S 闭合后的初始值 $i_L(0_+)$、$u_L(0_+)$及稳态值 $i_L(\infty)$、$u_L(\infty)$。

10. 一阶电路的构成如何? 什么是一阶电路的零输入响应?

11. 一阶电路的零输入响应的规律如何? 其中,$t(0_+)$为何意? 对 R、C 电路和 R、L 电路,时间常数 τ 分别为何?

12. 一阶电路如图 3.19 所示,求开关 S 打开时电路的时间常数?

13. 什么是一阶电路的零状态响应？

14. 一阶电路的零状态响应的规律如何？其中 $t(\infty)$ 为何意？对 R、C 电路和 R、L 电路，时间常数 τ 分别为何？

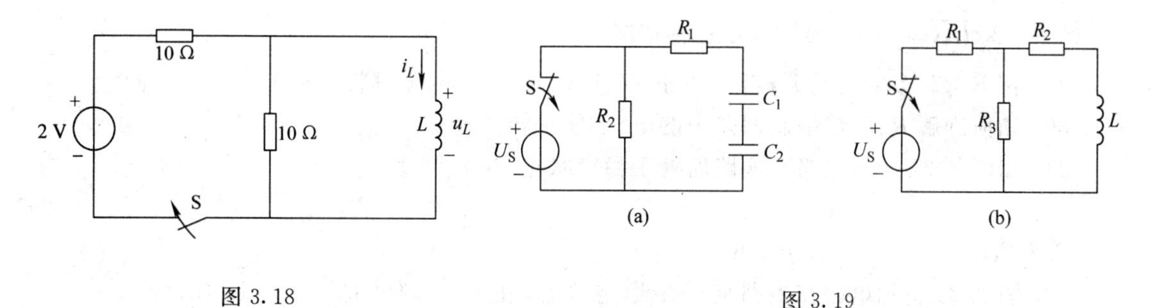

图 3.18　　　　图 3.19

15. 一阶电路如图 3.20 所示，求开关 S 闭合时电路的时间常数？

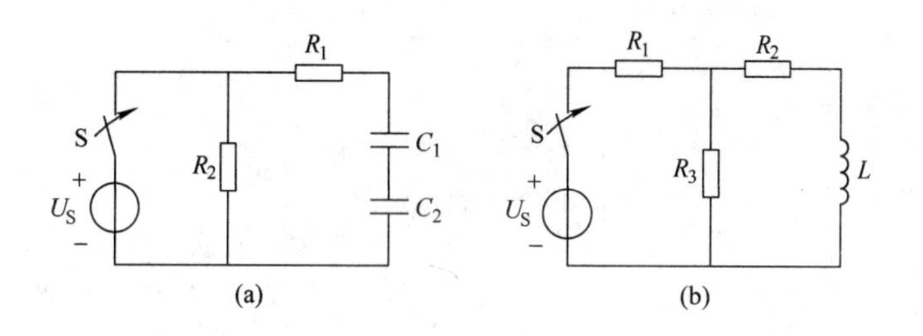

图 3.20

16. 什么是一阶电路的全响应？

17. 由线性电路的叠加性理解，全响应＝零输入响应＋零状态响应。如何理解全响应是由稳态分量和暂态分量两个成分组成。

18. 在 R、C 串联电路中，当其他条件不变时，R 越大则过渡过程所需要的时间越长。对于并联电路中，情况也是如此吗？请说出理由。

19. 线性一阶电路中，在电路参数不变的情况下，接通 20 V 直流电源过渡过程所用的时间比接通 10 V 直流电源过渡过程所用的时间要长，对吗？请说出理由。

20. 三要素法的通式是怎样的？每个要素的含义是什么？三要素法的使用条件是什么？

21. R、C 串联电路在直流激励下，其零状态响应必含暂态分量，而其全响应却可能没有暂态分量，为什么？试举例说明之。

22. 若已知电容电压在直流激励下的全响应＝零输入响应＋零状态响应，即 $U_C=Ae^{-t/\tau}+B(1-e^{-t/\tau})$。试求出 U_C 的稳态分量和暂态分量。

23. 若已知电容电压在直流激励下的全响应＝零输入响应＋零状态响应，即 $U_C=C+De^{-t/\tau}$。试求出 U_C 的零输入响应和零状态响应。

24. 试举例说明：在什么情况时，R、C 或 R、L 串联电路，在正弦激励下，零状态响应及全响应都可能没有暂时分量。

25. R、C 串联电路构成微分电路的条件是什么？

26. R、C 串联电路构成积分电路的条件是什么?

27. R、C 串联电路输入脉冲电压,脉冲宽度和电路参数均不变,若从电阻两端输出电压变为从电容两端输出电压,是否将微分电路变成了积分电路。

28. R、L、C 串联电路的零输入响应是什么问题?当电路参数满足 $R>2\sqrt{L/C}$、$R=2\sqrt{L/C}$、$R<2\sqrt{L/C}$条件时,会出现哪三种情况?

29. 在 $R<2\sqrt{L/C}$情况下,当 R 为正、R 为零、R 为负时,振荡性响应又有什么不同?

30. 如何理解 R、L、C 串联回路中的电、磁能量转换过程?

31. 如图 3.21 所示电路在换路前处于稳定状态,在 $t=0$ 瞬间将开关 S 闭合,则 $i(0_+)$为(　　)。

A. 0 A　　B. 0.6 A　　C. 0.3 A

32. 图 3.22 所示电路在换路前处于稳定状态,在 $t=0$ 瞬间将开关 S 闭合,则 $i(0_+)$为(　　)。

A. 0 A　　B. 0.6 A　　C. 0.3 A

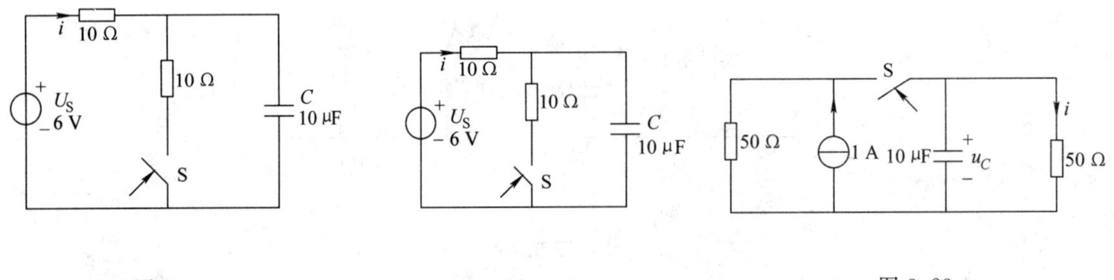

图 3.21　　图 3.22　　图 3.23

33. 在图 3.23 所示电路中,开关 S 在 $t=0$ 瞬间闭合,若 $u_C(0_-)=0$ V,则 $i_1(0_+)$为(　　)。

A. 1.2 A　　B. 0 A　　C. 0.6 A

34. 在图 3.24 所示电路中,开关 S 在 $t=0$ 瞬间闭合,若 $u_C(0_-)=0$ V,则 $i(0_+)$为(　　)。

A. 0.5 A　　B. 0 A　　C. 1 A

35. 在图 3.25 所示电路中,开关 S 在 $t=0$ 瞬间闭合,若 $u_C(0_-)=4$ V,则 $u_R(0_+)$(　　)。

A. 4 V　　B. 0 V　　C. 8V

36. 在图 3.26 所示电路中,开关 S 在 $t=0$ 瞬间闭合,若 $u_C(0_-)=-4$ V,则 $u_R(0_+)=$(　　)。

A. 16 V　　B. 8 V　　C. −8 V

37. 在图 3.27 所示电路中,开关 S 在 $t=0$ 瞬间闭合,则 $i_2(0_+)=$(　　)。

A. 0.1 A　　B. 0.05 A　　C. 0A

38. 在图 3.28 所示电路中,开关 S 在 $t=0$ 瞬间闭合,则 $i_3(0_+)=$(　　)。

A. 0.1 A　　B. 0.05 A　　C. 0A

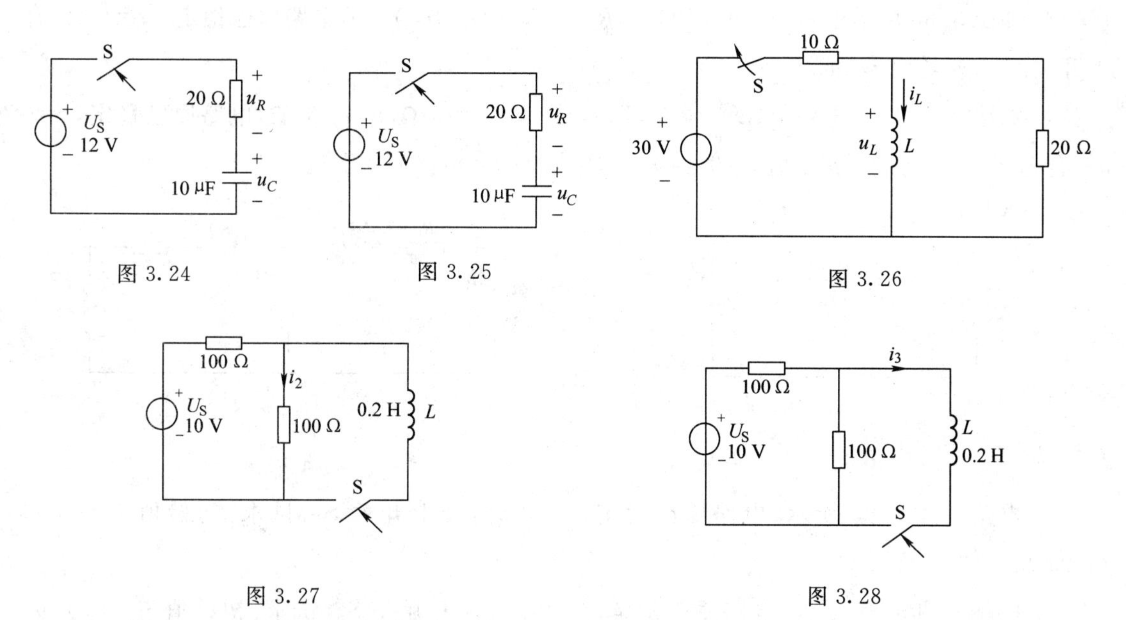

图 3.24　　图 3.25　　图 3.26

图 3.27　　图 3.28

39. 在图 3.29 所示电路中,开关 S 在 $t=0$ 瞬间闭合,则 $i_R(0_+)=($　　$)$。

A. 0 A　　B. 1 A　　C. 0.5 A

40. 在图 3.30 所示电路中,开关 S 在 $t=0$ 瞬间闭合,若 $u_C(0_-)=0$ V,则 $i_L(0_+)=($　　$)$。

A. 1 A　　B. 2 A　　C. 0 A

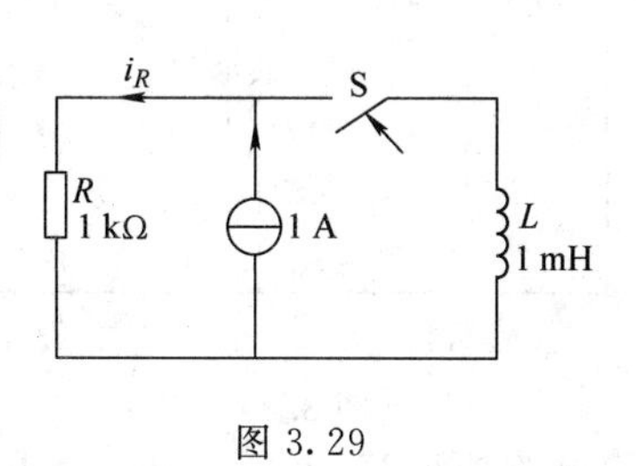

图 3.29

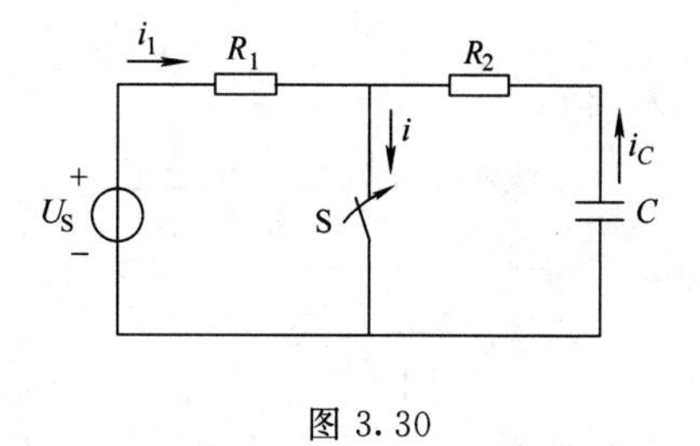

图 3.30

综合应用

1. 如图 3.31 所示电路中,$U_S=60$ V,$R_1=20$ Ω,$R_2=30$ Ω,电路原已稳定。$t=0$ 时,合上开关 S。求:初始值 $i_C(0_+)$、$i_1(0_+)$、$i(0_+)$。

2. 如图 3.32 所示电路中,$U_S=20$ V,$R_1=15$ Ω,$R_2=5$ Ω,电路原已稳定。$t=0$ 时,合上开关 S。求:初始值 $i(0_+)$、$i_2(0_+)$、$u_L(0_+)$。

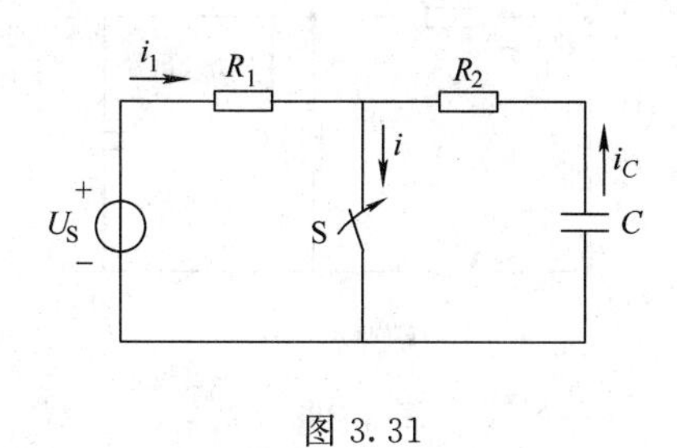

图 3.31

图 3.32

3. 如图 3.33 所示电路中，$u_S=100$ V，$R=200$ Ω，$u_C(0_-)=0$，电路原已稳定。$t=0$ 时，合上开关 S，求初始值 $i_C(0_+)$。

4. 如图 3.34 所示电路中，$U_S=3$ V，$R_1=10$ Ω，$R_2=5$ Ω，$R_3=20$ Ω，电路原已稳定，$t=0$ 时，合上开关 S。试求：初始值 $i_1(0_+)$、$i_2(0_+)$、$i_3(0_+)$、$u_{L1}(0_+)$及 $u_{L2}(0_+)$。

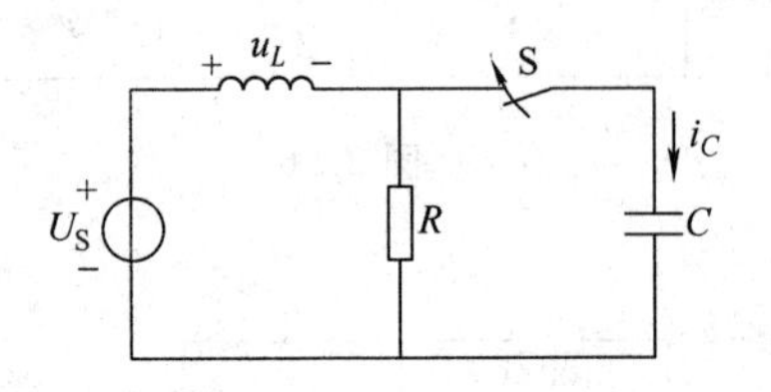

图 3.33

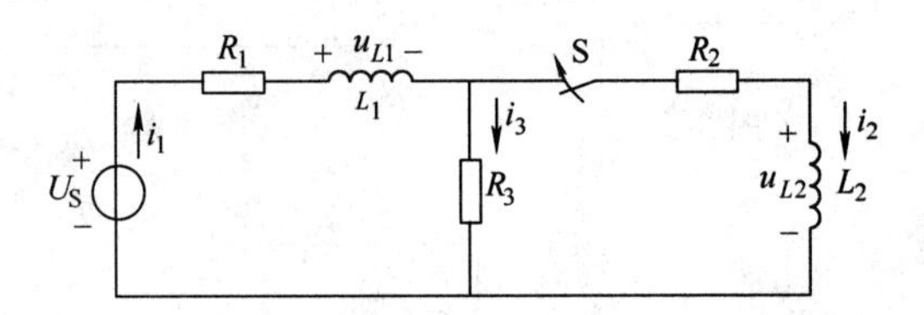

图 3.34

5. 电路如图 3.35 所示，电路原已稳定，$t=0$ 时，合上开关 S。试求：初始值 $i_L(0_+)$、$i_C(0_+)$、$u_L(0_+)$及 $u_C(0_+)$。

6. 电路如图 3.36 所示，电路原已稳定，$t=0$ 时，合上开关 S。试求：初始值 $i_L(0_+)$、$u_L(0_+)$及稳态值 $i_L(\infty)$、$u_L(\infty)$。

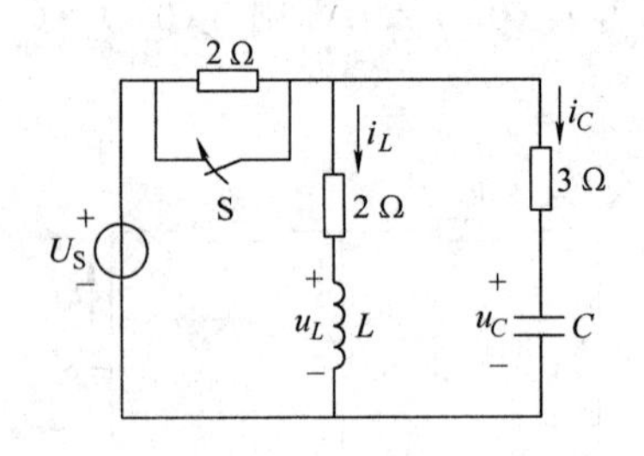

图 3.35

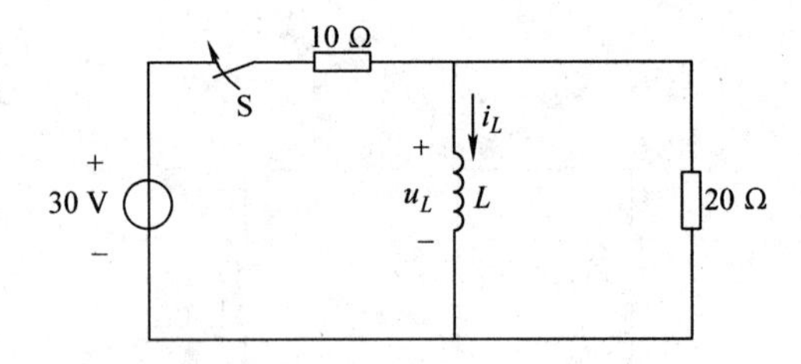

图 3.36

7. 电路如图 3.37 所示，$U_S=10$ V，$R_1=R_2=10$ Ω，电路原已稳定，$t=0$ 时，合上开关 S，求初始值 $i_L(0_+)$、$u_L(0_+)$及稳态值 $i_L(\infty)$、$u_L(\infty)$。

8. 电路如图 3.38 所示，开关 S 闭合前电路无储能，试做出 $t=0_+$ 和 $t=\infty$时的等效电路，并求初始值 $i_1(0_+)$、$i_2(0_+)$及稳态值 $i_1(\infty)$、$i_2(\infty)$。

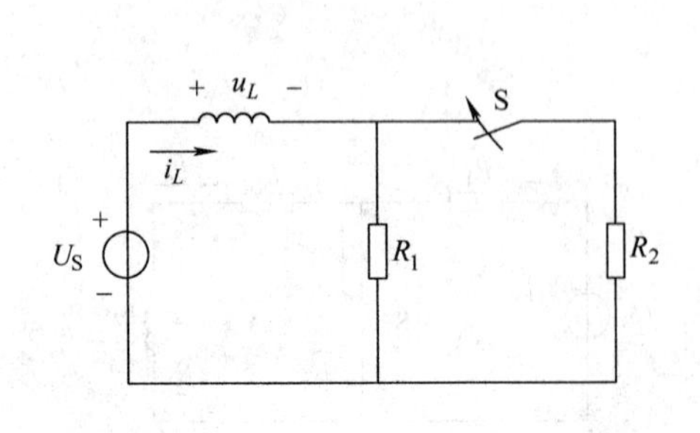

图 3.37

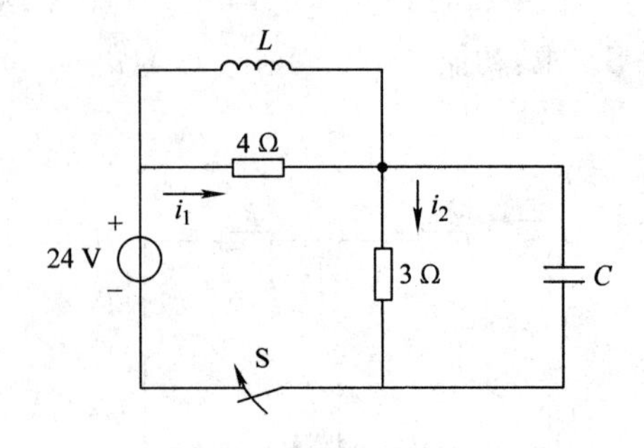

图 3.38

9. 电路如图 3.39 所示，电路原已稳定，$t=0$ 时，合上开关 S。试做出 $t=0_+$ 和 $t=\infty$ 时的等效电路，并求初始值 $i_L(0_+)$、$u_C(0_+)$、$u_L(0_+)$、$i_C(0_+)$ 及稳态值 $i_L(\infty)$、$u_C(\infty)$、$u_L(\infty)$、$i_C(\infty)$。

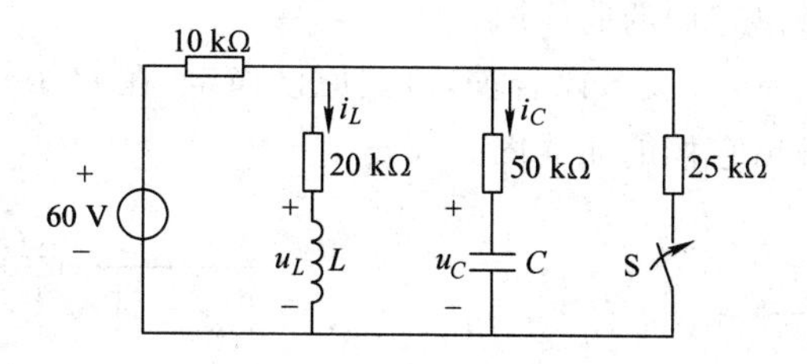

图 3.39

10. 电路如图 3.40(a)、(b)所示，求换路后的时间常数 Z。

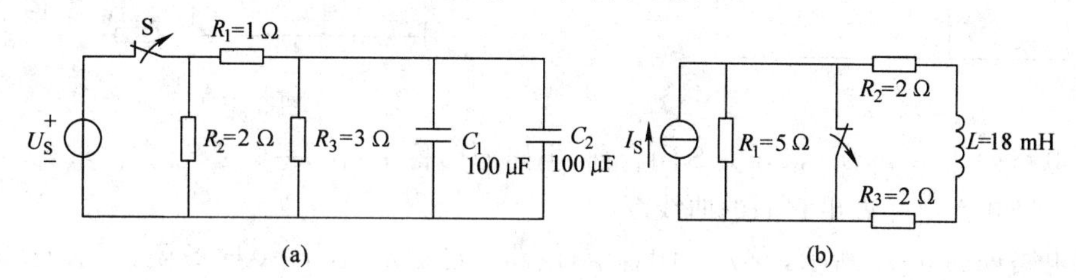

图 3.40

11. 电路如图 3.41(a)、(b)所示，求换路后的时间常数 Z。

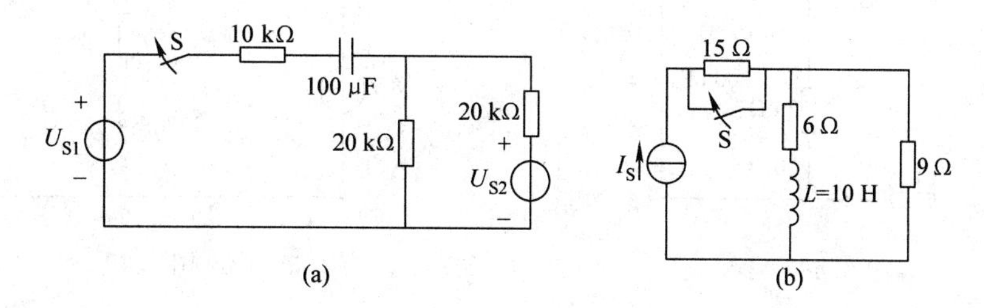

图 3.41

12. 电路如图 3.42 所示，$C=1\ \mu\text{F}$，$u_C(0_-)=100$ V，开关 S 合上后，时间分别经过：(1) 1×10^{-6} s；(2) 2 s；(3) 1 h，u_C 减为原来的 1/e。试求这三种情况下的电阻 R 各位多少？

13. 电路如图 3.43 所示，电路原已稳定，$t=0$ 时，合上开关 S，开关 S 由 2 合向 1 后，电容

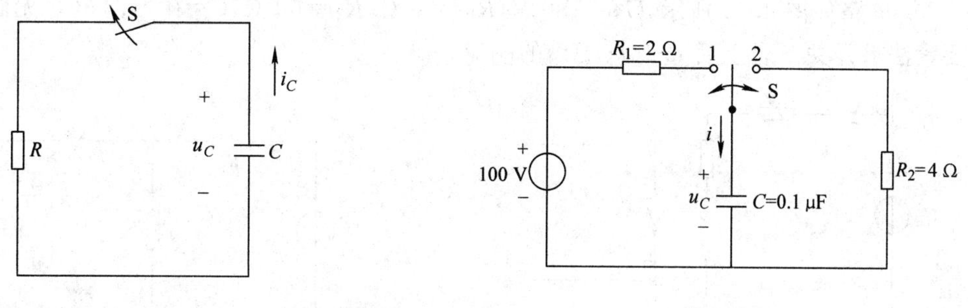

图 3.42　　　　图 3.43

充电；经过 $t=5Z$ 后，开关 S 由 1 合向 2。试求：(1)求充、放电过程中 u_C、i 的变化规律并绘制出曲线；(2)计算放电过程中电阻消耗的能量；(3)放电时的最大电流。

14. 一个储存磁场能量的电感经电阻释放能量，已知：经过 0.6 s 后储能减少为原来的一半；又经过 1.2 s 后，电流为 25 mA。试求电感电流 i 的变化规律。

15. 电路如图 3.44 所示，开关 S 闭合前，电路原已稳定，在 $t=0$ 时 S 闭合，求 $t\geqslant0$ 时的电感电压 u_L 和电流 i_L，并做出它们的曲线图。

16. 电路如图 3.45 所示，开关 S 闭合前，电路原已稳定，在 $t=0$ 时 S 闭合，求 $t\geqslant0$ 时的电容电压 u_C 和电流 i_C，并做出它们的曲线图。

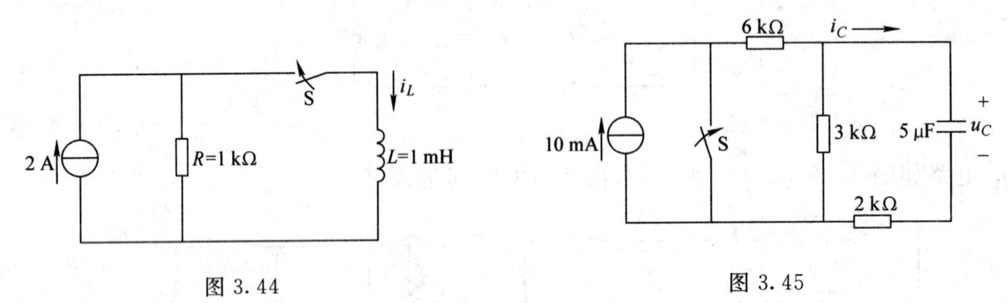

图 3.44　　　　图 3.45

17. 电路如图 3.46 所示，开关 S 闭合前，电路原已稳定，在 $t=0$ 时 S 闭合，求 $t\geqslant0$ 时的电容电压 u_C 和电流 i，并做出它们的曲线图。

18. 电路如图 3.47 所示，开关 S 闭合前，电路原已稳定，在 $t=0$ 时 S 闭合，求 $t\geqslant0$ 时的电感电压 u_L 和电流 i。

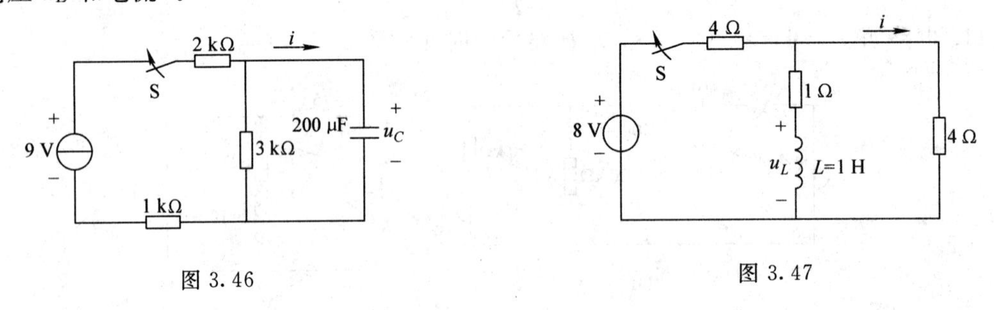

图 3.46　　　　图 3.47

19. 图 3.48 所示为一继电器延时电路模型。已知继电器线圈参数为：$R=100\ \Omega$，$L=4\ \text{H}$，当线圈电流达到 6 mA 时，继电器的触点接通。从开关闭合到触点接通时间称为延时时间，在电路中串联一电位器 R_P，其值为 0～900 Ω。若电源电压 $U_S=12\ \text{V}$，试问当 R_P 由 0 变化到 900 Ω 时，延时时间的变化范围是多少？

20. 电路如图 3.49 所示，$U_S=180\ \text{V}$，$R_1=30\ \Omega$，$R_2=60\ \Omega$，$C=0.1\ \text{F}$，电容无储能，应用三要素法求开关 S 合上后 $u_C(t)$、$i_1(t)$ 的响应。

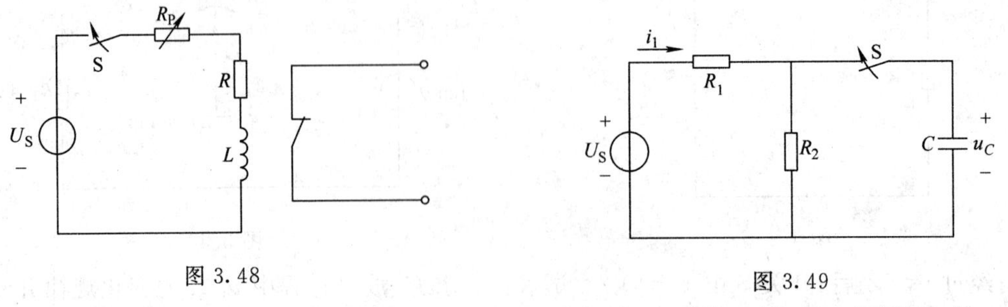

图 3.48　　　　图 3.49

21. 电路如图 3.50 所示，电路原已稳定，$t=0$ 时，合上开关 S，应用三要素法求 $i_L(t)$、

$u_L(t)$响应。

22. 电路如图 3.51 所示，电路原已稳定，$t=0$ 时，将开关 S 由 1 位换接到 2 位，求经过多长时间 u_C 等于 0。

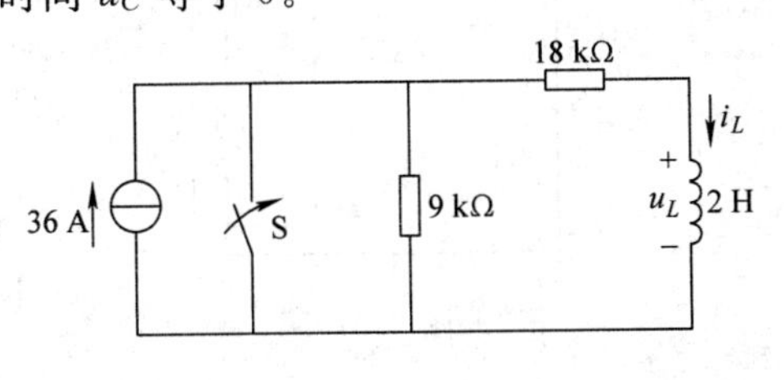

图 3.50

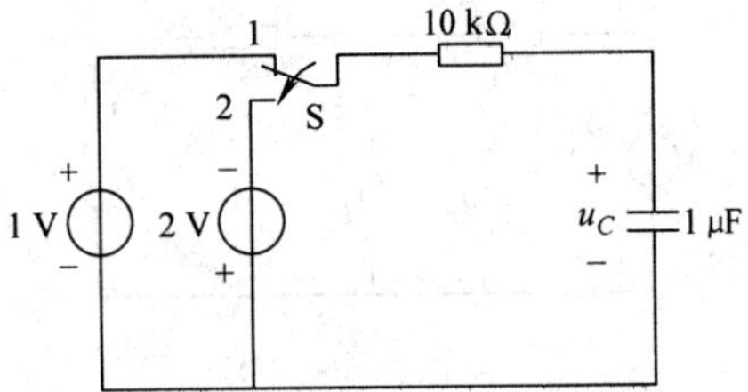

图 3.51

23. 电路如图 3.52 所示，电路原已稳定，$t=0$ 时，合上开关 S，应用三要素法求 $u_C(t)$的全响应。

24. 电路如图 3.53 所示，电路原已稳定，$t=0$ 时，合上开关 S，应用三要素法求 $i_L(t)$、$u_L(t)$的全响应。

25. 电路如图 3.54 所示，$U_{S1}=300$ V，$U_{S2}=150$ V，$C=0.1$ F，$R_1=100\ \Omega$，$R_2=50\ \Omega$，$R_3=200\ \Omega$，电路原已稳定，$t=0$ 时，合上开关 S，应用三要素法求合上开关的 $u_C(t)$、$i_C(t)$。

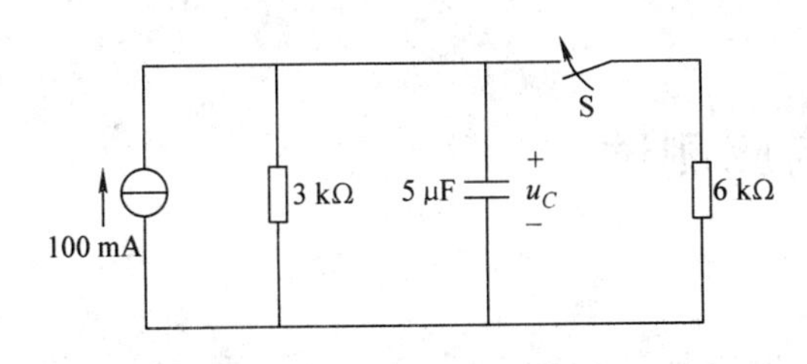

图 3.52

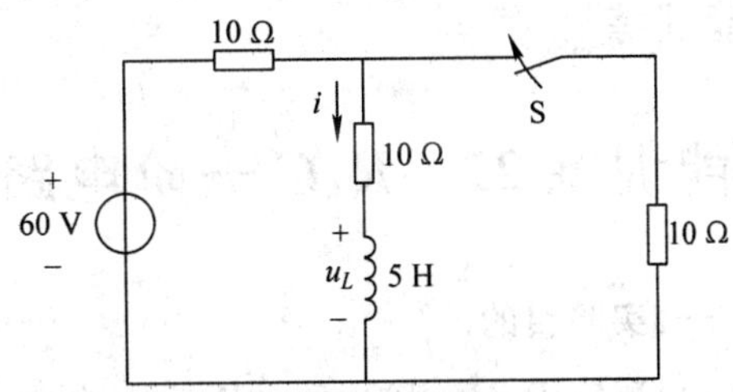

图 3.53

26. 电路如图 3.55 所示，$U_S=10$ V，$C=1$ F，$R_1=4\ \Omega$，$R_2=6\ \Omega$，电路原已稳定，$t=0$ 时，合上开关 S，应用三要素法求合上开关的 $u_C(t)$、$i_C(t)$。

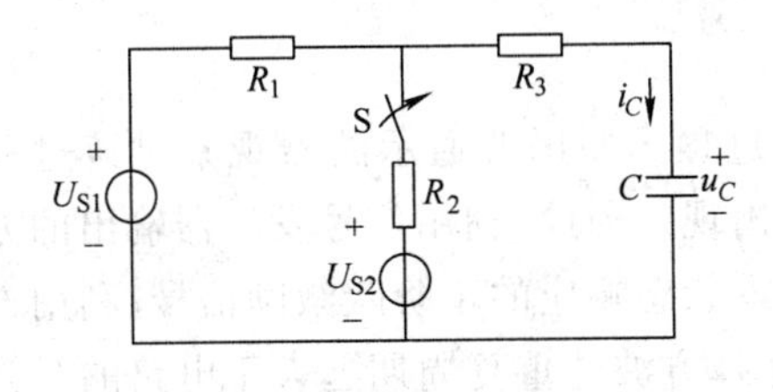

图 3.54

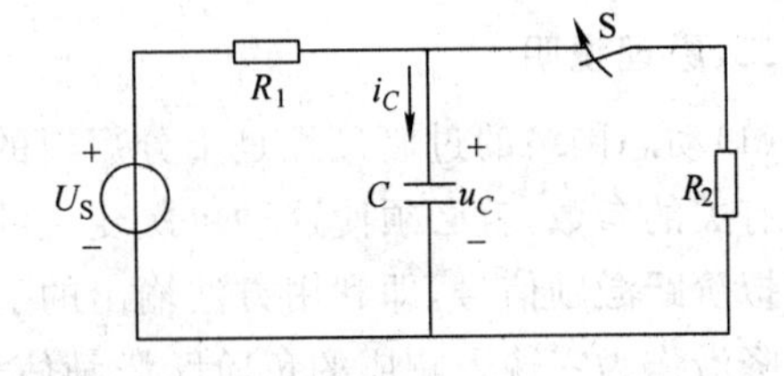

图 3.55

27. 电路如图 3.56 所示，$U_S=48$ V，$R_1=40\ \Omega$，$R_2=120\ \Omega$，$R_3=20\ \Omega$，$L=20$ H，电路原已稳定，$t=0$ 时，合上开关 S，应用三要素法求合上开关的 $u_L(t)$、$i_L(t)$。

28. 有一电磁铁，其电路模型如图 3.57 所示，已知 $R=17.8\ \Omega$，$L=0.318$ H，电源电压 $U_S=220\sqrt{2}\sin(314\ t+10^\circ)$ V，试求接通电源后的电路电流 $i(t)$。

29. 电路如图 3.58 所示，$R=20\ \Omega$，$C=20\ \mu$F，电源电压 $U_S=220\sqrt{2}\sin(314\ t+30^\circ)$ V。(1)应用三要素法求接通电源时电容电压 $u_C(t)$及电流 $i(t)$；(2)何时接通开关 S，可使电路不产生过渡过程；(3)当 Φ 为多少时接通开关 S，电流的初始值为多少？

30. 图 3.59 所示 R、C 电路为零初始状态，现输入正负脉冲电压，脉冲宽度 $T=RC$，正脉冲的幅度为 10 V,求负脉冲的幅度为多大时,才能使负脉冲结束时($t=2T$),电容电压回到零状态。

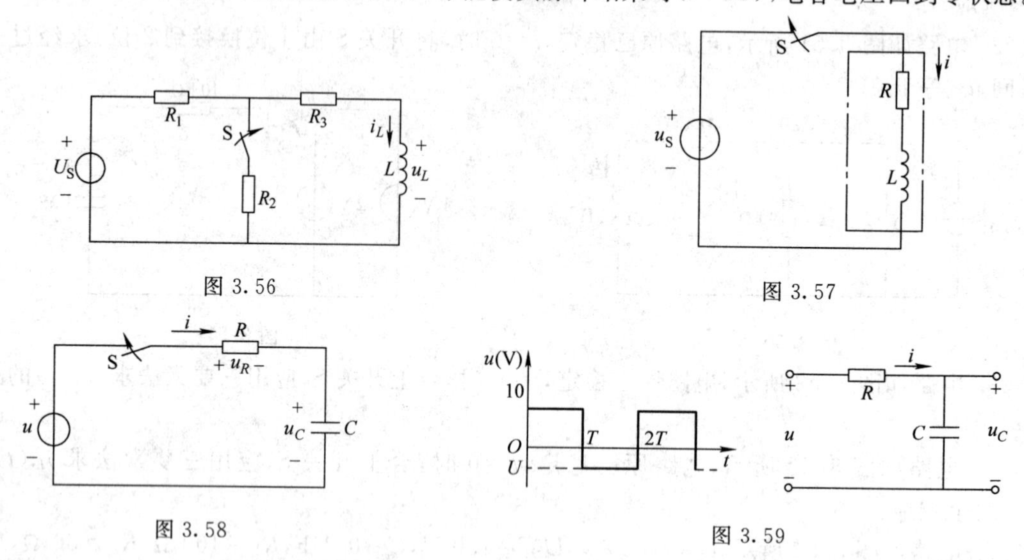

图 3.56

图 3.57

图 3.58

图 3.59

技能训练

技能训练 22　R、C 一阶电路的响应测试

一、实验目的

(1)测定 R、C 一阶电路的零输入响应、零状态响应及完全响应。

(2)学习电路时间常数的测量方法。

(3)掌握有关微分电路和积分电路的概念。

(4)进一步学会用示波器观测波形。

二、原理说明

(1)动态网络的过渡过程是十分短暂的单次变化过程。要用普通示波器观察过渡过程和测量有关的参数,就必须使这种单次变化的过程重复出现。为此,利用信号发生器输出的方波来模拟阶跃激励信号,即利用方波输出的上升沿作为零状态响应的正阶跃激励信号;利用方波的下降沿作为零输入响应的负阶跃激励信号。只要选择方波的重复周期远大于电路的时间常数 τ,那么电路在这样的方波序列脉冲信号的激励下,它的响应就和直流电接通与断开的过渡过程是基本相同的。

(2)图 3.60(b)所示的 R、C 一阶电路的零输入响应和零状态响应分别按指数规律衰减和增长,其变化的快慢决定于电路的时间常数 τ。

(3)时间常数 τ 的测定方法。

用示波器测量零输入响应的波形如图 3.60 (a)所示。

根据一阶微分方程的求解得知 $u_C=U_m e^{-t/RC}=U_m e^{-t/\tau}$。当 $t=\tau$ 时,$U_C(\tau)=0.368U_m$。此时所对应的时间就等于 τ。亦可用零状态响应波形增加到 $0.632U_m$ 所对应的时间测得,如图 3.60(c)所示。

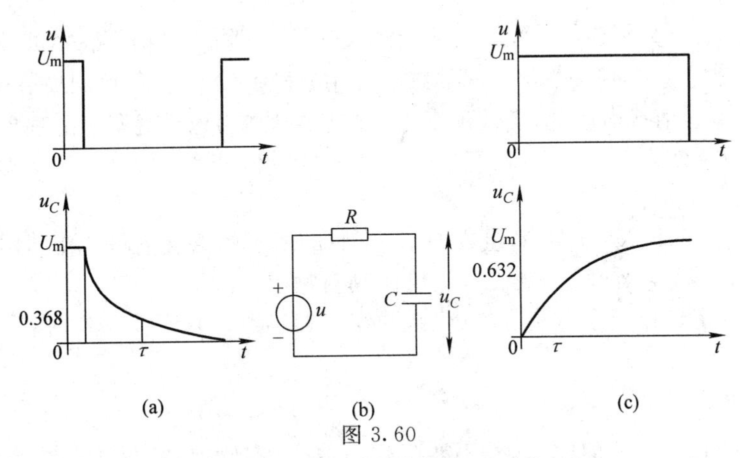

图 3.60

(a) 零输入响应；(b)R、C 一阶电路；(c)零状态响应

(4)微分电路和积分电路是 R、C 一阶电路中较典型的电路，它对电路元件参数和输入信号的周期有着特定的要求。一个简单的 R、C 串联电路，在方波序列脉冲的重复激励下，当满足 $\tau=RC\ll\frac{T}{2}$ 时(T 为方波脉冲的重复周期)，且由 R 两端的电压作为响应输出，则该电路就是一个微分电路。因为此时电路的输出信号电压与输入信号电压的微分成正比。如图 3.61(a)所示。利用微分电路可以将方波转变成尖脉冲。

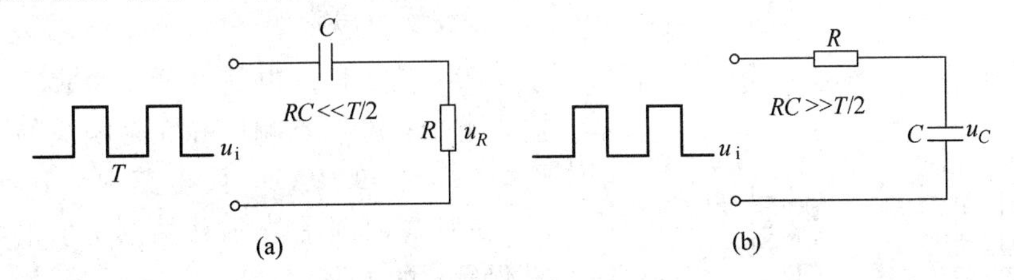

图 3.61

(a)微分电路；(b)积分电路

若将图 3.61(a)中的 R 与 C 位置调换一下，如图 3.61(b)所示，由 C 两端的电压作为响应输出，且当电路的参数满足 $\tau=RC>>\frac{T}{2}$，则该 R、C 电路称为积分电路。因为此时电路的输出信号电压与输入信号电压的积分成正比。利用积分电路可以将方波转变成三角波。

从输入输出波形来看，上述两个电路均起着波形变换的作用，请在实验过程仔细观察与记录。

三、实验设备

序号	名　称	型号与规格	数量	备注
1	函数信号发生器		1	DG03
2	双踪示波器		1	自备
3	动态电路实验板		1	DG07

四、实验内容

实验线路板的器件组件，如图 3.62 所示，请认清 R、C 元件的布局及其标称值，各开关的通断位置等。

(1) 从电路板上选 R=10 kΩ，C=6 800 pF 组成如图 3.60 (b)所示的 R、C 充放电电路。u_i 为脉冲信号发生器输出的 U_m=3 V、f=1 kHz 的方波电压信号，并通过两根同轴电缆线，将激励

源 u_i 和响应 u_C 的信号分别连至示波器的两个输入口 Y_A 和 Y_B。这时可在示波器的屏幕上观察到激励与响应的变化规律，请测算出时间常数 τ，并用方格纸按 1∶1 的比例描绘波形。

少量地改变电容值或电阻值，定性地观察对响应的影响，记录观察到的现象。

(2) 令 $R=10\ \text{k}\Omega$，$C=0.1\ \mu\text{F}$，观察并描绘响应的波形，继续增大 C 值，定性地观察对响应的影响。

(3) 令 $C=0.01\ \mu\text{F}$，$R=100\ \Omega$，组成如图 3.61(a)所示的微分电路。在同样的方波激励信号($U_m=3$ V，$f=1$ kHz)作用下，观测并描绘激励与响应的波形。

增减 R 的值，定性地观察对响应的影响，并作记录。当 R 增至 1 MΩ 时，输入输出波形有何本质上的区别？

五、注意事项

(1) 调节电子仪器各旋钮时，动作不要过快、过猛。实验前，需熟读双踪示波器的使用说明书。观察双踪时，要特别注意相应开关、旋钮的操作与调节。

(2) 信号源的接地端与示波器的接地端要连在一起(称共地)，以防外界干扰而影响测量的准确性。

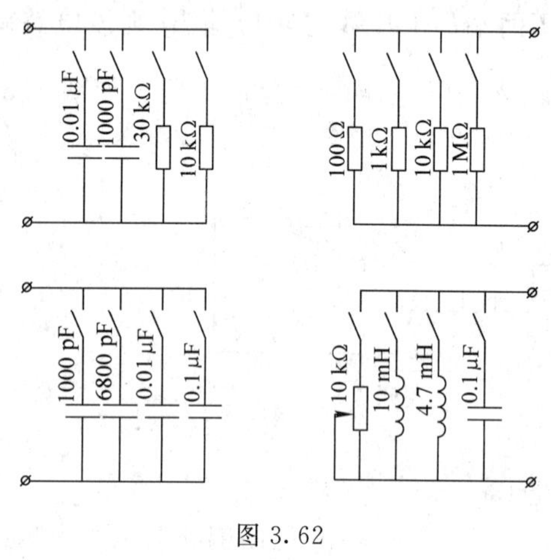

图 3.62

(3) 示波器的辉度不应过亮，尤其是光点长期停留在荧光屏上不动时，应将辉度调暗，以延长示波管的使用寿命。

六、预习思考题

(1) 什么样的电信号可作为 R、C 一阶电路零输入响应、零状态响应和完全响应的激励源？

(2) 已知 R、C 一阶电路 $R=10\ \text{k}\Omega$，$C=0.1\ \mu\text{F}$，试计算时间常数 τ，并根据 τ 值的物理意义拟定测量 τ 的方案。

(3) 何谓积分电路和微分电路，它们必须具备什么条件？它们在方波序列脉冲的激励下，其输出信号波形的变化规律如何？这两种电路有何功用？

(4) 预习要求：熟读仪器使用说明，回答上述问题，准备方格纸。

七、实验报告

(1) 根据实验观测结果，在方格纸上绘出 R、C 一阶电路充放电时 u_C 的变化曲线，由曲线测得 τ 值，并与参数值的计算结果作比较，分析误差原因。

(2) 根据实验观测结果，归纳、总结积分电路和微分电路的形成条件，阐明波形变换的特征。

(3) 心得体会及其他。

子学习领域 2　磁路与交流铁芯线圈

内容摘要

1. 磁场的基本物理量

(1)磁感应强度 B 是表示磁场中某点磁场的强弱和方向的物理量，B 的大小由式 $B=\dfrac{\text{d}F}{I\text{d}l}$决定。

(2)磁通 Φ 是描述磁感应强度在一定空间范围内积累效果的物理量，$\Phi=\oint_s \mathrm{d}\Phi=\oint_s \boldsymbol{B}\mathrm{d}\boldsymbol{S}$ 或 $\Phi=\boldsymbol{BS}$。

(3)磁导率 μ 是表示物质导磁性能的物理量。真空的磁导率是 μ_0，其他物质的磁导率一般用 μ 表示，$\mu=\mu_r\mu_0$，非磁性物质的 $\mu\approx1$，磁性物质的 $\mu<1$。

(4)磁场强度 $\boldsymbol{H}$ 是计算磁场时引用的一个物理量，$\boldsymbol{H}$ 的大小由式 $\boldsymbol{H}=\frac{\boldsymbol{B}}{\mu}$ 决定，但由于 μ 不是常数，所以铁磁物质的 $\boldsymbol{H}$ 与 $\boldsymbol{B}$ 需查 $\boldsymbol{B}-\boldsymbol{H}$ 曲线得到。

2. 磁场基本定律

(1)磁通连续性原理：磁场中通过任何封闭曲面的磁通恒等于零，即少 $\boldsymbol{B}\oint_s \mathrm{d}\boldsymbol{S}=0$。

(2)全电流定律：磁场强度 $\boldsymbol{H}$ 沿任一闭合回线的线积分等于该闭合回线所包围的全电流，即 $\int^{t}\boldsymbol{H}\mathrm{d}l=\sum I$。

3. 铁磁物质的磁化

铁磁物质由于其内部存在许多小磁畴，所以其在外磁场的作用下可呈现磁性，这就是铁磁物质的磁化。铁磁材料具有高导磁性、磁饱和性和磁滞性。

4. 磁化曲线及铁磁物质的分类

磁化曲线有起始磁化曲线、磁滞回线和基本磁化曲线。

根据磁滞回线的形状可把铁磁性物质分为硬磁材料、软磁材料和矩磁材料。软磁材料的剩磁及矫顽力小，适于作各种交流铁芯线圈的铁芯。

基本磁化曲线表明了 $\boldsymbol{B}$ 与 $\boldsymbol{H}$ 的关系，是磁路计算的依据。

5. 磁路及磁路定律

(1)磁路的基尔霍夫第一定律：$\sum \Phi=0$。

(2)磁路的基尔霍夫第二定律：$\sum(Hl)=\sum(IN)$。

(3)磁路的欧姆定律：$U_m=\Phi R_m$，其中 $U_m=\boldsymbol{H}l$，$R_m=\frac{1}{\mu s}$。由于磁路是非线性的，所示磁路的欧姆定律一般只适用于磁路定性分析而不适用于定量计算。

6. 交流铁芯线圈

(1)电压与磁通的关系：$U=4.44fN\Phi_m$。

(2)磁通与电流的关系。

当忽略线圈内阻 R 和漏磁通时，由于铁芯线圈的磁通与励磁电流是非线性关系，所以当磁通为正弦波时(这时端电压也为正弦波)，电流为非正弦尖顶波；当电流为正弦波时，磁通为非正弦平顶波(端电压为非正弦尖顶波)。

(3)交流铁芯线圈的损耗。

交流线圈存在有铜损和铁损两种损耗。而铁损又是由磁滞损耗和涡流损耗构成的。选用软磁材料并把其切片涂绝缘漆后再叠在一起可大大减小铁损。

7. 电磁铁

电磁铁一般由线圈、铁芯和衔铁三部分构成。

(1)直流电磁铁。直流电磁铁吸力 $F=\frac{\boldsymbol{B}_0^2}{2\mu_0}\boldsymbol{S}$。直流电磁铁在吸合过程中,$I$ 和 F_m 均不变,但 Φ 和 $\boldsymbol{B}_0$ 会随气隙的减小而迅速增大,吸力 F 也显著增大。

(2)交流电磁铁。交流电磁铁的平均吸力 $F_{av}=\frac{\boldsymbol{B}^2}{2\mu_0}\boldsymbol{S}$。交流电磁铁在吸合过程中 Φ_m、$\boldsymbol{B}_m$ 是恒定的,所以平均吸力 F_{av} 也恒定,但随着气隙的减小,励磁电流是逐渐减小的。铁如果不能顺利吸合,将会因励磁电流长时间过大而烧毁线圈。

难题解析

1. 有一闭合铁芯线圈,试分析铁芯中的磁感应强度、线圈中的电流和铜损在下列几种情况下将如何变化。

(1)直流励磁:铁芯载面积加倍、线圈中的电阻和匝数以及电源电压保持不变;

(2)交流励磁:铁芯载面积加倍、线圈中的电阻和匝数以及电源电压保持不变;

(3)直流励磁:线圈匝数加倍、线圈的电阻及电源电压保持不变;

(4)交流励磁:线圈匝数加倍、线圈的电阻及电源电压保持不变;

(5)交流励磁:电流频率减半、电源电压的大小保持不变;

(6)交流励磁:频率和电源电压的大小减半。

解:(1)由于电源电压和线圈电阻不变,所以电流 I 不变,铜损 I^2R 不变。磁感应强度B 不变,因为在 $IN=Hl$ 中与S 无关,H 不变,由 $B-H$ 曲线可查知 B_m 不变。

(2)在交流励磁的情况下,由公式 $U\approx E=4.44fNF_m=4.44fNSB_m$ 可知,当铁芯截面积 S 加倍而其他条件不变时,铁芯中的磁感应强度 B_m 的大小减半,线圈电流 I 和铜损 I^2R 随 $B-H$曲线中 H 的减小相应降低。

(3)由公式 $IN=Hl=\frac{B}{\mu}l$,线圈匝数 N 加倍,电源电压和线圈的电阻保持不变则线圈电流 I 和铜损 I^2R 不变,磁场强度 H 加倍,磁感应强度 B 大小按 $B-H$ 曲线增加。

(4)在交流励磁的情况下,由公式 $U\approx E=4.44fNF_m=4.44fNSB_m$ 可知,当线圈匝数 N 加倍而其它条件不变时,铁芯中的磁感应强度 B_m 的大小减半,线圈电流 I 和铜损 I^2R 按 $B-H$ 曲线减小。

(5)由公式$U\approx E=4.44fNF_m=4.44fNSB_m$ 可知,在电流频率 f 减半而其他条件不变的情况下,铁芯中的磁感应强度 B_m 的大小加倍(在铁芯不饱和的前提下),线圈电流 I 和铜损 I^2R 按$B-H$ 曲线增加。

(6)由公式$U\approx E=4.44fN\Phi_m=4.44fNSB_m$ 可知,当电源电压的大小和频率减半而其他条件不变时,铁芯中的磁感应强度 B_m、线圈中的电流 I 和铜损 I^2R 均保持不变。

2. 要绕制一个铁芯线圈,已知电源电压$U=220$ V,频率 $f=50$ Hz,测得电流 $I=3$ A,消耗功率 $P=100$ W。为了求出此时的铁损,把线圈电压改接在直流 12 V 电源上,测得电流值是 10 A。试计算线圈的铁损和功率因数。

解:该线圈的电阻可由所加直流电压求出,即

$$R=\frac{12}{10}=1.2\ \Omega$$

线圈的铜损为

$$\Delta P_{Cu}=I^2R=3^2\times1.2=10.8\ \text{W}$$

线圈的铁损为

$$\Delta P_{Fe}=P-\Delta P_{Cu}=100-10.8=89.2\ \text{W}$$

功度因数为

$$\cos\varphi=\frac{P}{IU}=\frac{100}{220\times3}=0.15$$

3. 如图 3.63 所示电磁铁，铁芯和衔铁均由铸钢构成且截面积 $S=2\ \text{cm}^2$ 相同。铁芯加衔铁的总平均长度 $l=1\ \text{m}$，气隙总长度 $l_0=0.2\ \text{cm}$。线圈匝数 $N=1\ 000$匝。若要产生 102 N 的吸力，线圈中应通入多大的电流？电磁铁吸合后，吸力又是多少？

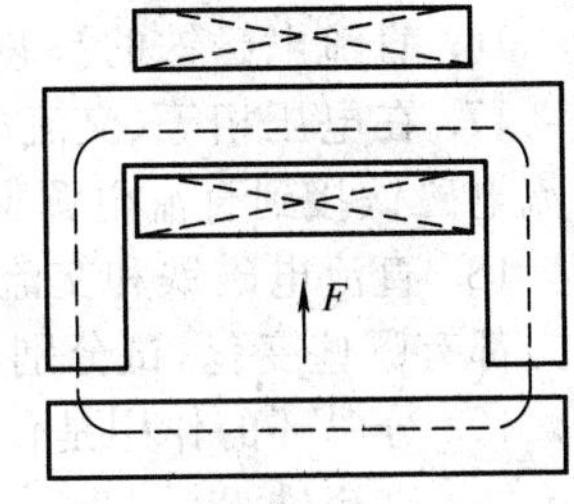

图 3.63

解：由于气隙长度很小，故可认为气隙的截面积等于电磁铁的截面积，因而可由电磁铁的吸力公式求出磁路中的 B 为

$$B=\sqrt{\frac{8\times\pi\times F}{S\times10^7}}=\sqrt{\frac{8\times\pi\times102}{2\times10^{-4}\times10^7}}=1.13\ \text{T}$$

由表查出 $H=1.0\times10^3\ \text{A/m}$。

气隙中的 H_0 为

$$H_0=\frac{B}{\mu}=\frac{1.13}{4\times\pi\times10^{-7}}=9\times10^5\ \text{A/m}$$

线圈中的电流为

$$I=\frac{Hl+H_0l_0}{N}=\frac{1.0\times10^3\times1.0+9\times10^5\times2\times10^{-3}}{1\ 000}=2.8\ \text{A}$$

吸合后 l_0 为 0，则

$$H=\frac{NI}{l}=\frac{1\ 000\times2.8}{1}=2\ 800\ \text{A/m}$$

查图可知，其磁感应强度为 1.4 T，由此可计算出吸力为

$$F=\frac{10^7}{8\times\pi}B^2S=\frac{10^7\times1.4^2\times2\times10^{-4}}{8\times\pi}=156\ \text{N}$$

自我检测

1. 说明磁感应强度 B、磁通、磁场强度 H、磁导率 μ 等概念的物理意义或定义、相互关系和单位。

2. 什么是磁通连续性原理？

3. 什么是全电流？什么是全电流定律？

4. 铁磁物质具有哪些磁性能？

5. 铁磁物质的磁化曲线有哪几种？分别对应于怎样的磁化过程？

6. 按磁滞回线形状，铁磁物质可分为哪几类？各类的主要用途有哪些？

7. 什么是磁路？什么是主磁通？什么是漏磁通？

8. 本节共讲了哪些磁路定律？请写出它们的数学表达式并与电路中的相关定律进行比较。

9. 两个匝数相同的线圈分别绕在两个几何尺寸相同但材料不同的铁芯上，设铁芯 1 的磁导率为 μ_1，铁芯 2 的磁导率为 μ_2，且 $\mu_1>\mu_2$，若要在两个铁芯中产生相同的磁通 Φ，问哪个线圈中应通入较大的励磁电流？哪个铁芯的磁压较大？

10. 简述已知磁通求磁动势的步骤，并说明每步的要点。

11. 为什么“反面问题”要用试凑法求解？简述其求解步骤。

12. 什么是直流铁芯线圈？什么是交流铁芯线圈？

13. 当给交流铁芯线圈外加有效值为U、频率为f的正弦交流电压时，其磁路中的最大磁通是多少？

14. 交流铁芯线圈在正弦交流电压作用下，铁芯线圈的磁通和电流的波形如何？在正弦电流作用下，磁通和电压的波形如何？

15. 铁芯损耗有几种？它们分别与什么因素有关？如何减小它们？

16. 直流电磁铁的铁芯是否需用相互绝缘的硅钢片叠成？为什么？

17. 在电压相等（交流电压指有效值）的情况下，把直流电磁铁接到交流电源上使用，或把交流电磁铁接到直流电源上使用，将会产生什么后果？

18. 直流电磁铁和交流电磁铁在吸合过程中，它们磁路的磁阻、磁通、线圈中的电流以及吸力都有哪些变化，试分别说明之。

19. 分磁环的作用是什么？

20. 直流铁芯线圈，当线圈匝数N增加一倍，则磁通Φ将（　　），磁感应强度B将（　　）。

A. 增大　　B. 减小　　C. 不变

21. 交流铁芯线圈，当线圈匝数N增加一倍，则磁通Φ将（　　），磁感应强度B将（　　）。

A. 增大　　B. 减小　　C. 不变

22. 交流铁芯线圈，当铁芯截面积A加倍，则磁通Φ将（　　），磁感应强度B将（　　）。

A. 增大　　B. 减小　　C. 不变

23. 交流铁芯线圈，如果励磁电压和频率均减半，则铜损P_{Cu}将（　　），铁损P_{Fe}将（　　）。

A. 增大　　B. 减小　　C. 不变

24. 交流铁芯线圈，如果励磁电压不变，而频率减半，则铜损P_{Cu}将（　　）。

A. 增大　　B. 减小　　C. 不变

25. 图3.64所示为一直流电磁铁磁路，线圈接恒定电压U。当气隙长度δ增加时，磁路中的磁通Φ将（　　）。

A. 增大　　B. 减小　　C. 保持不变

26. 图3.65所示为一交流电磁铁磁路，线圈电压U保持不变。当气隙长度δ增加时，线圈电流i将（　　）。

A. 增大　　B. 减小　　C. 保持不变

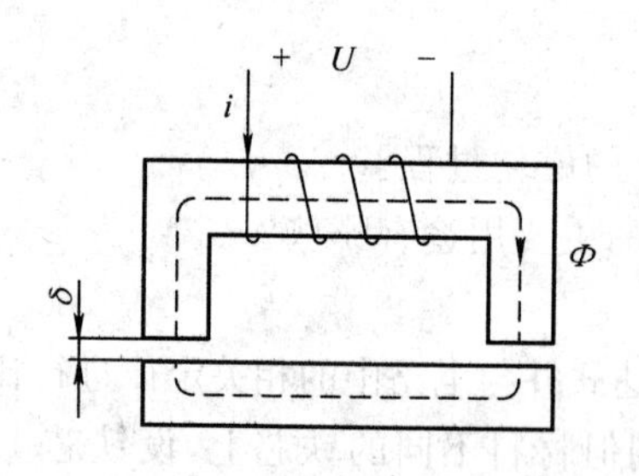

图3.64

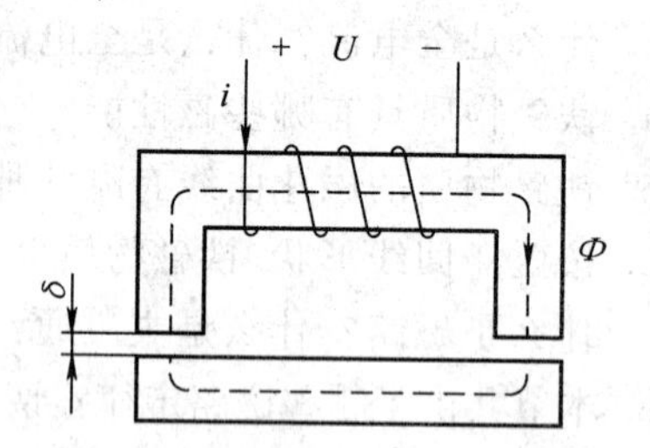

图3.65

27. 图3.66所示为一交流电磁铁磁路，线圈接恒定电压U。当气隙长度δ增加时，磁路中的磁通Φ将（　　）。

A. 增大　　　　　B. 减小　　　　　C. 保持不变

28. 在电压相等的情况下，将一直流电磁铁接到交流电源上，此时线圈中的磁通 Φ（　　）。

A. 增大　　B. 减小　　C. 保持不变

29. 交流电磁铁线圈通电时，衔铁吸合后较吸合前的线圈电流将（　　）。

A. 增大　　B. 减小　　C. 保持不变

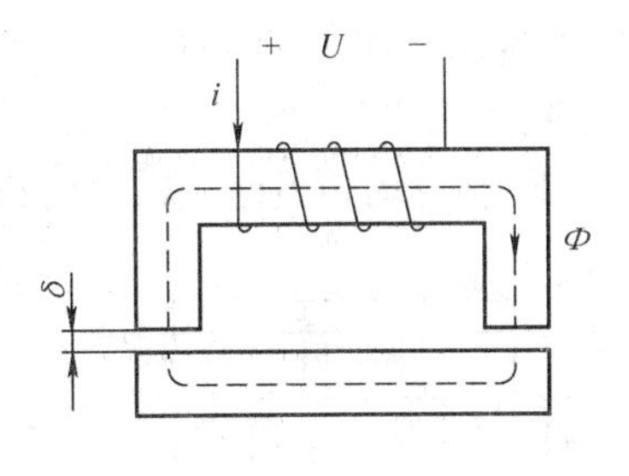

图 3.66

30. 两个直流铁芯线圈除了铁芯截面积不同（$A_1=2A_2$）外，其他参数都相同。若两者的磁感应强度相等，则两线圈的电流 I_1 和 I_2 的关系为（　　）。

A. $I_1=2I_2$　　　　B. $I_1=\frac{1}{2}I_2$　　　　C. $I_1=I_2$

31. 两个交流铁芯线圈除了匝数不同（$N_1=2N_2$）外，其他参数都相同，若将这两个线圈接在同一交流电源上，它们的电流 I_1 和 I_2 的关系为（　　）。

A. $I_1>I_2$　　　　B. $I_1<I_2$　　　　C. $I_1=I_2$

32. 两个完全相同的交流铁芯线圈，分别工作在电压相同而频率不同（$f_1>f_2$）的两电源下，此时线圈的电流 I_1 和 I_2 的关系是（　　）。

A. $I_1>I_2$　　　　B. $I_1<I_2$　　　　C. $I_1=I_2$

33. 交流铁芯线圈中的功率损耗来源于（　　）。

A. 漏磁通　　　　B. 铁芯的磁导率 μ　　　　C. 铜损耗和铁损耗

34. 对于电阻性和电感性负载，当变压器副边电流增加时，副边电压将（　　）。

A. 上升　　　　B. 下降　　　　C. 保持不变

35. 某单相变压器如图 3.67 所示，两个原绕组的额定电压均为 110 V，副绕组额定电压为 6.3 V，若电源电压为 220 V，则应将原绕组的（　　）端相连接，其余两端接电源。

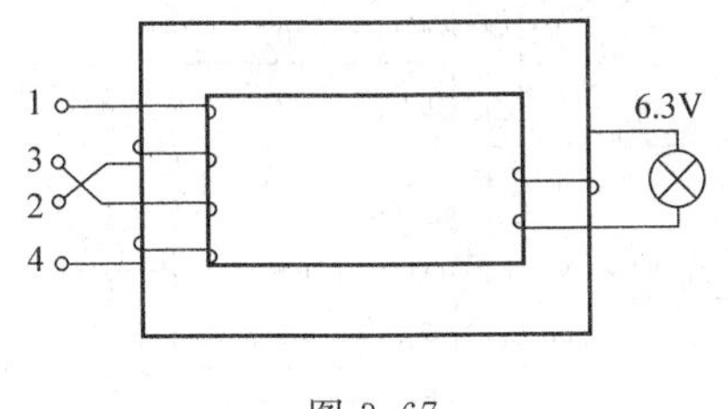

图 3.67

A. 2 和 3　　　　B. 1 和 3　　　　C. 2 和 4

36. 有负载时变压器的主磁通是（　　）产生的。

A. 原绕组的电流 I_1　　B. 副绕组的电流 I_2

C. 原绕组电流 I_1 与副绕组电流 I_2 共同

37. 变压器的铁损耗包含（　　），它们与电源的电压和频率有关。

A. 磁滞损耗和磁阻损耗　　　　B. 磁滞损耗和涡流损耗

C. 涡流损耗和磁化饱和损耗

38. 变压器空载运行时，自电源输入的功率等于（　　）。

A. 铜损　　　　B. 铁损　　　　C. 零

综合应用

1. 环形螺线管的外直径 r_1 为 22.5 cm，内直径 r_2 为 175 cm，匝数 N 为 1 000 匝，励磁电流为 1 A，试求媒质为空气时，线圈内部的磁通 Φ 是多少？若媒质改用铸钢媒质（设其 $\mu_1=1\ 000$），$\Phi=$？

2. 有两个同材料的铁芯线圈，线圈匝数 $N_1=N_2$，磁路平均长度 $L_1=L_2$，但截面积 $S_1>S_2$，试比较两铁芯中磁场强度 B_1 与 B_2 的大小，磁通 Φ_1 与 Φ_2 的大小。

3. 有一线圈，其匝数 N 为 1 000，绕在由铸铁制成的闭合铁芯上，铁芯的截面积 S 为 20 cm^2，铁芯的平均长度 f 为 50 cm。若要在铁芯中产生大小为 1×10^{-3} Wb 的磁通，励磁电流 I 应为多少？

4. 有一均匀磁路，铁芯材料为 D_{21} 硅钢片，中心长度 L 为 50 cm，截面积 S 为 16 cm^2，线圈匝数 N 为 500 匝，励磁电流 I 为 500 mA。(1)求该磁路的磁动势 F_m 和磁通 Φ；(2)若改用铸铁作铁芯材料，仍保持磁通 Φ 不变，磁路的磁动势 F_m 应是多少？(3)若将该磁路截去一小段而形成 τ_0 为 2 mm 的气隙，铁芯材料仍为铸铁，要保持原磁通，需多大磁动势及励磁电流。

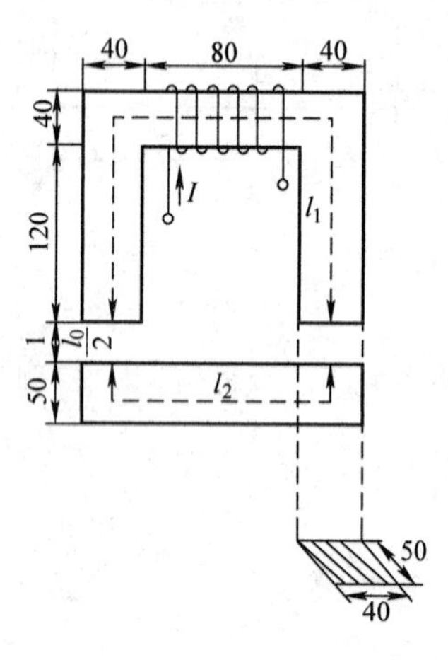

图 3.68

5. 直流电磁铁的磁路如图 3.68 所示。Ⅱ形铁芯由 D_{21} 硅钢片叠成，填充系数为 0.9，衔铁的材料是铸钢。若不计气隙的边缘效应，当气隙中的磁通量为 25×10^{-3} Wb 时，所需磁动势 F_m 是多少？若线圈匝数为 2 000 匝，所需励磁电流 I 是多少？(图中所注尺寸的单位为 mm)

6. 有一含气隙磁路如图 3.69 所示。磁路的铁芯材料是铸钢，横截面为 5 mm^2，铁芯的中心线长度为 50 cm，磁路中空气隙的长度为 0.1 mm，线圈匝数为 1 000 匝，线圈中励磁电流为 1.5 A，求磁路中的磁通。

7. 有一交流铁芯线圈，接在频率为 50 Hz 的正弦交流电源上，铁芯中磁通的最大值 $\Phi_m=2.48\times10^{-3}$ Wb，现在此铁芯上再绕一个匝数为 200 的线圈，求此线圈开路时的端电压。

8. 若把额定电压为 220 V 的交流接触器错接到 380 V 的交流电源上，结果会怎样？为什么？若把它错接在 220 V 的直流电源上，结果又如何？

9. 如果线圈的铁芯由彼此绝缘的硅钢片在垂直磁场方向叠成，是否可减小涡流损耗？

10. 已知一个由 0.5 mm 厚的 D_{41} 硅钢片叠成的交流线圈铁芯质量 10 kg，铁芯中的最大磁感应强度为 1.2 T，求该磁路的铁芯损耗。

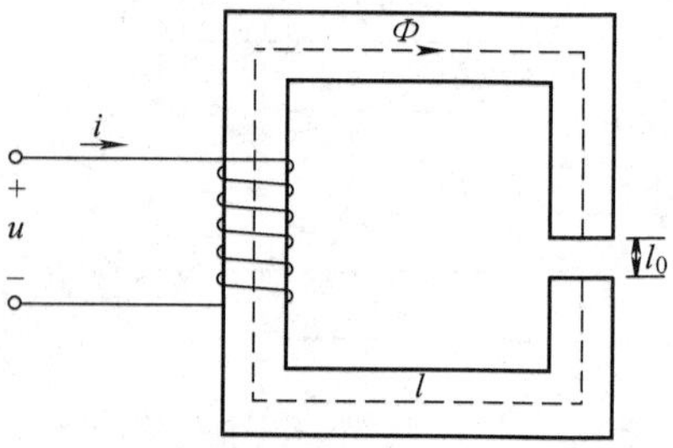

图 3.69

11. 一交流铁芯线圈，若外接正弦交流电源电压不变，当频率增加一倍时，磁滞损耗和涡流损耗分别为原来的多少倍？若电源频率不变，电压减小一半时又怎样？(取 n:2)

12. 将一交流铁芯线圈接到电压为 220 V 的工频电源上，测得电流为 10 A，功率因数为 0.2，若忽略线圈的内阻和漏磁通，试求该线圈的铁损，作出相量图，并求其等效电路参数 R_m 与 X_m。

13. 有一交流铁芯线圈，匝数为 250 匝，主磁通最大值为 3 610^{-3} Wb，电流为 3.9 A，电源频率为 50 Hz，功率为 100 W，忽略线圈内阻及漏磁通，求外加电源电压值及线圈的功率因数，并作相量图。

14. 一交流电磁铁如图 3.70 所示。铁芯材料由硅钢片叠成，铁芯和衔铁的横截面积均为 1 cm^2，现把线圈接在 220 V、50 Hz的交流电源上，若需在最大气隙为 1 cm（平均值）时对衔铁产生 50 N 的吸力，试求该铁芯线圈的匝数和此时的电流值（忽略漏磁通）。

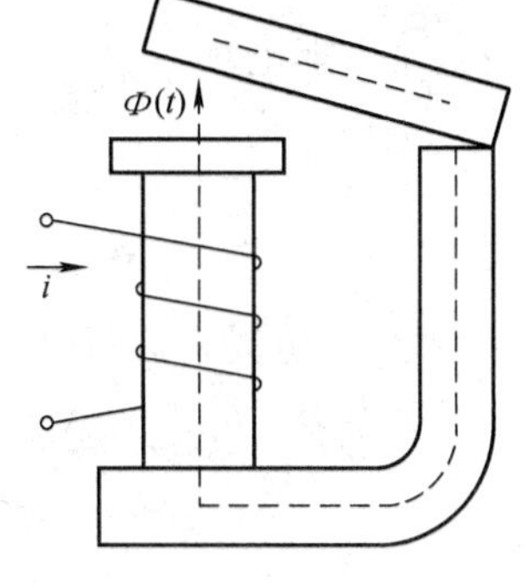

图 3.70

子学习领域 3　异步电动机

内容摘要

（1）电动机是利用电磁感应原理，把电能转换成机械能的装置。电动机的种类繁多，其中异步电动机最为典型。异步电动机的定子由机座、圆筒形铁芯及定子绕组组成，是电动机的电路部分，它的作用是产生旋转磁场：转子是异步电动机的转动部分，由转轴、转子铁芯和转子绕组三部分组成，它的作用是输出机械转矩。

（2）三相异步电动机旋转磁场的转速取决于交流电的频率和磁极对数，即

$$n_0=\frac{60f}{p}$$

而磁极对数又取决于三相绕组的排列。

（3）异步电动机工作的必要条件是：电动机的转速略小于旋转磁场的转速，它们之间的相差程度用转差率表示，即

$$S=\frac{n_0-n}{n_0}\times 100\%$$

或　　$n=(1-s)n_0$

（4）单相异步电动机接通单相交流电时，产生脉动磁场，脉动磁场启动转矩为零。采用电容分相可使单相异步电动机启动。

难题解析

1. 有一并励发电机，已知 $P_N=23$ kW，$n_N=1\ 200$ r/min，额定电压 $U_N=230$ V，$R_f=57.5\ \Omega$，$R_a=0.05\ \Omega$。现在利用它作为电动机，把它接到 220 V 的电源上，电枢电流保持原来的额定值。试求做为电动机时的额定转速和额定功率。设电动机的效率为 $\eta=0.84$，并假定在这两种运行情况下磁通基本上不变。

解：

（1）作为发电机运行时：

额定电流

$$I_N=\frac{P_N}{U_N}=\frac{23\ 000}{230}=100\ \text{A}$$

额定励磁电流

$$n_1=\frac{E_1 n_N}{E}=\frac{214.8\times 1\ 200}{235.2}=1\ 100\ \text{r/min}$$

$$I_{fN}=\frac{U_N}{R_f}=\frac{230}{57.5}=4\ A$$

额定电枢电流

$$I_{aN}=I_N+I_{fN}=100+4=104\ A$$

电动势

$$E=U_N+I_{aN}R_a=230+104\times0.05=235.2\ V$$

(2)作为电动机运行时：

励磁电流

$$I_f=\frac{U}{R_r}=\frac{220}{57.5}=3.83\ A$$

输入电流

$$I=I_{aN}+I_1=104+3.83\times0.05=107.8\ A$$

输入功率

$$P_i=UI=220\times107.8=23.72\ kW$$

电动势

$$E_1=U-I_{aN}R_a=220-104\times0.05=214.8\ V$$

设额定转速为 n_1，按题意磁通基本不变，则得

$$\frac{E_1}{E}=\frac{n_1}{n_N}$$

2. 有一并励直流电机，已知 $R_a=0.2\ \Omega$，$R_f=220\ \Omega$，$U=220\ V$。

(1)作为发电机运行时，如果输出功率为 12.1 kW，求电动势和所产生的全部电功率；

(2)作为电动机运行时(接法不变)，如果输入功率为 12.1 kW，求电动势和所产生的全部机械功率；

(3)在这两种情况下，转矩、转速和转动方向有无变化？

解：(1)作为发电机运行时：

励磁电流

$$I_f=\frac{U}{R_f}=\frac{220}{220}=1\ A$$

$$I_a=\frac{U-E}{R_a}=\frac{220-210}{0.5}=20\ A$$

负载电流

$$I=\frac{P}{U}=\frac{12\ 100}{220}=55\ A$$

$$F'_a=\frac{T}{T}\times I_a=1.5\times20=30\ A$$

电枢电流

$$I_a=I+I_f=55+1=56\ A$$

电动势

$$E=U+R_aI_a=220+0.2\times56=231.2V$$

$$\frac{n'}{n}\frac{E'}{E}\times100\%=\frac{205}{210}\times100\%=97.5\%$$

产生的全部电功率

$$P_2=EI_a=231.2\times 56\approx 12.94\ \text{kW}$$

(2)作为电动机运行时：

输入电流

$$I=\frac{P_1}{U}=\frac{12\ 100}{220}=55\ \text{A}$$

励磁电流

$$I_f=\frac{U}{R_f}=\frac{220}{220}=1\ \text{A}$$

电枢电流

$$I_a=I-I_f=55-1=54\ \text{A}$$

电动势

$$N_1=\frac{U_a-R_aI_{a1}}{K_L\Phi_1}=\frac{110-0.2\times 25}{K_E\Phi}=\frac{105}{K_E\Phi}$$

$$E=U-R_A\Phi=220-0.2\times 54=2\ 092\ \text{V}$$

产生的全部机械功率

$$P_2=EI_a=209.2\times 54\approx 11.3\ \text{kW}$$

$$N_2=\frac{U_a-R_aI_{a2}}{K_E\Phi_2}=\frac{110-0.2\times 27.8}{0.9K_E\Phi}=\frac{116}{K_E\Phi}$$

或　$$P_2=P_1-I_a^2R_a-I_a^2R_1=12\ 100-54^2\times 0.2-1^2\times 220\approx 11.3\ \text{kW}$$

(3)在两种情况下，其中枢电流不相等而磁通不变，所以两者的电磁转矩不相等，转速也有变化。由于在电动机运行时其电磁转矩方向与发电机运行时相反，前者是驱动转矩，后者是阻转矩，所以转动方向不变。

3. 判断下列叙述是否正确。

(1)对称的三相交流电流通入对称的三相绕组中，便能产生一个在空间旋转的、恒速的、幅度按正弦规律变化的合成磁场。

(2)异步电动机的转子电路中，感应电动势和电流的频率是随转速而改变的，转速越高，则频率越高，转速越低，则频率越低。

(3)三相异步电动机在空载下启动，启动电流小，而在满载下启动，启动电流大。

(4)当线式三相异步电动机运行时，在转子绕组中串联电阻，是为了限制电动机的启动电流，防止电动机被烧毁。

解：(1)错误。合成磁场的幅度恒定不变，并不按正弦规律变化。

(2)错误。转速越高，则转差率越低；转子感应电动势和电流频率越低，反之则越高。

(3)错误。启动电流仅与转差率 s 有关，而与负载转矩无关，启动时转差率 $s=1$，故启动电流不变。

(4)错误。绕线式三相异步电动机在运行中，如果在转子绕组中串联电阻，可以提高转子绕组的功率因数，目的是为了提高启动转矩，降低转速(调速)。

4. 已知某三相异步电动机在额定状态下运行，其转速为 1 430 r/min，电源频率为 50 Hz，求：(1)电动机的磁极对数 p；(2)额定转差率 s_N；(3)额定运行时的转子电流频率 f_2；(4)额定运行时定子旋转磁场对转子的转速差。

解:(1)由转子转速 1 430 r/min 可知,其同步转速为 1 500 r/min,即磁极对数为

$p=2$

(2)额定转差率为

$$s_N=\frac{n_0-n}{n_0}=\frac{1\ 500-1\ 430}{1\ 500}=0.047$$

(3)转子电流频率

$$f_2=sf_1=0.047\times50=2.3\ \text{Hz}$$

(4)定转子的转速差

$$n_0-n=1\ 500-1\ 430=70\ \text{r/min}$$

5. 一台三角型连接的三相异步电动机的额定数据如下:

功率	转速	电压	效率	功率因数	I_{st}/I_N	T_{st}/T_N	T_{max}/T_N
7.5kW	1470r/min	380V	86.2%	0.81	7.0	2.0	2.2

试求:(1)额定电流和启动电流;(2)额定转差率;(3)额定转矩、最大转矩和启动转矩;(4)在额定负载情况下,电动机能否采用Δ/Y启动?

解:(1)额定电流和启动电流

$$I_N=\frac{P}{\sqrt{3}U\eta\cos\varphi}=\frac{7.5\times10^3}{\sqrt{3}\times380\times0.81\times86.2\%}=16.3\ \text{A}$$

$$I_{st}=(\frac{I_{st}}{I_N})I_N=7\times16.3=114.1\ \text{A}$$

(2)由 $n=1\ 470$ r/min 可知,其极对数为 2,同步转速为 1 500 r/min。所以

$$s_N=\frac{n_0-n}{n_0}=\frac{1\ 500-1\ 470}{1\ 500}=0.02$$

(3)额定转矩、最大转矩和启动转矩

$$T_N=9\ 550\times\frac{7.5}{1\ 470}=48.7\ \text{N}\cdot\text{m}$$

$$T_{max}=\left(\frac{T_{max}}{T_N}\right)\times T_N=2.2\times48.7=107.2\ \text{N}\cdot\text{m}$$

$$T_{st}=\left(\frac{T_{st}}{T_N}\right)\times T_N=2.0\times48.7=97.4\ \text{N}\cdot\text{m}$$

(4)Y型启动转矩是Δ型启动转矩的1/3,故

$$T_{stY}=\frac{1}{3}\times T_{st\Delta}=\frac{1}{3}\times97.4=32.5\ \text{N}\cdot\text{m}$$

小于电动机的额定转矩 48.7N·m,故不能用星型启动。

自我检测

1. 三相异步电动机的旋转方向决定于(　　)。

A. 电源电压大小　　B. 电源频率高低　　C. 定子电流的相序

2. 三相鼠笼式电动机的额定转差率 s_N 与电机极对数 p 的关系是(　　)。

A. 无关　　B. $s_N\propto p$　　C. $s_N\propto 1/p$

3. 三相异步电动机的转速 n 越高,其转子电路的感应电动势 E_2(　　)。

A. 越大　　B. 越小　　C. 不变

4. 三相异步电动机产生的电磁转矩是由于(　　)。

A. 定子磁场与定子电流的相互作用　　B. 转子磁场与转子电流的相互作用

C. 旋转磁场与转子电流的相互作用

5. 变极对数的多速电动机的结构属于(　　)三相异步电动机。

A. 鼠笼式　　B. 绕线式　　C. 罩极

6. 旋转磁场的转速 n_1 与极对数 p 和电源频率 f 的关系是(　　)。

A. $n_1=60\dfrac{f}{p}$　　B. $n_1=60\dfrac{f}{2p}$　　C. $n_1=60\dfrac{p}{f}$

7. 三相绕线式异步电动机转子上的三个滑环和三个电刷的功用是(　　)。

A. 连接三相电源给转子绕组通入电流　　B. 通入励磁电流

C. 连外接三相电阻器,用来调节转子电路的电阻

8. 三相异步电动机的转差率 $s=1$ 时,其转速为(　　)。

A. 额定转速　　B. 同步转速　　C. 零

9. 三相异步电动机在额定转速下运行时,其转差率(　　)。

A. 小于 0.1　　B. 接近 1　　C. 大于 0.1

10. 额定电压为 660/380 V 的三相异步电动机,其连接形式在铭牌上表示为(　　)。

A. Y/Δ　　B. Δ/Y　　C. Δ·Y

11. 额定电压为 380/220V 的三相异步电动机,在接成 Y 形和接成 Δ 形两种情况下运行时,其额定电流 I_Y 和 I_Δ 的关系是(　　)。

A. $I_\Delta=\sqrt{3}I_Y$　　B. $I_Y=\sqrt{3}/I_\Delta$　　C. $I_Y=I_\Delta$

12. 三相鼠笼式异步电动机在空载和满载两种情况下的启动电流的关系是(　　)。

A. 满载启动电流较大　B. 空载启动电流较大　C. 两者相等

13. 采取适当措施降低三相鼠笼式电动机的启动电流是为了(　　)。

A. 防止烧坏电机　　B. 防止烧断熔断丝

C. 减小启动电流所引起的电网电压波动

14. 三相绕线式异步电动机的转子电路串入外接电阻后,它的机械特性将(　　)。

A. 变得更硬　　B. 变得较软　　C. 保持不变

15. 欲使电动机反转,可采取的方法是(　　)。

A. 将电动机端线中任意两根对调后接电源

B. 将三相电源任意两相和电动机任意两端线同时调换后接电动机

C. 将电动机的三根端线调换后接电源

综合应用

1. 一台三相异步电动机的额定数据如下:$U_N=380$ V,$I_N=1.9$ A,$P_N=0.75$ kW,$n_N=2\,825$ r/min,$\lambda_N=0.84$,Y 形接法。求:(1)在额定情况下的效率 η_N 和额定转矩 T_N;(2)若电源线电压为 220 V,该电动机应采用何种接法才能正常运转?此时的额定线电流为多少?

2. 一台三相异步电动机,铭牌数据如下:Δ 形接法,$P_N=10$ kW,$U_N=380$ V,$\eta_N=85\%$,$\lambda_N=0.83$,$I_{st}/I_N=7$,$T_{st}/T_N=1.6$。试问此电动机用 Y－Δ 启动时的启动电流是多少?当负载转矩为额定转矩的 40%和 70%时,电动机能否采用 Y－Δ 启动法启动。

3. 一台三相异步电动机,铭牌数据如下:Y 形接法,$P_N=2.2$ kW,$U_N=380$ V,$n_N=$

2 970 r/min，$\eta_N=82\%$，$\lambda_N=0.83$。试求此电动机的额定相电流、线电流及额定转矩，并问这台电动机能否采用 Y－Δ 启动方法来减小启动电流？为什么？

4. 某三相异步电动机，铭牌数据如下：Δ 形接法，$P_N=10$ kW，$U_N=380$ V，$I_N=19.9$ A，$n_N=1\ 450$ r/min，$\lambda_N=0.87$，$f=50$ Hz。求：(1)电动机的磁极对数及旋转磁场转速 n_1；(2)电源线电压是 380 V 的情况下，能否采用 Y－Δ 方法启动；(3)额定负载运行时的效率 η_N；(4)已知 $T_{st}/T_N=1.8$，直接启动时的启动转矩。

5. 某三相异步电动机，铭牌数据如下：Δ 形接法，$P_N=45$ kW，$U_N=380$ V，$n_N=980$ r/min，$\eta_N=92\%$，$\lambda_N=0.87$，$I_{st}/I_N=6.5$，$T_{st}/T_N=1.8$。求：(1)直接启动时的启动转矩及启动电流；(2)采用 Y－Δ 方法启动时的启动转矩及启动电流。

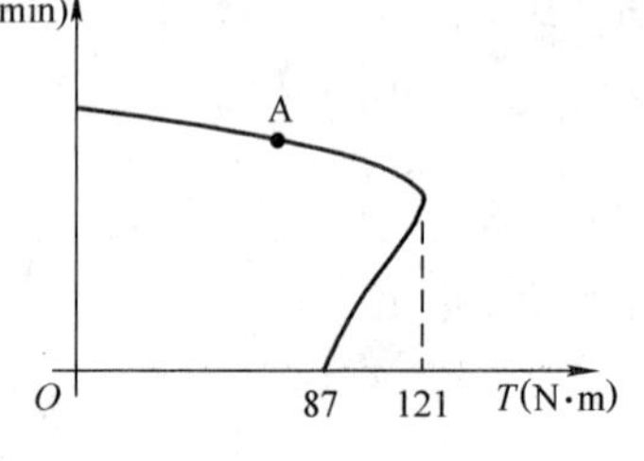

图 3.71

6. 一台三相异步电动机的机械特性如图 3.71 所示，其额定工作点 A 的参数为：$n_N=1\ 430$ r/min，$T_N=67$ N·m。求：(1)电动机的极对数；(2)额定转差率；(3)额定功率；(4)过载系数；(5)启动系数 T_st/T_N；(6)说明该电动机能否启动 90 N·m的恒定负载。

模拟测试(A)

班级　　　　　　　学号　　　　　　　姓名

题号	一	二	三	四	五	六	七	八	合计
得分									

一、填空(30 分　每空 1 分)

1. 参考点一经选定,电路中的________也就确定了。参考点选择不同,电路中将随参考点的变化而变化,但________是不变的。

2. 在叙述两个同频率正弦量之间的相位关系时通常有________、________、________和________四种。

3. 短路是指电路的某两点由于某种原因________的现象。最严重的是________。

4. 正弦交流电路中,负载的三种电路性质分别是________、________和________。

5. 电路中产生电流的条件是:电路必须________,电路中必须有________。

6. 表示交流电变化快慢的三个物理量分别是________、________和________。

7. 电路器件和电气设备所能承受的电压和电流有一定的限度,其工作电压、电流、功率都有一个规定的正常使用的数值,这一数值称为________,电器设备在额定值工作时的状态称为________。

8. 最大传输功率的条件是________、此时负载得到的功率为________、电源的效率为________。

9. 正弦量的三要素为________、________、________。

10. 正弦交流电路中的三种电功率是________功率、________功率和________功率。

11. 有功功率是指________,无功功率是指________。

12. 提高电路中功率因数的方法是________。

二、判断题(共 10 分　每题 1 分)

1. 电位是一个相对值,参考点一旦选定后,电路中各点的电位还会发生变化。(　　)

2. 叠加定理适用于所有电路。(　　)

3. 电容两端电压超前于电流 90°。(　　)

4. 在交流电路中总电压永远大于分电压。(　　)

5. 电阻两端电压与电流同相位。(　　)

6. 正弦交流电路中的三要素为最大值、有效值、平均值。(　　)

7. 无功功率就是无用功率。(　　)

8. 视在功率 S 等于有功功率 P 与无功功率 Q 之和。(　　)

9. 电容在电路中具有隔直流通交流的作用。(　　)

10. 在 R、L、C 串联电路中,当 $\omega L>\frac{1}{\omega C}$时电路呈感型。(　　)

三、选择题(共 10 分　每题 2 分)

1. 在 R、L、C 串联电路中若有效值 $U_C > U_L$，则电路性质为(　　)

A. 容性　　B. 感性　　C. 电阻性　　D. 不确定

2.. 将耐压为 300 V 的电容接在 220 V 的电路上，则电容处于(　　)

A. 正常工作状态　　B. 电容被击穿　　C. 短路状态　　D. 任何状态

3. 将额定值为 220 V、100 W 的灯泡接在 110 V 电路中，其实际功率为(　　)

A. 100 W　　B. 50 W　　C. 25 W　　D. 12.5 W

4. 习惯称正弦交流电的最大值为(　　)

A. 一个周期的平均值　　B. 正、负峰值间的数值

C. 有效值　　D. 峰值的绝对值

5. 我国使用的工频交流电频率为(　　)

A. 45 Hz　　B. 50 Hz　　C. 60 Hz　　D. 65 Hz

四、分析题(共 29 分)

1. 两个同频率的正弦电压的有效值分别为 30 V 和 40 V，试问：(1)什么情况下，u_1+u_2 的有效值为 70 V？(2)什么情况下，u_1+u_2 的有效值为 50 V？(3)什么情况下，u_1+u_2 的有效值为 10 V？(用相量图分析说明)(9 分)

2. 试确定图中各二端元件的未知量。(6 分)

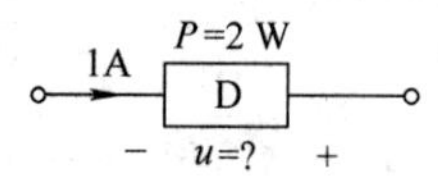

P=10 mW　i=?　E　+ 10 V −

P=−10 mW　i=?　F　+ 10 V −

3. 试分别列出各图的网孔电流方程。(6 分)

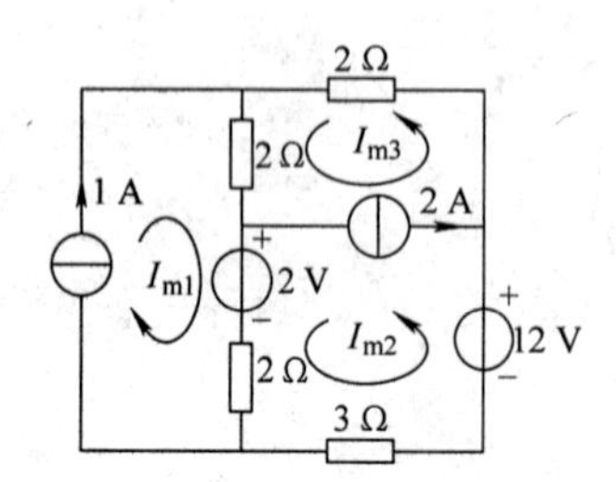

4. 用于整流的二极管反向击穿电压为 50 V，接于 220 V 市电上，需要几只二极管串联才能保证二极管不被击穿？（4 分）

5. 所示电路中，已知电压表 V_1、V_2 的读数均为 50 V，求电路中电压表 V 的读数。（4 分）

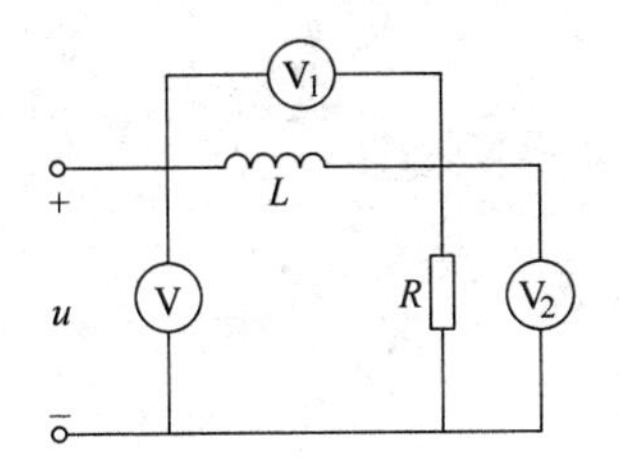

五、问答题（6 分）

提高功率因数的意义和方法是什么？（6 分）

六、计算题（共 15 分）

1. 已知测量到一线圈在电路中 $P=120$ W，$U=100$ V，$I=2$ A，电源频率 $f=50$ Hz，求线圈的 Q、S、cosφ。（5 分）

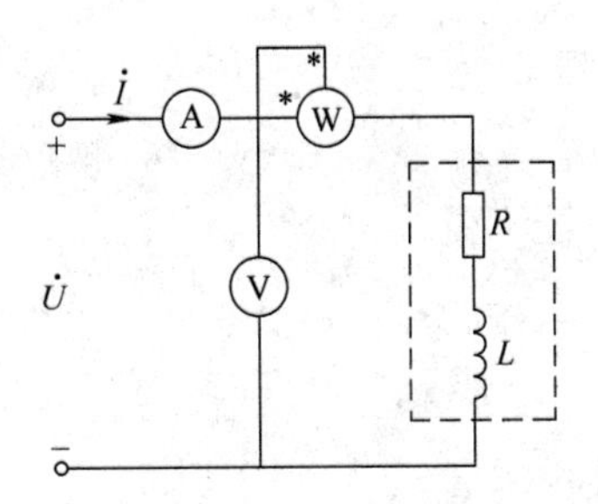

2. 试用支路电流法求各支路的电流。(5 分)

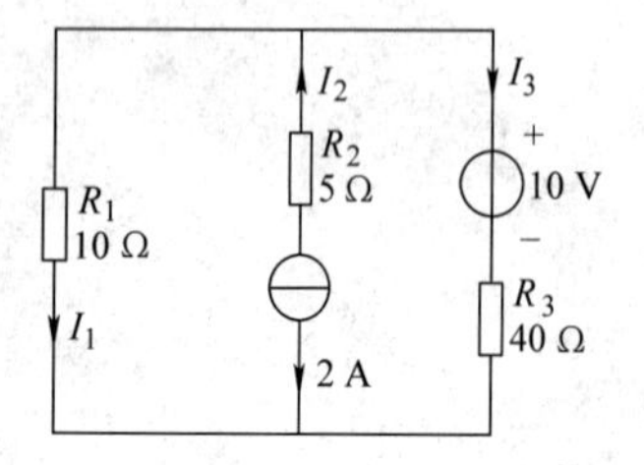

3. 如图所示为一 R、C 选频网络，试求 u_i 和 u_o 同相的条件及 u_i 与 u_o 的比值。(5 分)

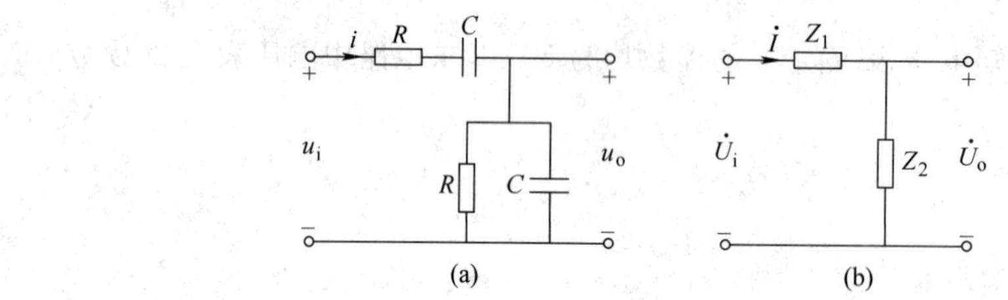

模拟测试(B)

班级　　　　　　学号　　　　　　姓名

题号	一	二	三	四	五	六	七	八	合计
得分									

一、填空(25 分　每空 1 分)

1. 电路有________、________、________三种状态。选用电路元件应重点注意其额定值。

2. 并联电容的等效电容等于________，当电容器的________而________不足时，可将多个电容并联起来得到较大的电容量。

3. 串联电容的等效电容________，而每个电容的电压________。

4. 在正弦量的解析式中，________反映了正弦量变化的幅度，________反映了正弦量变化的快慢，______反映了正弦量在 $t=0$ 时的状态，要完整地确定一个正弦量，________、________、________，这三个量为正弦量的三要素。

5. 当电容器的容量和耐压都不足时，可将一些电容器______________。

6. 三相电源作三角形连接时，线电流是相电流的________，相位上线电流总是________于与之对应的相电流 30°。

7. 根据电路中总电压与总电流的相位关系，把电路分为三种性质，当总电压超前于总电流时，电路________，总电压滞后于总电流时，电路________，总电压与总电流同相位时，电路________。

8. 并联谐振时，电路阻抗________，电流________，电感与电容的电压________相等，________相反，电路的无功功率________。

二、指出下列各式是否正确？(10 分)

(1)$i=\sqrt[5]{2}\sin(\omega t-30°)=\sqrt[5]{2}e^{-i30°}$　　　　(2)$U=120e^{i180°}=-120$

(3)$u=10\sin(\omega t)$ V　　(4)$\dot{I}=8.66\angle 75°$ A　　(5)$\hat{U}_M=220\sqrt{2}\angle-240°$

三、问答。(15 分)

1. 有源二端网络 Ns 向负载 R_L 传输功率，负载 R_L 获得最大功率的条件是什么？如何理解电路“匹配”现象？(8 分)

2. 什么是有效值？(7 分)

四、画图说明。(10 分)

1. 两个同频率的正弦电压的有效值分别为 30 V 和 40 V,试问:(1)什么情况下,u_1+u_2 的有效值为 70 V?(2)什么情况下,u_1+u_2 的有效值为 50 V?(3)什么情况下,u_1+u_2 的有效值为 10 V?

五、计算:(40 分)

1. 如图所示电路,应用戴维南定理求电流 I。(10 分)

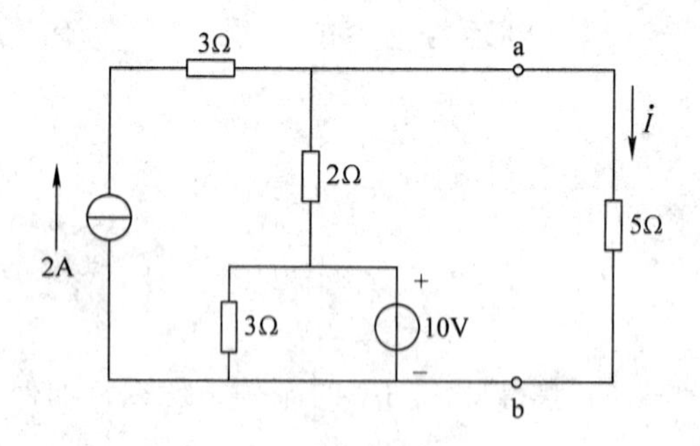

2. 耐压为 250 V、容量为 0.3 μF 的三个电容器 C_1、C_2、C_3 连接如图所示。求等效电容,并问端电压不能超过多少?(10 分)

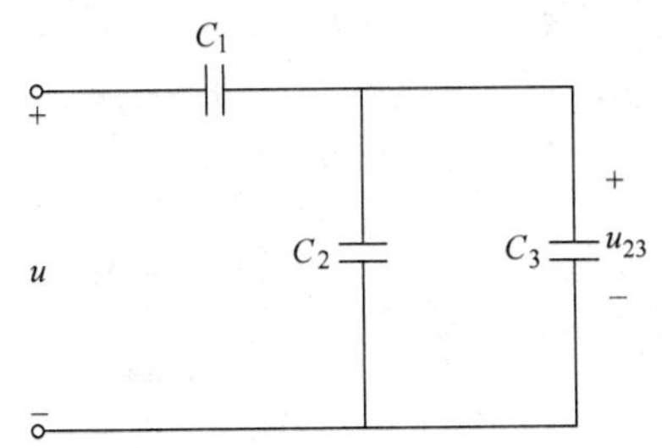

3. 一感性负载与220 V、50 Hz的电源相接,其功率因数为0.7,消耗功率为4 kW,若要把功率因数提高到0.9,应加接什么元件?其元件值如何?(10分)

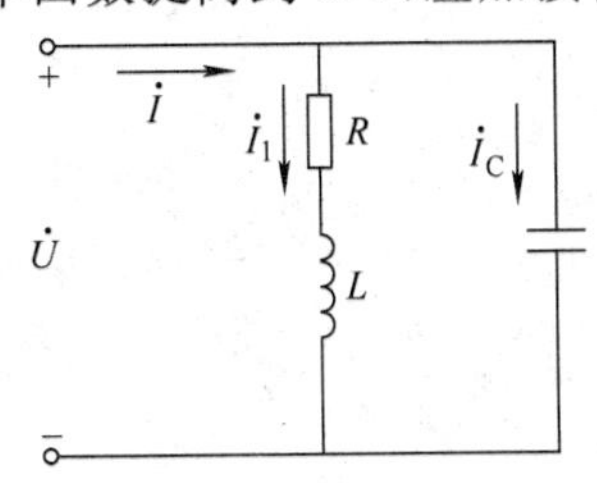

4. 三相对称负载,每相阻抗$Z=(6+8j)\Omega$,每相负载额定电压为380 V,已知三相电源线电压为380 V,问此三相负载应如何连接?计算相电流和线电流的值。(10分)